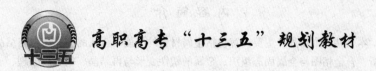

高职高专"十三五"规划教材

金属塑性变形与轧制技术

主　编　谭起兵

副主编　罗　瑶

北　京

冶 金 工 业 出 版 社

2016

内 容 简 介

本书共 8 个情景，主要内容包括金属材料的性能、金属的晶体结构与结晶分析、合金相图与金属固态组织、金属的塑性变形与再结晶、钢材热处理、工程机械用金属材料、金属材料塑性变形分析以及金属轧制过程分析等内容。

本书可作为高职高专冶金类专业教材（配有教学课件），也可供冶金企业轧钢、热处理等相关岗位职工培训或相关工程技术人员参考。

图书在版编目（CIP）数据

金属塑性变形与轧制技术/谭起兵主编．—北京：冶金工业出版社，2016.6
ISBN 978-7-5024-7244-3

Ⅰ．①金…　Ⅱ．①谭…　Ⅲ．①金属—塑性变形　②金属—轧制理论　Ⅳ．①TG111.7　②TG331

中国版本图书馆 CIP 数据核字（2016）第 116640 号

出 版 人　谭学余
地　　址　北京市东城区嵩祝院北巷 39 号　邮编　100009　电话　(010)64027926
网　　址　www.cnmip.com.cn　电子信箱　yjcbs@cnmip.com.cn
责任编辑　俞跃春　贾怡雯　美术编辑　杨　帆　版式设计　葛新霞
责任校对　郑　娟　责任印制　李玉山
ISBN 978-7-5024-7244-3
冶金工业出版社出版发行；各地新华书店经销；固安华明印业有限公司印刷
2016 年 6 月第 1 版，2016 年 6 月第 1 次印刷
787mm×1092mm　1/16；17.75 印张；428 千字；273 页
43.00 元
冶金工业出版社　投稿电话　(010)64027932　投稿信箱　tougao@cnmip.com.cn
冶金工业出版社营销中心　电话　(010)64044283　传真　(010)64027893
冶金书店　地址　北京市东四西大街 46 号(100010)　电话　(010)65289081(兼传真)
冶金工业出版社天猫旗舰店　yjgycbs.tmall.com
（本书如有印装质量问题，本社营销中心负责退换）

天津冶金职业技术学院冶金技术专业群及
环境工程技术专业"十三五"规划教材编委会

编委会主任

孔维军（正高级工程师）　天津冶金职业技术学院教学副院长

刘瑞钧（正高级工程师）　天津冶金集团轧一制钢有限公司副总经理

编委会副主任

张秀芳（副教授）　　　　天津冶金职业技术学院冶金工程系主任

张　玲（正高级工程师）　天津冶金集团无缝钢管有限公司副总经理

编委会委员

天津冶金集团天铁轧二有限公司：刘红心

天津钢铁集团：高淑荣

天津冶金集团天材科技发展有限公司：于庆莲

天津冶金集团轧三钢铁有限公司：杨秀梅

天津冶金职业技术学院：于　晗　刘均贤　王火清　臧焜岩　董　琦

李秀娟　柴书彦　杜效侠　宫　娜　贾寿峰

谭起兵　王　磊　林　磊　于万松　李　敔

李碧琳　冯　丹　张学辉　赵万军　罗　瑶

张志超　韩金鑫　周　凡　白俊丽

序

    2016年是"十三五"开局年，我院继续深化教学改革，强化内涵建设。以冶金特色专业建设带动专业建设，完成了冶金技术专业作为中央财政支持专业建设的项目申报，形成了冶金特色专业群。在教学改革的同时，教务处试行项目管理，不断完善工作流程，提高工作效率；规范教材管理，细化教材选取程序；多门专业课程，特别是专业核心课程的教材，要求其内容更加贴近企业生产实际，符合职业岗位能力培养的要求，体现职业教育的职业性和实践性。

    我院还与天津市教委高职高专处联合召开"天津市高职高专院校经管类专业教学研讨会"，聘请国家高职高专经济类教学指导委员会专家作专题讲座；研讨天津市高职高专院校经管类专业教学工作现状及其深化改革的措施，对天津市高职高专院校经管类专业标准与课程标准设计进行思考与探索；对"十三五"期间天津高职高专院校经管类专业教材建设进行研讨。

    依据研讨结果和专家的整改意见，为了推动职业教育冶金技术专业教育改革与建设，促进课程教学水平的提高，我们组织编写了冶炼、轧制等专业方向职业教育系列教材。编写前，我院与冶金工业出版社联合举办了"天津冶金职业技术学院'十三五'冶金类教材选题规划及教材编写会"，并成立了"天津冶金职业技术学院冶金技术专业群及环境工程技术专业'十三五'规划教材编委会"，会上研讨落实了高职高专规划教材及实训教材的选题规划情况，以及编写要点与侧重点，突出国际化应用，最后确定了第一批规划教材，即汉英双语教材《连续铸钢生产》、《棒线材生产》、《热轧无缝钢管生产》、《炼铁生产操作与控制》四种，以及《金属塑性变形与轧制技术》、《轧钢设备点检技术应用》《大气污染控制技术》、《水污染控制技术》和《固体废物处理处置》等教材。这些教材涵盖了钢铁生产、环境保护主要岗位的操作知识及技能，所具有的突出特点是理实结合、注重实践。编写人员是有着丰富教学与实践经验的教师，有部分参编人员来自企业生产一线，他们提供了可靠的数据和与生产实际接轨的新工艺新技术，保证了本系列教材的编写质量。

本系列教材是在培养提高学生就业和创业能力方面的进一步探索和发展，符合职业教育教材"以就业和培养学生职业能力为导向"的编写思想，对贯彻和落实"十三五"时期职业教育发展的目标和任务，以及对学生在未来职业道路中的发展具有重要意义。

天津冶金职业技术学院　教学副院长　孔维军

2016 年 4 月

前　言

按照国家人力资源和社会保障部职业技能鉴定轧钢工工种的规划和要求，本书根据冶金企业各岗位实际要求来设置教学情境，各教学情境中设置不同的典型工作任务，教学过程中通过仿真模拟操作、校内集中实训、校外实训基地实地演练来提高学生的动手能力，突出工作过程中"学中练，练中学"。教材内容以国内外冶金企业各生产岗位的知识能力和操作能力需求为根本，把复杂的概念、原理简单化，更加注重实践部分的创新和编写。本书各教学情景分配有习题和工作任务单，以便读者加深理解和学用结合。

全书共有8个教学情境，通过金属学基础知识、热处理基础知识、金属塑性变形知识和轧制原理及过程分析知识的学习，使学生了解金属材料的内部结构及其各种基本特性，掌握常见的金属材料牌号表示方法及其性能与用途，会利用二元合金相图分析不同组元在不同条件下的组织状态与性能之间的关系，能够熟练地制定钢坯的热处理工艺并且能正确操作热处理设备，能熟练描述板钢坯轧制的基本生产工艺规程制度，会基本工艺规程编制与工艺规程实施操作，会适时进行工艺参数调整、轧机等设备的基本调整操作，会利用检测设备分析产品的性能并写出质量检测报告，能通过整个生产工艺流程分析，得出影响产品性能的主要因素并制定相应的改进措施等工作。进而培养学生在轧钢、热处理等相关岗位中应用专业知识合理优化生产工艺、降低生产能耗、提高产品质量和成材率的能力。

本书由天津冶金职业技术学院谭起兵担任主编，罗瑶担任副主编。参与编写的人员有天津冶金职业技术学院官娜、王磊，天津天材科技股份有限公司韩萍，天津恒运冷轧无缝钢管有限公司张玉忠。天材科技股份有限公司正高级工程师于庆莲担任本书主审，提出了许多宝贵意见，在此表示感谢。

本书配套的教学课件读者可从冶金工业出版社官网（http://www.cnmip.com.cn）教学服务栏目中下载。

由于水平所限，书中不妥之处，诚请广大读者批评指正。

编者

2016 年 3 月

目　录

情景1　金属材料的性能 ·· 1

　任务1.1　金属及金属材料的分类 ··· 1

　任务1.2　金属材料的力学性能 ··· 2

　任务1.3　金属材料的理化性能和工艺性能 ··· 12

　任务1.4　金属材料的拉伸性能测试 ··· 15

　复习思考题 ··· 17

情景2　金属的晶体结构与结晶分析 ··· 18

　任务2.1　常见金属的晶体结构 ··· 18

　任务2.2　实际金属的晶体结构和晶体缺陷 ··· 21

　任务2.3　金属结晶过程分析 ··· 23

　任务2.4　金属铸锭的组织与宏观缺陷 ··· 26

　任务2.5　金属铸态组织缺陷观察 ··· 31

　复习思考题 ··· 32

情景3　合金相图与金属固态组织 ··· 33

　任务3.1　合金相结构及二元相图分析 ··· 33

　任务3.2　铁碳合金基本相 ··· 45

　任务3.3　典型铁碳合金的结晶过程分析及应用 ··· 47

　任务3.4　合金元素对铁碳合金组织和性能的影响 ··· 53

　任务3.5　金相试样制备 ··· 55

　任务3.6　铁碳合金平衡组织观察 ··· 59

　复习思考题 ··· 63

情景4　金属的塑性变形与再结晶 ··· 69

　任务4.1　金属的塑性变形 ··· 69

　任务4.2　冷塑性变形对金属组织和性能的影响 ··· 72

　任务4.3　变形金属在加热时的组织和性能变化 ··· 73

　任务4.4　金属的热加工 ··· 75

　任务4.5　加热对金属塑性变形的组织和性能的影响分析 ······························· 77

　复习思考题 ··· 78

情景 5　钢材热处理 ································· 79

　　任务 5.1　钢的加热转变 ······················· 80

　　任务 5.2　钢在冷却时的组织转变 ··············· 83

　　任务 5.3　钢的退火与正火 ····················· 91

　　任务 5.4　钢的淬火 ··························· 94

　　任务 5.5　钢的回火 ·························· 101

　　任务 5.6　钢的表面热处理 ···················· 103

　　任务 5.7　钢的热处理操作 ···················· 117

　　复习思考题 ·································· 122

情景 6　工程机械用金属材料 ··················· 131

　　任务 6.1　碳素钢分类及编号 ·················· 131

　　任务 6.2　合金钢分类及编号 ·················· 138

　　任务 6.3　铸铁 ····························· 159

　　复习思考题 ·································· 166

情景 7　金属材料塑性变形分析 ················· 168

　　任务 7.1　金属塑性变形的力学基础认知 ········· 168

　　任务 7.2　塑性变形基本定律 ·················· 178

　　任务 7.3　金属的塑性与变形抗力 ·············· 182

　　任务 7.4　金属塑性加工中的摩擦与润滑 ········· 195

　　复习思考题 ·································· 204

情景 8　金属轧制过程分析 ····················· 209

　　任务 8.1　轧制的基本问题 ···················· 210

　　任务 8.2　实现轧制的条件 ···················· 215

　　任务 8.3　宽展分析及计算 ···················· 223

　　任务 8.4　前滑与后滑分析及计算 ·············· 234

　　任务 8.5　宽展量、前滑值的测定 ·············· 241

　　任务 8.6　连续轧制中的前滑及有关工艺参数的确定 ··· 244

　　任务 8.7　轧制压力 ························· 245

　　任务 8.8　轧制力矩分析及计算 ················ 253

　　任务 8.9　轧制时的弹塑性曲线分析 ············ 263

　　复习思考题 ·································· 269

参考文献 ································· 273

情景 1 金属材料的性能

【知识目标】

(1) 掌握金属材料常见的力学性能指标：强度、塑性、硬度、韧性、疲劳。

(2) 熟悉金属材料的理化性能和工艺性能。

【技能目标】

(1) 能够熟练操作拉伸试验机、硬度计、冲击试验机等检测设备对金属材料试样进行力学性能检测。

(2) 能利用实验数据判定金属材料的力学性能是否达标。

(3) 会分析影响金属材料工艺性能的因素。

金属材料是指由金属元素或以金属元素为主构成的具有金属特性的材料的统称。包括纯金属、合金、金属间化合物和特种金属材料等。金属材料可以说是人类社会发展的见证者，因为它在人类社会各个转型期起到了举足轻重的作用。人类文明的发展和社会的进步同金属材料关系十分密切。继石器时代之后出现的铜器时代、铁器时代，均以金属材料的应用为其时代的显著标志。现在，种类繁多的金属材料已经成为人类社会发展的重要物质基础，尤其是钢铁，对人类文明发挥着重要的作用。一方面是由于它本身具有比其他材料更加优越的综合性能，能够更适应科技和生活方面提出的各种不同的要求；另一方面，是由于它始终蕴藏着的在性能、数量、质量方面的巨大潜力，能够随着日益增长的要求不断发展和更新。作为人类最早发现并开始加以利用的一种材料，金属可以说从方方面面影响着人类的历史发展进程。金属材料的性能包含使用性能和工艺性能两个方面。

使用性能，是指金属材料在使用条件下所表现出来的性能，它包括物理性能（密度、熔点、导电性、导热性、热膨胀性、磁性等）、化学性能（耐蚀性、抗氧化性、化学稳定性等）和力学性能等。金属材料使用性能的好坏决定了它的使用范围与使用寿命，其中力学性能是零件设计和选材时的主要依据。

工艺性能，是指金属材料在加工制造过程中所表现出来的性能，是对不同加工工艺方法的适应能力，它包括铸造性能、焊接性能、压力加工性能、切削加工性能和热处理性能等。

任务 1.1 金属及金属材料的分类

金属，是指由单一元素构成的具有特殊光泽以及一定的延展性、导电性、导热性的物质，如金、银、铜、铁、铝、锰、锌等。而合金是指由一种金属元素与其他金属元素或非金属元素通过熔炼或其他方法合成的具有金属特性的材料。金属材料是金属及其合金的总称，即金属元素或以金属元素为主构成的具有金属特性的物质。

金属材料通常分为三大类，即黑色金属材料、有色金属材料和特种金属材料。

1.1.1 黑色金属

黑色金属又称为钢铁材料，包括工业纯铁、碳钢、铸铁，以及各种用途的合金结构钢、不锈钢、耐热钢、高温合金、精密合金等。广义的黑色金属还包括锰（Mn）、铬（Cr）以及它们的合金。黑色金属的命名来源于钢铁表面常常被一层黑色的 Fe_3O_4 膜覆盖，而锰和铬常用来与铁制成合金钢，故将锰和铬与铁一起统称为黑色金属。

1.1.2 有色金属

有色金属是指除了铁、锰、铬以外的所有金属及其合金，通常又将其分为轻金属、重金属、贵金属、稀有金属等。有色金属中除了金为黄色，铜为赤红色以外，多数呈银白色。有色金属合金的强度和硬度一般比纯金属高，并且电阻大、电阻温度系数小。

（1）重金属一般是指 ρ 大于 $4.5g/cm^3$ 的有色金属，包括元素周期表中的大多数过渡元素，如铜（Cu）、锌（Zn）、镍（Ni）、钴（Co）、钨（W）、钼（Mo）、镉（Cd）及汞（Hg）等，此外，锑（Sb）、铋（Bi）、铅（Pb）及锡（Sn）等也属于重金属。重金属主要用作各种用途的镀层及多元合金。

（2）轻金属一般是指 ρ 小于 $4.5g/cm^3$ 的有色金属，如铝（Al）、镁（Mg）、钙（Ca）、钾（K）、钠（Na）、铯（Cs）等。工业上常采用电化学或化学方法对 Al、Mg 及其合金进行加工处理，以获得各种优异的性能。

（3）贵金属是指物理、化学性质稳定，地壳中蕴藏量少、价格昂贵或具有雍容华贵外观的有色金属，共有金（Au）、银（Ag）、铂（Pt）、铑（Rh）、钯（Pd）、铱（Ir）、钌（Ru）和锇（Os）8 种。工业上常采用电镀方法在价格便宜的基体上获得贵金属的薄镀层，以满足高稳定性、电接触性能以及贵重装饰品的需求。

（4）稀有金属一般是指在自然界中含量较少、分布稀散及研究应用较少的有色金属。稀有金属包括稀土金属、放射性稀有金属、稀有贵金属、稀有轻金属、难溶稀有金属及稀有分散金属等。

1.1.3 特种金属

特种金属包括不同用途的结构金属和功能金属，其中有通过快速冷凝工艺获得的非晶态金属材料，以及准晶、微晶、纳米晶金属材料等；还有隐身、抗氢、超导、形状记忆、耐磨、减振阻尼等特殊功能合金，以及金属基复合材料等。

任务1.2 金属材料的力学性能

金属的力学性能，是指在外加载荷作用下，或载荷与环境因素（温度、介质和加载速率等）联合作用下所表现的行为，这种行为又称为力学行为，通常表现为金属的变形和断裂。因此金属材料的力学性能可以简单地理解为金属抵抗外加载荷引起变形和断裂的能力。

金属材料的力学性能包括强度、硬度、塑性、韧性、耐磨性等。而表征金属力学行为的力学参量的临界值或规定值称为金属力学性能指标。金属材料的力学性能的优劣就用这些指标的具体数值来衡量。

金属材料的力学性能取决于材料的化学成分、组织结构、冶金质量、参与应力及表面和内部缺陷等因素，但外在因素和载荷性质、应力状态、温度、环境介质等对金属力学性能也有很大的影响。

根据载荷作用性质不同，可以分为静载荷、冲击载荷和交变载荷三种。

（1）静载荷：指载荷的大小和方向不变或者变动极缓慢的载荷。

（2）冲击载荷：指突然增加的载荷。

（3）交变载荷：指载荷的方向和大小随时间而发生周期性变化的动载荷，也称循环载荷。

根据载荷的作用方式不同，它可以分为拉伸载荷，压缩载荷，弯曲载荷，剪切载荷和扭转载荷等。

金属材料受到载荷作用时，发生几何尺寸和形状的变化称为变形。它是金属受到载荷作用的必然表现。变形一般可以分为弹性变形和塑性变形两种。弹性变形是在受载荷发生变形，卸载后又能恢复原状的变形；塑性变形是指不可消失的变形，也称永久变形。

根据载荷方式的不同，变形也可以分为拉伸变形、压缩变形、弯曲变形、剪切和扭转变形。

金属在外力作用下，在材料内部会产生抵抗变形的力，这种力称为内力。单位面积上的内力称为应力。金属在受到拉伸载荷或压缩载荷作用时，其截面积上的应力（σ）。

$$\sigma = \frac{F}{S}$$

式中，F 为外力，N；S 为截面面积，m^2；σ 为应力，Pa。

1.2.1 强度

金属在静载荷作用下，抵抗塑性变形和断裂的能力称为强度。强度的大小用应力来表示。根据载荷作用方式的不同，强度可分为抗拉强度、抗压强度、抗弯强度、抗剪强度和抗扭强度。在一般情况下，很多机件在使用过程中是受静载荷作用，通过拉伸试验可以确定金属的强度指标和塑性指标，故多以抗拉强度作为判断金属强度高低的指标。

抗拉强度是通过拉伸试验来测定的。拉伸试验的方法是以静拉力对标准试样进行轴向拉伸，同时连续测量力和相应的伸长，直至断裂。目前金属拉伸实验采用国家标准 GB/T228—2002。实验中一般采用万能材料试验机（图 1-1），给拉伸试验缓慢施以拉力，测出拉力与变量的关系。根据测试的数据，即可求出有关的力学性能。

拉伸试样按国家标准制作，试样的截面可以为圆形、矩形、多边形、环形等。其中圆形拉伸试样如图 1-2 所示。

图 1-2 中，L_0 为原始标距长度；d_0 为原始直径。一般应符合一定的比例关系：国际上常用的是 $L_0/d_0 = 5$（短试样），原始标距长度不小于 15mm；当试样横截面太小时，可采

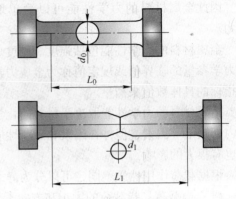

图1-1 拉伸试验机

图1-2 金属的拉伸试样

用 $L_0/d_0=10$（长试样），或采用非比例试样。L_1 为拉断后试样标距长度；d_1 为拉断后试样断口直径。

（1）力-伸长曲线拉伸试验中，记录拉伸力对伸长的曲线称为力-伸长曲线，也称拉伸图，如图1-3所示。

图1-3所示为低碳钢的拉伸图，图中纵坐标为力 F，单位 N。横坐标表示绝对伸长量 ΔL，单位 mm。图中明显表现出以下几个阶段：

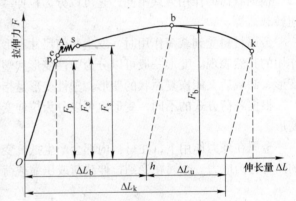

1）Op 阶段——弹性形变阶段。在这个阶段，变形量较小，并且发生的变形量与载荷呈正比例的关系。该阶段是完全弹性变形，卸载后是可以恢复的。F_p 称之为材料发生弹性变形的最大拉伸力。

图1-3 低碳钢拉伸曲线

2）pe 阶段——非比例变形的弹性变形阶段。在此阶段拉伸了超过了 F_p 而小于 F_e。此阶段是材料发生比例变形的基础上，继续发生弹性变形，在此阶段卸载后，变形也是可以恢复的。Op 加 pe 的 Oe 段是弹性变形阶段。F_e 称为材料恢复原始尺寸和形状的最大拉伸力。

3）eA 阶段——微量塑性变形阶段。在此阶段，拉伸力超过了 F_e，而小于 F_s。此时材料在发生弹性的基础上，开始发生塑性变形，由于这时的载荷比较小，若在这个阶段卸载，材料发生的弹性变形时可以恢复的，而发生的塑性变形部分是不可以恢复的，即材料发生了永久变形。

4）es 阶段——屈服阶段。在此阶段突出的特点是曲线呈水平状或锯齿状，也就是说，当载荷达到 F_e 时，载荷虽然没有增加，但材料继续发生变形。我们把这种在载荷没有增加的情况下，材料继续发生变形的现象称为屈服。

值得注意的是，材料达到屈服，标志着材料开始发生宏观塑性变形，这时零件的形状和尺寸发生较大变化，已经不能满足使用要求。

5）sb 阶段——强化阶段。在屈服之后，欲使材料发生变形，必须不断增加载荷。随着塑性变形的增大，材料的变形抗力也逐渐增大，这种现象称为形变强化（加工硬化）现象。在此阶段中材料发生了宏观塑性变形，材料的形状和尺寸发生了较大的变化。图 1-3 中 F_b 为试样拉伸试验时的最大载荷。

6）bk 阶段——颈缩阶段。前面几个阶段的变形都是均匀变形，材料变形时均匀发生在试样有效长度范围内。当载荷达到 F_b 时，材料直径发生明显的局部颈缩。而此时的变形为局部变形，在这个阶段载荷是下降的，但是材料的变形继续增大直至断裂。

颈缩是材料在拉伸试验时变形集中于局部区域的特殊现象，我们在工程中使用的金属材料，多数没有明显的颈缩现象。而对于低塑性材料，不仅没有颈缩现象，而且也不产生屈服，如球墨铸铁。

（2）强度指标。强度指标与前面的几个变形阶段是相对应的，分别有比例极限、弹性极限、屈服极限、抗拉极限和断裂极限。

1）比例极限是试样在实验过程中，发生比例变形时能承受的最大应力，用 σ_p 表示。

$$\sigma_p = \frac{F_p}{S_0}$$

式中，σ_p 为比例极限，MPa；F_p 为试样发生比例变形的最大载荷，N；S_0 为试样原始截面积，mm^2。

2）弹性极限是试样在实验过程中，发生弹性变形时能承受的最大应力，用 σ_e 表示。

$$\sigma_e = \frac{F_e}{S_0}$$

式中，σ_s 为弹性极限，MPa；F_s 为试样发生比例变形的最大载荷，N，；S_0 为试样原始截面积，mm^2。

当材料载荷达到弹性极限时开始发生塑性变形，因此对于不允许发生微量塑性变形的服役构件，在设计的时候应根据弹性极限来选择材料。

3）屈服极限是指在试验过程中，力不增加，试样仍然继续伸长（变形）时的应力，也称屈服强度，用符号 σ_s 表示。

$$\sigma_s = \frac{F_s}{S_0}$$

式中，σ_s 为屈服极限，MPa；F_s 为试样发生屈服的载荷，N；S_0 为试样原始截面积，mm^2。

对于没有明显屈服现象的金属材料，通常规定产生一定量的残余伸长时的应力为条件屈服点，称为条件屈服强度，用 σ_τ 表示，如 $\sigma_{0.2}$ 表示规定残余伸长为 0.2% 时的应力。

在工程设计中，材料的屈服强度或条件屈服强度是机械设计的主要依据，也是评定金属材料优劣的重要指标。

4）抗拉强度抗拉强度也称为强度极限，它是材料在被拉断前所能承受的最大应力，用 σ_b 表示。

$$\sigma_b = \frac{F_b}{S_0}$$

式中，σ_b 为抗拉强度，MPa；F_b 为试样断裂前最大的载荷，N；S_0 为试样原始截面积，mm^2。

1.2.2　塑性

1.2.2.1　塑性的概念

塑性是指金属材料在断裂前产生塑性变形的能力。金属材料在静拉伸载荷作用下都会产生变形，包括弹性变形和塑性变形，当载荷达到一定数值时金属材料就会断裂。检查断裂后的结果，发现金属材料都存在不同程度的残余变形，即发生了塑性变形。断裂前塑性变形量大的材料，其塑性好；反之则塑性差。拉伸时的伸长率 δ 和断面收缩率 φ，是工程上广泛应用的表征金属塑性好坏的两个重要性能指标。

1.2.2.2　塑性指标

塑性通常用断后伸长率和断面收缩率来表示。

（1）伸长率。试验拉断后，标距伸长量与原始标距的百分比称为伸长率。用符号 δ 表示。

$$\delta = \frac{l_1 - l_0}{l_0} \times 100\%$$

式中，δ 为伸长率，%；l_0 为试样的原始标距长度，mm；l_1 为试样拉断后标距长度，mm。

（2）断面收缩率。试样拉断后，颈缩处截面积的最大收缩量与原始截面积的百分比为断面收缩率，用符号 φ 表示。

$$\varphi = \frac{S_0 - S_1}{l_0} \times 100\%$$

式中，φ 为断面收缩率，%；S_0 为试样原始横截面积，mm^2；S_1 为试样拉断后缩颈处的横截面积，mm^2。

金属材料的断后伸长率 δ 和断面收缩率 φ 的数值越大，表示材料的塑性越好。塑性好的材料易于塑性变形，可以加工成形状复杂的零件。例如，低碳钢的塑性好，可通过锻压加工成型。另外，塑性好的材料在受力过大时首先产生塑性变形而不致突然断裂，因此大多数机械零件除了要求具有足够的强度外，还应具有一定的塑性。

【例 1-1】　某厂购进一批 45 钢，按国家标准规定，力学性能应符合如下要求：$\sigma_s \geqslant$ 335MPa，$\sigma_b \geqslant 600$MPa，$\delta \geqslant 16\%$，$\varphi \geqslant 40\%$。入厂检验时采用 $d_0 = 10$mm 短试样进行拉伸试验，测得 $F_s = 28900$N，$F_b = 47530$N，$l_1 = 60.5$mm，$d_1 = 7.5$mm。试列式计算其强度和塑性，并确认该钢材是否符合要求。

1）求 S_0 和 S_1。

$$S_0 = \frac{1}{4} \pi d_0^2 = \frac{1}{4} \times 3.14 \times 10^2 = 78.5 mm^2$$

$$S_1 = \frac{1}{4} \pi d_1^2 = \frac{1}{4} \times 3.14 \times 7.5^2 = 44.16 mm^2$$

2）计算 σ_s 和 σ_b。

$$\sigma_s = \frac{F_s}{S_0} = \frac{28900}{78.5} = 368.2 MPa > 335 MPa$$

$$\sigma_s = \frac{F_b}{S_0} = \frac{47530}{78.5} = 605.48\text{MPa} > 600\text{MPa}$$

3）计算 δ 和 φ。

$$\delta = \frac{l_1 - l_0}{L_0} \times 100\% = \frac{60.5 - 50}{50} \times 100\% = 21\% > 16\%$$

$$\varphi = \frac{S_0 - lS_1}{S_0} \times 100\% = \frac{78.5 - 44.16}{78.5} \times 100\% = 43.75\% > 40\%$$

答：试验测得该批钢的屈服强度、抗拉强度、断后伸长率、断面收缩率均大于规定要求，所以这批钢材合格。

1.2.2.3　塑性意义

δ 和 φ 的数值越大，表明材料的塑性越好。塑性良好的金属可进行各种塑性加工，同时使用安全性也较好。

（1）当金属材料的伸长率 $\delta < 2\% \sim 5\%$ 时，属脆性材料；

（2）当金属材料的伸长率 $\delta \approx 5\% \sim 10\%$ 时，属韧性材料；

（3）当金属材料的伸长率 $\delta > 10\%$ 时，属塑性材料。

1.2.3　硬度

硬度是指金属材料抵抗局部变形，特别是塑性变形、压痕或划痕的能力。硬度是衡量金属材料软硬程度的一种性能指标。

硬度是各种零件和工具必须具备的力学性能，机械制造业中所用的刃具、量具、模具等都应具备足够的硬度，才能保证其使用性能和使用寿命。有些机械零件如齿轮、曲轴等，也要具有一定的硬度，以保证足够的耐磨性和使用寿命。另外，硬度是一项综合力学性能指标，其数值可间接地反映金属的强度及金属在化学成分、金相组织和热处理方法上的差异，因此，硬度是金属材料的一项重要力学性能指标。

常用的硬度测试方法是压入法，主要有布氏硬度试验法、洛氏硬度试验法和维氏硬度试验法三种。硬度是在专用的硬度试验机上通过试验测得的，如图 1-4 所示。

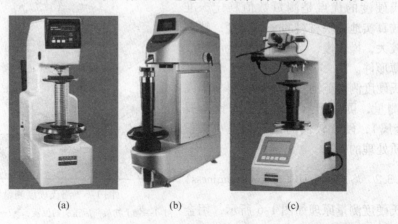

图 1-4　各种硬度计

（a）布氏硬度计；（b）洛氏硬度计；（c）维氏硬度计

1.2.3.1　布氏硬度 HB（brinell-hardness）（HBS、HBW）

布氏硬度测量原理如图 1-5 所示，采用直径为 D 的球形压头，以相应的试验力 F 压入材料的表面，经规定保持时间后卸除试验力，用读数显微镜测量残余压痕平均直径 d，用球冠形压痕单位表面积上所受的压力表示硬度值。实际测量可通过测出 d 值后查表获得硬度值。

$$HB = \frac{P}{F} = \frac{2P}{\pi D(D - \sqrt{D^2 - d^2})}$$

式中，P 为钢球或硬质合金球的载荷，kN；D 为钢球或硬质合金球的直径，mm；d 为压痕直径，mm。

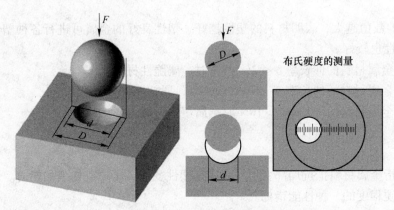

图 1-5　布氏硬度的测量原理图

HBS 表示用淬火钢球压头测量的布氏硬度值。适用范围：小于 450；HBW 表示用硬质合金压头测量的布氏硬度值。适用范围：450～650。

布氏硬度表示方法：符号 HBS 或 HBW 之前的数字表示硬度值，符号后面的数字按顺序分别表示球体直径、载荷及载荷保持时间。如 120HBS10/1000/30 表示直径为 10mm 的钢球在 9.807kN（1000kgf）载荷作用下保持 30s 测得的布氏硬度值为 120。

布氏硬度的优点是测量数值稳定，准确，能较真实地反映材料的平均硬度；缺点是压痕较大，操作慢，不适用批量生产的成品件和薄形件。

布氏硬度测量范围：用于原材料与半成品硬度测量，可用于测量铸铁，非铁金属（有色金属），硬度较低的钢（如退火、正火、调质处理的钢）。

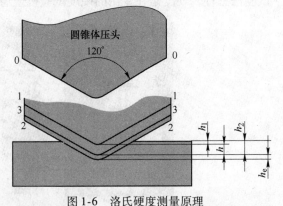

图 1-6　洛氏硬度测量原理
1-1—加上初载荷后压头的位置；2-2—加上初载荷 + 主载荷后压头的位置；3-3—卸去主载荷后压头的位置；h_e—卸去主载的弹性恢复

1.2.3.2　洛氏硬度 HR（rockwell hardness）

洛氏硬度测量原理如图 1-6 所示，用金刚石圆锥或淬火钢球压头，在试验压力 F 的作用下，将压头压入材料表面，保持规定时间后，去除主试验力，保持初始试验力，用残余压痕深度增量计算硬度值，实际测量时，可通过试验机的表盘直接读出洛氏硬度的数值。

$$HR = K - h/0.002$$

式中，K 为常数，金刚石压头取值 100，球形压头取值 130。

洛氏硬度测量条件：洛氏硬度可以测量从软到硬较大范围的硬度值，根据被测对象硬度值大小的不同，可用不同的压头和试验力，见表 1-1。

表 1-1　常用洛氏硬度的试验条件和应用范围

硬度符号	压头类型	总试验力 F/N（kgf）	硬度范围	应 用 举 例
HRA	120°金刚石圆锥	588.4（60）	20～88	硬质合金、碳化物、浅层表面硬化钢等
HRB	ϕ1.588mm 淬火钢球	980.7（100）	20～100	退火、正火钢，铝合金、铜合金、铸铁
HRC	120°金刚石圆锥	1471（150）	20～70	淬火钢、调质钢、深层表面硬化钢

洛氏硬度的特点是压痕小，对工件表面质量影响较小，硬度的测量范围广。但是由于压痕面积不大，所以一次测量数据准确性和稳定性不如布氏硬度好。在实际使用中需要多次测量取其平均值。

1.2.3.3　维氏硬度 HV（diamond penetrator hardness）

维氏硬度测量原理如图 1-7 所示，与布氏硬度相似。采用相对面夹角为 136°金刚石正四棱锥压头，以规定的试验力 F 压入材料的表面，保持规定时间后卸除试验力，用正四棱锥压痕单位表面积上所受的平均压力表示硬度值。

维氏硬度是用正四棱锥体压痕单位面积上承受的平均压力表示硬度值，用符号 HV 表示，其计算公式如下：

$$HV = 0.1891 \frac{F}{d^2}$$

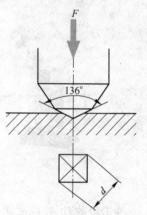

图 1-7　维氏硬度计测量原理

式中，F 为试验力，N；d 为压痕两条对角线长度的算术平均值，mm。

在试验中，维氏硬度值与布氏硬度值一样，也可根据测得压痕两条对角线的平均长度，从表中直接查出。

表示方法及适用范围：维氏硬度常用试验力在 49.03～980.7N 范围内，其表示方法与布氏硬度相同，硬度值写在符号前面，符号后面写试验条件。例如，642HV30 表示用 294.2N（30kgf）试验力，保持 10～15s 测定的维氏硬度值为 642；642HV30/20 表示用 294.2N（30kgf）试验力，保持 20s 测定的维氏硬度值为 642。

由于维氏硬度试验时所用试验力小，压痕深度较浅，故可测较薄工件的硬度，尤其是渗碳、渗氮层的硬度。另外，维氏硬度具有连续性（10～1000HV），故可测从很软到很硬的各种金属材料的硬度，且准确可靠。维氏硬度试验的缺点是，测量压痕对角线长度比较麻烦，且对试样表面质量要求较高。

各种硬度的换算经验公式：硬度在 200～600HBS 时，1HRC 相当于 10HBS；硬度小于

450HBS 时, 1HBS 相当于 1HV。

利用布氏硬度压痕直径直接换算出工件的洛氏硬度。根据布氏硬度和洛氏硬度换算表, 可归纳出一个计算简单且容易记住的经验公式: $HRC = (479 - 100D)/4$, 其中 D 为 $\phi10mm$ 钢球压头在 30kN 压力下压在工件上的压痕直径测量值。

1.2.4　冲击韧性

许多机械零件在工作中往往受到冲击载荷的作用, 如内燃机的活塞销、冲床的冲头、锻锤的锤杆和锻模等。制造这类零件所采用的材料, 其性能指标不能单纯用强度、塑性、硬度来衡量, 而必须考虑材料抵抗冲击载荷的能力, 即韧性的大小。目前, 工程上常用一次摆锤冲击缺口试样来测定材料的韧性。材料韧性的好坏是用冲击韧度来衡量的。

金属材料抵抗冲击载荷作用而不破坏的能力称为冲击韧度, 用 α_k 来表示。α_k 值的大小表示材料的韧性好坏。一般把 α_k 值低的材料称为脆性材料, α_k 值高的材料称为韧性材料。

金属夏比缺口冲击试验: 按 GB/T 229—1994 进行, 采用横截面尺寸为 10mm×10mm、长度为 55mm, 试样的中部开有 V 形或 U 形缺口的冲击试样。试验时冲击试样的开口背向摆锤的冲击方向置于试验机的支架上, 将试样一次冲断, 如图 1-8 所示。

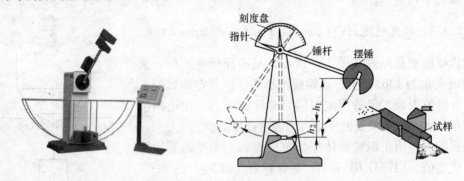

图 1-8　冲击试验机及冲击试验原理

冲击吸收功 A_K: 试样在一次冲击试验力作用下, 断裂时所吸收的功称为冲击吸收功, 用 A_{KV} (或 A_{KU}) 表示, 单位为 J。

$$A_K = mgh_1 - mgh_2 = mg(h_1 - h_2)$$

冲击吸收功的意义: 判断材料抵抗冲击载荷的能力, 冲击吸收功小的材料, 其脆性大, 易被冲断; 冲击吸收功对温度敏感, 可用于评定材料的冷脆倾向; 冲击吸收功对组织敏感, 可用于进行冶金夹杂物和热加工质量的鉴定。

A_K 值取决于试样的材料及其状态, 同时与试样的形状、尺寸有很大关系。A_K 值对材料的内部结构缺陷及显微组织的变化很敏感, 如夹杂物、偏析、气泡、内部裂纹、钢的回火脆性、晶粒粗化等都会使 A_K 值明显降低; 同种材料的试样, 其缺口越深、越尖锐, 缺口处应力集中程度越大, 越容易变形和断裂, 冲击功越小, 材料表现出来的脆性越高。

材料的 A_K 值随温度的降低而减小, 且在某一温度范围内 A_K 值急剧降低, 这种现象称为冷脆, 此温度范围称为韧脆转变温度 (T_K)。冲击韧度指标的实际意义在于揭示材料的变脆倾向。

1.2.5 疲劳极限

（1）疲劳的概念：

1）交变应力大小和方向随时间作周期性变化的应力称为交变应力（也称为循环应力）。工程上许多机械零件都是在交变应力作用下工作的，如曲轴、齿轮、弹簧、各种滚动轴承等，在工作过程中各点的应力是随时间做周期性变化的。

2）疲劳在交变应力的作用下，即使零件所承受的应力低于材料的屈服强度，但经过较长时间的工作后也会产生裂纹或突然断裂，这种现象称为疲劳，如图 1-9 所示。

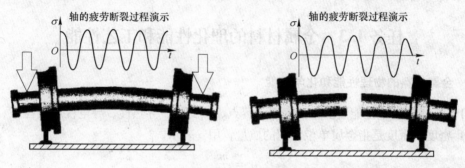

图 1-9 材料的疲劳断裂

疲劳破坏是机械零件失效的主要原因之一。据统计，在机械零件的失效中约有 80% 以上属于疲劳破坏，而疲劳破坏前没有明显的变形，所以危害性极大。

（2）产生疲劳的原因：疲劳断裂是由于材料表面或内部有缺陷（划痕、夹杂、软点、显微裂纹等），这些地方的局部应力大于屈服强度，从而发生局部塑性变形而导致疲劳裂纹的产生。这些裂纹随着循环应力次数的增加而逐渐扩展，直至最后承载的截面减小到不能承受所加载荷而突然断裂。因此，疲劳破坏的宏观断口是由疲劳裂纹的策源地及扩展区（光滑部分）和最后断裂区（粗糙部分）组成的，如图 1-10 所示。

（3）疲劳强度：在循环应力作用下，金属所承受的循环应力 R 和断裂时相应的应力循环次数 N 之间的关系曲线称为 $R\text{-}N$ 疲劳曲线，如图 1-11 所示。

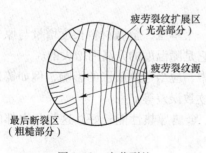

图 1-10 疲劳裂纹

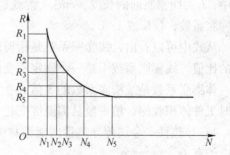

图 1-11 $R\text{-}N$ 疲劳曲线

从图 1-11 中可以看出，金属承受的交变应力 R 越小，则断裂前的应力循环次数 N 越多；反之，R 越大，则 N 越少。当应力达到最小时，曲线与横坐标平行，表示应力低于此值时，试样可经受无数次周期循环而不破坏，此应力值称为材料的疲劳强度。在对称循环应力作用下的疲劳强度通常用符号 σ_{-1} 表示。显然，σ_{-1} 的数值越大，金属材料抵抗疲劳破坏的能力越强。

疲劳强度是指金属材料在无数多次交变应力作用下不被破坏的最大应力。

实际上，金属材料不可能做无数次交变载荷试验，对于黑色金属，一般规定应力循环次数为 10^7 周次时试样仍不断裂的最大应力为疲劳强度；对于有色金属、不锈钢等规定应力循环次数为 10^8 周次。

（4）提高疲劳强度的途径：金属零件的疲劳强度受到很多因素的影响，如工作条件、表面状态、材料成分、组织及残余内应力等。改善零件的结构形式、降低零件表面粗糙度值及采取各种零件表面强化的方法，都能提高金属零件的疲劳强度。

任务 1.3　金属材料的理化性能和工艺性能

1.3.1　金属材料的物理性能和化学性能

（1）金属的物理性能主要包括密度、熔点、热膨胀、导热性、导电性和磁性等。

1）密度。密度是指金属单位体积的质量，用 ρ 表示。

$$\rho = \frac{m}{V}$$

式中，m 为金属质量，kg；V 为金属体积，m^3；ρ 为金属密度，kg/m^3。

在实际应用中，常用金属密度来计算大型零件的质量，某些机械零件选材时必须考虑金属密度。比如航空领域，密度是考虑的一个重要指标。

2）熔点。金属由固态转变为液态时的温度称之为熔点。纯金属都有固定的熔点。熔点是制定热加工（冶炼、铸造、焊接）工艺规范的重要依据之一。

3）热膨胀性。金属受热时，体积会增大，冷却时收缩，金属这种性能称之为热膨胀性。热膨胀性能的大小可以用线膨胀系数或体膨胀系数来表示。

$$\alpha_1 = \frac{l_t - l_0}{l_0 \Delta t}$$

式中，l_0 为线膨胀前的长度，cm；l_t 为线膨胀后的长度，cm；Δt 为温度差，K 或℃；α_1 为线膨胀系数，1/K 或 1/℃。

从式中可以看出，线膨胀系数是指温度每升高一个单位，金属材料长度增量与原来长度的比值。线膨胀系数不是一个固定不变的数值，它是随温度的升高而增大的。

体膨胀系数是线膨胀系数的 3 倍。在实际工作中，应当考热膨胀的影响，例如铸造冷却时工件体积收缩，精密量具因温度变化而引起的读数误差等。

4）导热性。金属传导热量的能力称为导热性。金属导热性能较好，这与其内部的自由电子有关。

金属导热能力的大小，常用导热率（导热系数）λ 来表示。导热率指维持单位温度梯度（温度差）时，在单位时间内，流过物体单位横截面的热量，单位是 $W/(m \cdot K)$。金属材料的导热率越大，说明导热性能越好。一般来说，金属越纯，其导热能力越好。

导热性好的金属散热性能就越好，在制造散热器、热交换器等零件时，就要注意选用导热性能好的材料。

5）导电性。金属能够传导电流的性能，称为导电性。金属的导电性与其内部存在的自由电子有关。

金属导电性能的好坏，常用电阻率 ρ 来表示。单位长度，单位截面积的物体在一定温度下所具有的电阻数称为电阻率，单位是 $\Omega \cdot m$。电阻率小，导电性能好。电导率是电阻率的倒数，显然电导率大，导电性能好。

导电性和导热性一样，随金属成分的变化而变化，一般纯金属的导电性总比合金好。为此，工业上常用纯铜纯铝来做导电材料。

6）磁性。金属材料在磁场中被磁化而呈现磁性的性能称为磁性。按磁性划分可把金属材料划分为两类：铁磁性材料，在外加磁场中，能够强烈被磁化，如铁等；顺磁性材料，在弱外加磁场磁化作用的金属，如铜、金、银等。

磁性只存在于一定温度范围内，高于一定温度时，磁性就会消失。如铁在 770℃ 以上就没有磁性，这一温度称为居里点。

（2）金属的化学性能是指在化学作用下表现出来的性能。包括耐腐蚀性和抗氧化性等。

1）耐腐蚀性。金属材料在常温下抵抗周围介质（如大气、燃气、油、水、酸、盐等）腐蚀的能力，称为耐腐蚀性，简称耐蚀性。

2）抗氧化性。金属在高温下对氧化的抵抗能力，称为抗氧化性，又称抗高温氧化性。工业上用的锅炉、加热设备、汽轮机、喷气发动机、火箭、导弹等，有许多零件在高温下工作，制造这些零件的材料，就需要具有良好的抗氧化性。

1.3.2　金属材料的工艺性能

工艺性能是指金属材料在加工过程中对不同加工方法的适应能力，包括铸造性能、压力加工性能、焊接性能、切削加工性能、热处理性能等。工艺性能直接影响到金属材料加工的难易程度、加工质量、生产效率及加工成本等，所以工艺性能是选材和制定零件工艺路线时必须考虑的因素之一。

1.3.2.1　铸造性能

金属及合金经铸造后获得优良铸件的能力称为铸造性能。衡量铸造性能的主要指标有流动性、收缩性和偏析倾向等。

（1）流动性。熔融金属的流动能力称为流动性，它主要受金属化学成分和浇注温度等的影响。流动性好的金属容易充满铸型，从而获得外形完整、尺寸精确、轮廓清晰的铸件。

（2）收缩性。铸件在凝固和冷却过程中，其体积和尺寸减小的现象称为收缩性。铸件收缩不仅影响尺寸精度，还会使铸件产生缩孔、疏松、内应力、变形和开裂等缺陷，故用于铸造的金属，其收缩率越小越好。铁碳合金中，灰铸铁收缩率小，铸钢收缩率大。

（3）偏析倾向。金属凝固后，其内部化学成分和组织的不均匀现象称为偏析。偏析严重时可能使铸件各部分的组织和力学性能有很大的差异，降低铸件的质量。

有色金属（如青铜）的铸造性很好，常用于铸造精美的工艺品。铸铁的铸造性能好于铸钢，因此常用铸造方法生产零件。

1.3.2.2　压力加工性能

压力加工是指用压力使金属产生塑性变形，改变其形状、尺寸和性能，从而获得型材或锻压件的一种加工方法。压力加工的方法有锻造、轧制、挤压、冷拔、冲压等，如图1-12 所示。金属材料用压力加工方法成型而得到优良工件的难易程度称为压力加工性能。压力加工性能的好坏主要与金属的塑性和变形抗力有关，塑性越好，变形抗力越小，金属的压力加工性能越好。影响压力加工性能的主要因素是金属的化学成分、内部结构等，纯金属的压力加工性能优于一般合金。铁碳合金中，含碳量越低，压力加工性能越好；合金钢中，合金元素的种类和含量越多，压力加工性能越差。碳钢在加热状态下压力加工性能较好，铸铁则不能进行压力加工。

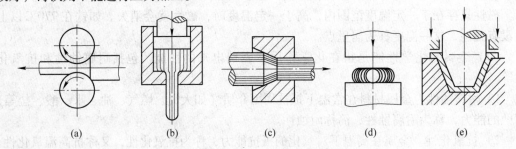

图 1-12　金属常见的压力加工方法
（a）轧制；（b）挤压；（c）冷拔；（d）锻造；（e）冷冲压

1.3.2.3　焊接性能

焊接是通过加热、加压或两者并用，使用或不使用填充材料，使工件达到结合的一种方法。焊接方法可分为三大类，即熔焊、压焊和钎焊。熔焊是将待焊处的母材金属熔化以形成焊缝的焊接方法，常用的熔焊有电弧焊、气焊、电子束焊、等离子弧焊、激光焊等；压焊是焊接时对焊件施加压力，以完成焊接的方法，应用最普遍的压焊是电阻焊；钎焊是采用比母材熔点低的金属材料作为钎料，将焊件和钎料加热到高于钎料熔点、低于母材熔化的温度，利用液态钎料浸润母材，填充接头间隙并与母材相互扩散实现连接焊件的方法，图 1-13 所示为电弧焊和气焊示意图。

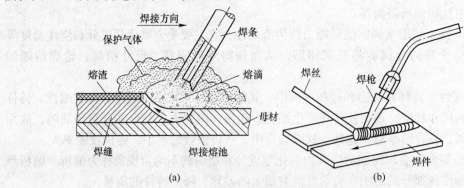

图 1-13　电弧焊和气焊示意图
（a）电弧焊；（b）气焊

焊接性能是指金属材料对焊接加工的适应能力，也就是在一定的焊接工艺条件下，金属材料获得优良焊接接头的难易程度。焊接性能好的金属材料，容易用一般焊接方法和工艺进行操作，焊接时不易形成裂纹、气孔、夹渣等缺陷，焊接后接头强度与母材相近。碳钢和低合金钢的焊接性能主要与金属材料的化学成分有关（其中碳的影响最大），如低碳钢具有良好的焊接性，高碳钢、铸铁的焊接性较差，焊接时需采用预热或气体保护焊等，焊接工艺复杂。

1.3.2.4 切削加工性能

切削加工是指通过机床提供的切削运动和动力，使刀具和工件产生相对运动，从而切除工件上多余的材料，以获得合格零件的加工过程。零件常通过对毛坯进行切削加工而制成，如车削加工、铣削加工、磨削加工、刨削加工等，如图 1-14 所示。

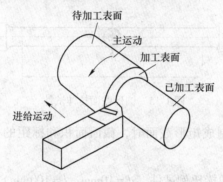

图 1-14 金属零件切削加工示意图

切削加工金属材料的难易程度称为切削加工性能，一般由工件切削后的表面粗糙度及刀具寿命等方面来衡量。影响切削加工性能的因素主要有工件的化学成分、组织状态、硬度、塑性、导热性和形变强化等。一般认为，金属材料具有适当硬度（170~230HBW）和足够的脆性时较易切削，所以铸铁比钢的切削加工性能好，一般碳钢比高合金钢的切削加工性能好。改变钢的化学成分和进行适当的热处理，是改善钢的切削加工性能的重要途径。

1.3.2.5 热处理性能

金属材料通过热处理可以改善其切削加工性能，热处理也是改善其力学性能的重要途径。热处理性能包括淬透性、淬硬性、过热敏感性、回火脆性、变形与开裂倾向、氧化脱碳倾向等。

任务 1.4 金属材料的拉伸性能测试

1.4.1 具体任务

（1）测定低碳钢拉伸时的强度性能指标：屈服应力 σ_s 和抗拉强度 σ_b。

（2）测定低碳钢拉伸时的塑性性能指标：伸长率 δ 和断面收缩率 φ。

（3）测定铸铁拉伸时的强度性能指标：抗拉强度 σ_b。

（4）绘制低碳钢和灰铸铁的拉伸图，比较低碳钢与灰铸铁在拉伸时的力学性能和破坏形式。

1.4.2　使用设备和仪器

电子万能材料试验机；低碳钢、铸铁试样；游标卡尺；直尺。

1.4.3　操作试件

按照国家标准《金属拉伸试验试样》GB 6397—1986，金属拉伸试件的形状随着产品的品种、规格以及试验目的的不同而分为圆形截面试件、矩形截面试件、异形截面试件和不经机加工的全截面形状试件四种。这里选用的是圆形截面试件，如图 1-15 所示。

图 1-15　圆形截面拉伸试件

对于一般钢材按国标制成矩形截面时，截面面积和标距的关系仍为 $l = 11.3\sqrt{A_0}$ 或 $l = 5.65\sqrt{A_0}$。

本次实验采用常用的圆棒比例试件（$d = 10\text{mm}$，$l = 100\text{mm}$）。

1.4.4　操作步骤

（1）试件准备：

1）在试件中取标距 $l_0 = 100\text{mm}$，在标距两端冲眼作为标志。

2）在试件标距范围内分别测量试件的两端及中间三个位置的直径。为保证精确度，每一截面取互相垂直的两个方向各测量一次，并计算其平均值，以三截面中最小处的平均值作为计算直径 d_0，再算出试件的初始横截面面积 A_0。根据低碳钢的 σ_b 估计拉断试件所需的最大载荷 $F_{\max}$。

（2）试验机准备。

（3）安装试件。

（4）开动试验机。预加小量载荷（如加至 2kN，只用于低碳钢拉伸试验），以检查试验机工作是否正常，确认正常后卸载接近零点。

（5）进行试验。

（6）结束工作：

1）关闭电机，取下试件，将断裂的试件紧对在一起，测量断口处直径，在断口两个互相垂直的方向各测一次，取平均值 d_1 计算 A_1。用卡尺测量拉断后的标距长度 l_1。断口如果不在试件中部 1/3 区段内，按国家标准采用断口移中方法，计算 l_1 的长度。

2）取下拉伸图，清理复原试验机、工具和现场。

1.4.5 填写工作任务单

填写表1-2。

表1-2 金属拉伸性能测试工作单

班组： 工号： 检验时间： 年 月 日

钢号		规格		检验员签字：	
试验机型号					
序号	直径/mm	强度指标			塑性指标	
		屈服强度/MPa	抗拉强度/MPa	断裂强度/MPa	伸长率/%	断面收缩率/%
1						
2						
3						
4						
5						
6						

 复习思考题

1-1 什么是金属？什么是金属材料？金属材料通常分为哪三类？

1-2 什么是材料的使用性能？材料的使用性能和工艺性能有何区别？

1-3 什么是金属的力学性能？金属的力学性能包括哪些？

1-4 根据作用性质不同，载荷可以分为哪几类？

1-5 什么是变形？变形可以分为哪两类？

1-6 拉伸试验能测量哪些力学性能指标？

1-7 绘出低碳钢力-伸长曲线，并说明曲线上的几个变形阶段。

1-8 什么是强度？衡量强度的常用指标有哪些？

1-9 R_{eL} 和 $R_{p0.2}$ 有何区别？

1-10 什么是塑性？衡量塑性的指标有哪些？各用什么符号表示？塑性好的材料有何实用意义？

1-11 某厂购进一批钢材，按标准规定，其力学性能指标应不低于下列数值：$\sigma_s = 340MPa$，$\sigma_b = 540MPa$，$\delta = 19\%$，$\varphi = 45\%$。验收时，用该材料制成 $d = 10mm$ 的短试样（原始标距 l_0 长度为50mm）做拉伸试验，当试验力达到28260N时，试样产生屈服现象；试验力增加到45530N时，试样发生缩颈现象，然后断裂。拉断后的标距长度为60.5mm，断裂处直径为7.3mm。试计算这批钢材是否合格。

1-12 什么是硬度？测量硬度常用的方法有哪三种？各用什么符号表示？它们各适用于测量哪些材料的硬度？

1-13 布氏硬度实验法有哪些优缺点？说明其适用范围。

1-14 什么是韧性？多次冲击时材料的冲击抗力主要取决于什么？

1-15 什么是金属的疲劳？疲劳破坏有什么特征？

1-16 简述金属产生疲劳的原因及防止疲劳的措施。

1-17 什么是疲劳极限？影响疲劳极限的因素有哪些？

1-18 什么是金属的工艺性能？金属的工艺性能主要包括哪些内容？

情景 2 金属的晶体结构与结晶分析

【知识目标】

(1) 了解三种典型金属晶体结构的特点及常用金属的晶体结构。

(2) 掌握金属材料的结晶条件、基本过程和细化晶粒的主要方法。

(3) 熟悉金属铸锭常见的组织缺陷。

【技能目标】

(1) 能运用细化晶粒的措施提高金属材料的力学性能。

(2) 能运用金属同素异构转变理论改善金属材料的组织和性能。

(3) 能够辨别常见的金属铸锭组织缺陷。

任务 2.1 常见金属的晶体结构

2.1.1 晶体与非晶体

固态物质按其原子（或分子）的聚集状态是否有序，可分为晶体与非晶体两大类。在物质内部，凡原子（或分子）在三维空间呈有序、有规则排列的物质称为晶体，自然界中绝大多数固体都是晶体，如常用的金属材料、水晶、氯化钠等；凡原子（离子或分子）在三维空间呈无序堆积状况的物质称为非晶体，如普通玻璃、松香、石蜡等。非晶体的结构状态与液体结构相似，故非晶体也被称为冻结的液体。

由于晶体内部的原子（或分子）排列具有规律性，所以，自然界中的许多晶体往往具有规则的几何外形，如结晶盐、水晶、天然金刚石等。晶体的几何形状与晶体的形成条件有关，如果条件不具备，其几何形状也可能是不规则的。故晶体与非晶体的根本区别不是几何外形规则与否，而是其内部原子排列是否有规则。晶体与非晶体的区别除了几何形状是否规则外，还表现在以下方面：

(1) 非晶体没有固定的熔点，加热时随温度的升高会逐渐变软，最终变为有明显流动性的液体；冷却时液体逐渐变稠，最终变为固体。而晶体有固定的熔点，当加热温度升高到某一温度时，固态晶体在此温度下转变为液态。例如，纯铁的熔点为 1538℃，铜的熔点为 1083℃，铝的熔点为 660℃。

(2) 非晶体由于原子排列无规则，在各个方向上的原子聚集密度大致相同，故在性能上表现为各向同性。而晶体在不同的方向上具有不同的性能，即晶体表现出各向异性。

2.1.1.1　晶格和晶胞

在金属晶体中，原子是按一定的几何规律呈周期性有规则排列的，不同晶体的原子排列规律不同。为了便于研究，人们把金属晶体中的原子近似看作是一个个刚性小球，则金属晶体就是由这些刚性小球按一定几何规则紧密排列而成的物体，如图 2-1（a）所示。由于这种图形不便于分析晶体中原子的空间位置，为了便于研究晶体中原子的排列情况，可将刚性小球再简化成一个点，用假想的线将这些点连接起来，构成有明显规律性的空间格架。这种表示原子在晶体中排列规律的空间格架称为晶格，如图 2-1（b）所示。晶格由许多形状、大小相同的几何单元在三维空间重复堆积而成。为了便于讨论，通常从晶格中选取一个能完全反映晶格特征的最小几何单元来分析晶体中原子排列的规律，最小几何单元称为晶胞，如图 2-1（c）所示。

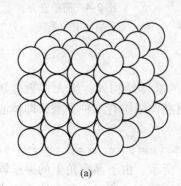
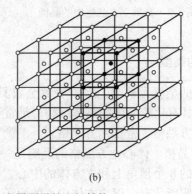
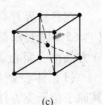

(a)　　　　　　　　　　(b)　　　　　　　　　(c)

图 2-1　金属原子的空间结构

（a）原子的堆垛方式；（b）原子排列的空间点阵；（c）晶胞

2.1.1.2　晶格常数

不同元素的原子半径大小不同，在组成晶胞后，晶胞大小也不相同。在金属学中，通常取晶胞角上某一结点作为坐标原点，其三条棱边作为坐标轴 x、y、z 轴，称为晶轴。规定在坐标原点的前、右、上方为坐标轴的正方向，并以棱边长度 a、b、c 分别作为坐标轴的长度单位，如图 2-2 所示。晶胞的大小和形状完全可以由三个棱边长度和三个晶轴之间的夹角来表示。晶胞的棱边长度称为晶格常数，对于立方晶格来说，晶胞的三个方向上的棱边长度都相等（$a = b = c$），用

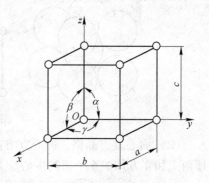

图 2-2　简单立方晶格的表示方法

一个晶格常数 α 表示即可。晶格常数的单位为 Å（埃，$1\text{Å} = 10^{-10}\text{m}$）。三个晶轴之间的夹角也相等，即 $\alpha = \beta = \gamma = 90°$。

2.1.1.3　晶面和晶向

在晶体中由一系列原子中心所构成的平面称为晶面。图 2-3 所示为简单立方晶格的一些晶面。

　　通过两个或两个以上原子中心的直线可代表晶格空间排列的一定方向，称为晶向，如图2-4所示。由于晶体中不同晶面和晶向上原子排列的疏密程度不同，因此原子之间的结合力大小也就不同，从而在不同的晶面和晶向上显示出不同的性能，即晶体的各向异性，这是晶体区别于非晶体的重要标志之一。晶体的这种特性不仅表现在力学性能上，还表现在物理性能和化学性能上，并在工业生产中有着一定的应用。

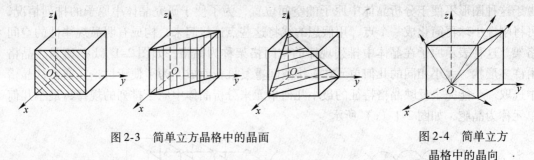

　　图2-3　简单立方晶格中的晶面　　　　　　　图2-4　简单立方
　　　　　　　　　　　　　　　　　　　　　　　　晶格中的晶向

2.1.2　金属晶格的类型

　　在自然界存在的金属元素中，除了少数金属具有复杂的晶体结构外，绝大多数金属（占85%以上）都具有比较简单的晶体结构。最常见的金属晶体结构有三种类型，即体心立方晶格、面心立方晶格、密排六方晶格。

　　（1）体心立方晶格。体心立方晶格的晶胞是一个立方体（$a = b = c$，$\alpha = \beta = \gamma = 90°$），其原子位于立方体的8个顶角上和立方体的中心，如图2-5所示。由于晶胞角上的原子同时为相邻的8个晶胞所共有，而立方体中心的原子为该晶胞所独有，所以，每个体心立方晶格晶胞中实际含有的原子数为 $1 + 8/8 = 2$ 个。具有体心立方晶格的金属有α-铁（α-Fe）、铬（Cr）、钒（V）、钨（W）、钼（Mo）等金属。

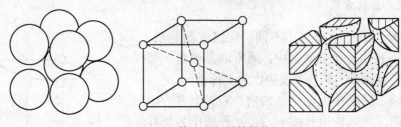

图2-5　体心立方晶体结构

　　（2）面心立方晶格。面心立方晶格的晶胞也是一个立方体，其原子位于立方体的8个顶角上和立方体的6个面的中心，如图2-6所示。由于晶胞角上的原子同时为相邻的8个

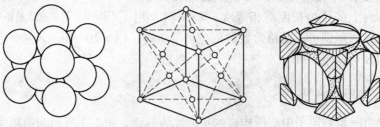

图2-6　面心立方晶体结构

晶胞所共有，而每个面中心的原子为两个晶胞所共有，所以，每个面心立方晶格晶胞中实际含有的原子数为 8/8 +6/2 =4 个。具有面心立方晶格的金属有 γ-铁（γ-Fe）、铝（Al）、铜（Cu）、铅（Pb）、镍（Ni）、金（Au）、银（Ag）等金属。

（3）密排六方晶格。密排六方晶格的晶胞是一个正六棱柱体，原子排列在柱体的每个顶角上和上、下底面的中心，另外三个原子排列在柱体内，如图 2-7 所示。晶格常数用正六边形底面的边长 a 和晶胞高度 c 表示，两者的比值 $c/a = 1.633$，此时，上下两底面的原子与柱体内的三个原子紧密接触，是真正的密排六方结构。由于晶胞角上的原子为六个晶胞所共有，上下底面中心的原子为两个晶胞所共有，而柱体内的三个原子为该晶胞所独有，故每个密排六方晶格晶胞中实际含有的原子数为 12/6 + 2/2 + 3 = 6 个。具有密排六方晶格的金属有镁（Mg）、锌（Zn）、铍（Be）、镉（Cd）等。

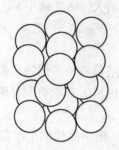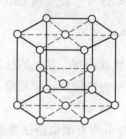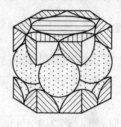

图 2-7 密排六方晶体结构

以上三种晶格由于原子排列规律不同，它们的性能也不同。一般来说，具有体心立方晶格的金属材料，其强度较高而塑性相对较差一些；具有面心立方晶格的金属材料，其强度较低而塑性很好；具有密排六方晶格的金属材料，其强度和塑性均较差。当同一种金属的晶格类型发生改变时，金属的性能也会随之发生改变。

任务 2.2 实际金属的晶体结构和晶体缺陷

前面所介绍的金属晶体结构是理想情况下的结构，在实际使用的金属材料中，由于加进了其他种类的原子，且材料在冶炼后的凝固过程中受到各种因素的影响，使本来有规律的原子排列方式受到干扰，不像理想晶体那样规则排列，这种晶体中原子紊乱排列的现象称为晶体缺陷。按照缺陷在空间的几何形状及尺寸不同，可将晶体缺陷分为点缺陷、线缺陷和面缺陷。晶体结构的不完整性会对晶体的性能产生重大影响，特别是对金属的塑性变形、固态相变以及扩散等过程都起着重要的作用。

2.2.1 点缺陷

点缺陷是指在三维空间各个方向上尺寸都很小（原子尺寸范围内）的缺陷，常见的点缺陷有空位、间隙原子、置换原子等。空位是指在晶格中应该有原子的地方而没有原子，没有原子的结点称为空位，如图 2-8（a）所示；间隙原子是指位于个别晶格间隙之中的多余原子，如图 2-8（b）所示；置换原子是指晶格结点上的原子被其他元素的原子所取代，如图 2-8（c）所示。在点缺陷附近，由于原子间作用力的平衡被破坏，使其周围的

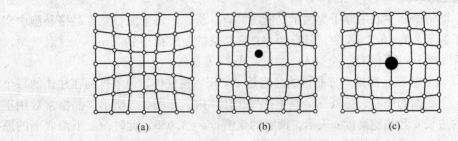

图2-8　点缺陷示意图

(a) 空位；(b) 间隙原子；(c) 置换原子

其他原子发生靠拢或撑开的不规则排列，这种变化称为晶格畸变。晶格畸变将使材料的力学性能及物理化学性能发生改变，如强度、硬度及电阻率增大，密度减小等。

2.2.2　线缺陷

线缺陷是指晶体内部的缺陷呈线状分布，常见的线缺陷是各种类型的位错。位错是晶格中有一列或若干列原子发生了某些有规律的错排现象。位错的基本类型有两种，即刃型位错和螺型位错。

(1) 刃型位错。图2-9 (a) 所示为刃型位错示意图，图中晶体的上半部多出一个原子面（称为半原子面），它像刀刃一样切入晶体，其刃口即半原子面的边缘便为一条刃型位错线。在位错线周围会造成晶格畸变，严重晶格畸变的范围约为几个原子间距。

(2) 螺型位错。图2-9 (b) 所示为螺型位错示意图，图中晶体右边的上部原子相对于下部原子向后错动一个原子间距，即右边上部晶面相对于下部晶面发生错动。若将错动区的原子用线连起来，则具有螺旋形特征，故称为螺型位错。

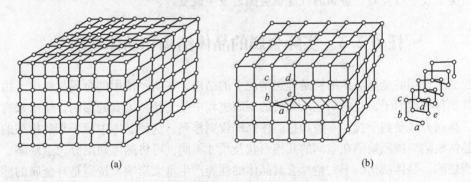

图2-9　线缺陷

(a) 刃型位错；(b) 螺型位错

位错是晶体中极为重要的一类缺陷，它对晶体的塑性变形、强度和断裂起着决定性的作用。金属材料的塑性变形便是通过位错运动来实现的。

2.2.3　面缺陷

面缺陷是指晶体中的晶界和亚晶界，如图2-10所示。

(1) 晶界。实际金属一般为多晶体，在多晶体中，相邻两晶粒间的位向不同，晶界处原子的排列必须从一个晶粒的位向过渡到另一个晶粒的位向，因此晶界成为两晶粒之间原子无规则排列的过渡层，晶界宽度一般在几个原子间距到几十个原子间距内变动，如图 2-10（a）所示。晶界处原子排列混乱，晶格畸变程度较大。

（2）亚晶界。多晶体里的每个晶粒内部也不是完全理想的规则排列，而是存在着许多尺寸很小位向差也小的小晶粒，这些小晶粒称为亚晶粒。亚晶粒之间的交界面称为亚晶界，如图 2-10（b）所示。

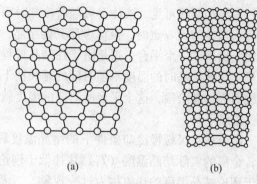

(a)   (b)

图 2-10 晶界与亚晶界示意图
（a）晶界；（b）亚晶界

在实际金属晶体中存在着许多空位、间隙原子、置换原子、位错、晶界及亚晶界等晶体缺陷，这些晶体缺陷会造成晶格畸变，引起塑性变形抗力的增大，从而使金属的强度提高。

任务 2.3 金属结晶过程分析

金属材料的成型通常需要通过熔炼和铸造，要经历由液态变成固态的凝固过程。金属由原子不规则聚集的液体转变为原子规则排列的固体的过程称为结晶。了解金属结晶的过程及规律，对于控制材料内部组织和性能都具有重要的意义。

2.3.1 纯金属的冷却曲线及过冷度

金属的结晶过程可以通过热分析法进行研究，图 2-11 所示为热分析装置示意图。将要研究的纯金属放入坩埚中加热，使其熔化成液体，并把热电偶浸入到熔化的金属液中，然后缓慢地冷却下来，在冷却过程中，每隔一定的时间测量一次温度，将记录下来的数据描绘在温度 – 时间坐标图中，这样就获得了纯金属的冷却曲线，如图 2-12 所示。

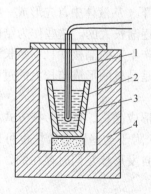

图 2-11 热分析法装置示意图

1—热电偶；2—坩埚；

3—金属液；4—电炉

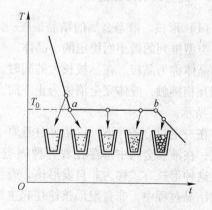

图 2-12 纯金属的冷却曲线

由冷却曲线可见，液体金属随着冷却时间的延长，其热量不断向外界散失，温度不断下降。当冷却到 α 点时，液体金属开始结晶，随着冷却时间的延长温度并不降低，在冷却曲线上出现了一个平台。这是由于在结晶过程中释放出来的结晶潜热补偿了向外界散失的热量，导致结晶时的温度不随时间的延长而下降，直到 b 点结晶终了。a、b 两点之间的水平线即为结晶阶段，这个平台所对应的温度就是纯金属的结晶温度。金属结晶终了后，温度又继续下降。

纯金属在极缓慢冷却条件下的结晶温度称为理论结晶温度，用 T_0 表示。在实际生产中，金属的实际结晶温度（T_1）往往低于理论结晶温度（T_0）。这种金属的实际结晶温度低于理论结晶温度的现象称为过冷现象，二者之差称为过冷度，即 $\Delta T = T_0 - T_1$，如图 2-13 所示。

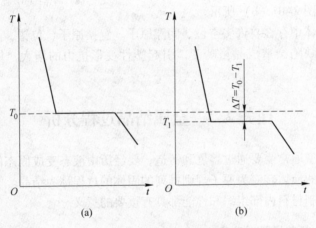

图 2-13　纯金属结晶时的冷却曲线
（a）理论结晶；（b）实际结晶

实践证明，过冷度与冷却速度有关，结晶时冷却速度越快，金属的实际结晶温度越低，过冷度也就越大，过冷是金属结晶的必要条件。

2.3.2　纯金属的结晶过程

（1）形核。液态金属的结晶是在一定过冷度的条件下，从液体中首先形成一些按一定晶格类型排列的微小而稳定的小晶体，然后以它为核心逐渐长大的。这些作为结晶核心的微小晶体称为晶核。在晶核长大的同时，液体中又不断产生新的晶核并且不断长大，直到它们互相接触，液体完全消失为止。简言之，结晶过程是晶核的形成与长大的过程，如图 2-14 所示。

在一定过冷条件下，仅依靠自身原子有规则排列而形成晶核，这种形核方式称为自发形核；在液态金属中常存在着各种固态的杂质微粒，依附于这些固态微粒也可以形成晶核，这种形核方式称为非自发形核。通常自发形核和非自发形核是同时存在的，在实际金属的结晶过程中，非自发形核往往起主导作用。

（2）晶核长大。在过冷条件下，晶核一旦形成就立即开始长大。在晶核长大的初期，其外形比较规则。随即晶核优先沿一定方向按树枝状生长方式长大。晶体的这种生长方式就像树枝一样，先长出干枝，再长出分枝，所得到的晶体称为树枝状晶体，简称枝晶。当

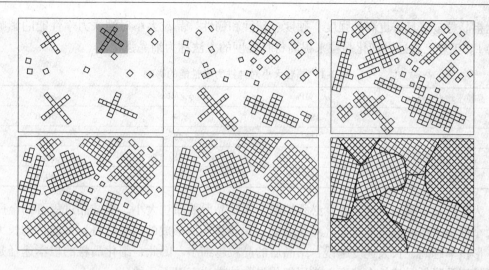

图 2-14　纯金属结晶过程示意图

成长的枝晶与相邻晶体的枝晶互相接触时，晶体就向着尚未凝固的部位生长，直到枝晶间的金属液晶粒全部凝固为止，最后形成了许多互相接触而外形不规则的晶体。这些外形不规则而内部原子排列规则的小晶体称为晶粒，晶粒与晶粒之间的分界面称为晶界。图 2-15 所示为在金相显微镜下观察到的纯铁的晶粒和晶界的图像。

结晶后只有一个晶粒的晶体称为单晶体，如图 2-16（a）所示，单晶体中的原子排列位

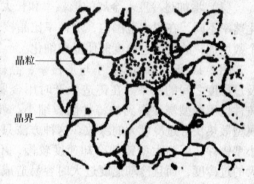

图 2-15　纯铁的显微组织

向是完全一致的，其性能是各向异性的。结晶后由许多位向不同的晶粒组成的晶体称为多晶体，如图 2-16（b）所示。由于多晶体内各晶粒的晶体位向互不一致，它们表现的各向异性彼此抵消，故显示出各向同性，称为伪各向同性。

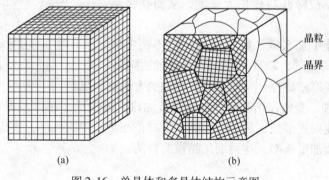

图 2-16　单晶体和多晶体结构示意图
（a）单晶体；（b）多晶体

2.3.3　晶粒大小对金属力学性能的影响

金属的晶粒大小对金属的力学性能具有重要的影响。实验表明，在室温下的细晶粒金

属比粗晶粒金属具有更高的强度、硬度、塑性和韧性。晶粒大小对纯铁力学性能的影响见表 2-1。工业上将通过细化晶粒来提高材料强度的方法称为细晶强化。

表 2-1　晶粒大小对纯铁力学性能的影响

晶粒平均直径/μm	σ_b/MPa	σ_s/MPa	φ/%
70	184	34	30.6
25	216	45	39.5
2.0	268	58	48.8
1.6	270	66	50.7

为了提高金属的力学性能，必须控制金属结晶后的晶粒大小。由结晶过程可知金属晶粒大小取决于结晶时的形核率（单位时间、单位体积所形成的晶核数目）与晶核的长大速度。形核率越高，长大速度越慢，结晶后的晶粒越细小。因此，细化品粒的根本途径是提高形核率及降低晶核长大速度。常用细化晶粒的方法有以下几种：

（1）增加过冷度。金属的形核率和长大速度均随过冷度不同而发生变化，但两者的变化速率不同，在很大范围内，形核率比晶核长大速度增长更快，因此，单位体积内晶粒的个数增加，故增加过冷度能使晶粒细化。

图 2-17 所示为晶粒大小与形核率、晶核长大速度及过冷度之间的关系。在铸造生产时用金属型浇注的铸件比用砂型浇注得到的铸件晶粒细小，就是因为金属型散热快，过冷度大的缘故。这种方法只适用于中、小型铸件，因为大型铸件冷却速度较慢，不易获得较大的过冷度，而且冷却速度过大时容易造成铸件变形、开裂，对于大型铸件可采用其他方法使晶粒细化。

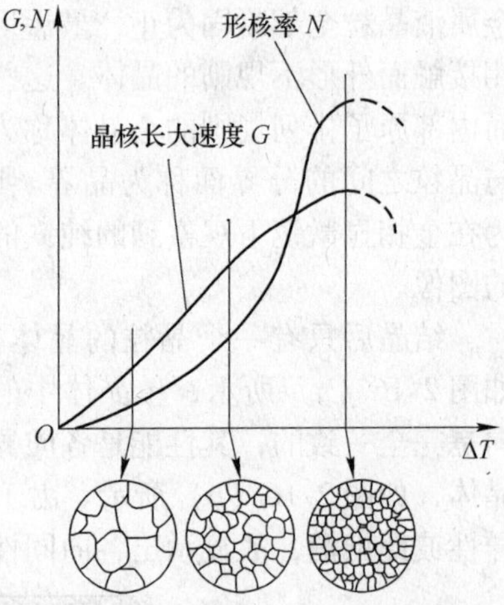

（2）变质处理。变质处理又称为孕育处理，是在浇注前向液态金属中加入一些细小的形核剂（又称为变质剂或孕育剂），使它们分散在金属液中作为人工晶核，以增加形核率或降低晶核长大速度，从而获得细小的晶粒。

例如，向钢液中加入铁、硼、铝等，向铸铁中加入硅铁、硅钙等变质剂，均能起到细化晶粒的作用。生产中大型铸件或厚壁铸件，常采用变质处理的方法细化晶粒。

（3）振动处理。金属在结晶时，对金属液加以机械振动、超声波振动和电磁振动等，一方面外加能量能促进形核，另一方面能够击碎正在生长中的枝晶，破碎的枝晶又可作为新的晶核，从而增加形核率，达到细化晶粒的目的。

图 2-17　晶粒大小与形核率 N、晶核长大速率 G 之间的关系

任务 2.4　金属铸锭的组织与宏观缺陷

2.4.1　金属的铸态组织分析

金属材料在铸造状态的组织会直接影响金属材料在压力加工、焊接等过程中的性能及

其相关产品的性能。

金属材料在结晶过程中除了受过冷度和未熔杂质两个重要因素影响外，还受其他多种因素的影响，其影响结果可以从金属铸锭的组织构造中看出来。图2-18 所示为纵向及横向剖开的铸锭组织，从中我们可以发现金属铸锭呈现三个不同的晶粒区，即表面细晶粒区、柱状晶粒区和等轴晶粒区。

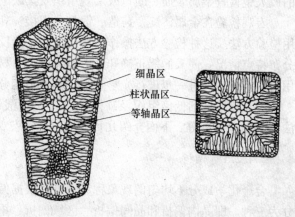

图 2-18　铸锭断面组织结构示意图

（1）表面细晶粒区。液态金属材料刚注入锭模时，模壁温度较低，表面层的金属液受到剧烈冷却，因而在较大的过冷度下结晶。另外，铸模壁上有很多固体质点，可以起到许多自发形核的作用，因而使金属铸锭出现表面细晶粒组织。表面细晶粒区的组织特点是晶粒细小，区域厚度较小，组织致密，化学成分均匀，力学性能较好。

（2）柱状晶粒区。柱状晶粒区的出现主要是因为金属铸锭受垂直于模壁散热方向的影响。细晶粒层形成后，随着模壁温度的升高，铸锭的冷却速度降低，晶核的形核率下降，长大速度提高，各晶粒可较快地成长。同时，凡晶轴垂直于模壁的晶粒，由于其沿着晶轴向模壁传热较快，因而它们的成长不致因彼此之间相互抵触而受限制，所以，这些晶粒优先得到成长，从而形成柱状晶粒区。

在柱状晶粒区，两排柱状晶粒相遇的接合面上存在着脆弱区，此区域常有低熔点杂质及非金属夹杂物积聚，使金属材料的强度和塑性降低。这种组织在锻造和轧制时，容易使金属材料沿接合面开裂，所以，生产上经常采用振动浇注或变质处理方法来抑制柱状晶粒的扩展。但对于熔点低，不含易熔杂质，具有良好塑性的非铁金属，如铝及铝合金、铜及铜合金等，即使铸锭全部为柱状晶粒区，也能顺利进行热轧、热锻等压力加工。

（3）等轴晶粒区。随着柱状晶粒发展到一定程度，液态金属向外散热的速度越来越慢，这时散热的方向性已不明显，而且锭模中心区域的液态金属温度逐渐降低而趋于均匀。同时由于种种原因（如液态金属的流动），可能将一些未熔杂质推至铸锭中心区域或将柱状晶的枝晶分枝冲断，飘移到铸锭中心区域，它们都可成为剩余液体的晶核，这些晶核由于在不同方向上的长大速度相同，加之中心区域的液态金属过冷度较小，因而形成粗大的等轴晶粒区。等轴晶粒区的组织特点是晶粒粗大、组织疏松、力学性能较差。

在金属铸锭中，除存在组织不均匀外，还常有缩孔、气泡、偏析、夹杂等缺陷。根据液态金属浇注方法的不同，金属铸锭分为钢锭模铸锭（简称铸锭）和连续铸锭（或称连铸坯）。连续铸锭是指金属液经连铸机直接生产的铸锭，其组织结构也分为三个区，但与铸锭略有不同。

2.4.2　常见的金属铸态宏观缺陷

较典型的金属铸态缺陷有偏析、疏松、缩孔、气泡、裂纹、低倍夹杂、粗晶环等。在生产企业中一般采用金属的低倍组织缺陷检验，也叫宏观检验。它是用肉眼或不大于十倍的放大镜检查金属表面、断口或宏观组织及其缺陷的方法。

宏观检验在金属铸锭、铸造、锻打、焊接、轧制、热处理等工序中，是一种重要的常用检验方法。这种检验方法操作简便、迅速，能反映金属宏观区域内组织和缺陷的形态和分布特点情况。使人们能正确和全面地判断金属材料的质量，以便指导科学生产、合理使用材料。还能为进一步进行光学金相和电子金相分析做好基础工作。

宏观检验包括低倍组织及缺陷检验（包括酸蚀、硫印、塔形车削以及无损探伤等方法）和断口分析等。下面介绍几种典型的金属宏观缺陷及其判别方法。

2.4.2.1 偏析

合金化学成分不均匀的现象称为偏析。根据偏析的范围大小和位置的特点，一般可以分为三种。即晶内偏析和晶间偏析、区域偏析、重力偏析。

（1）晶内偏析和晶间偏析。如固溶体合金浇注后冷凝过程中，由于固相与液相的成分在不断地变化，因此，即使在同一个晶体内，先凝固的部分和后凝固的部分其化学成分是不相同的。这种晶内化学成分不均匀的现象称为晶内偏析。这种偏析常以树枝组织的形式出现，故又称为枝间偏析。这种偏析一般通过均匀退火可以将其消除。基于同样的原因，在固溶体合金中先后凝固的晶体间成分也不相同，这种晶体间化学成分不均匀现象称为晶间偏析。

（2）区域偏析。在铸锭结晶过程中，由于外层的柱状晶的成长把低熔点组元、气体及某些偏析元素推向未冷却凝固的中心液相区，在固、液相之间形成与锭型外形相似的偏析区。这种形态的偏析多产生在钢锭结晶过程中，由于钢锭模横断面多为方形，所以一般偏析区也是方框形，故常称为方框偏析。在酸浸试片上呈腐蚀较深的，并由暗点和空隙组成的方形框带。在焊接时，焊接熔池一次结晶过程中，由于冷却速度快，已凝固的焊缝金属中化学成分来不及扩散，造成分布不均，产生偏析带，如图 2-19 所示。

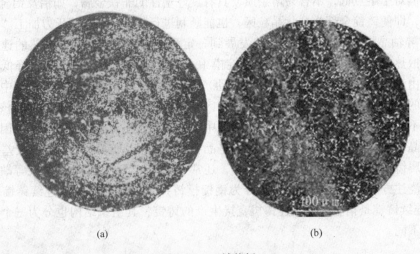

(a)　　　　　　　　　　　　　　(b)

图 2-19　区域偏析
（a）方框偏析；（b）偏析带

（3）重力偏析。在合金凝固过程中，如果初生的晶体与余下的溶液之间密度差较大，这些初生晶体在溶液中便会下沉或上浮。由此所形成的化学成分不均匀现象称为重力偏析。Cu-Pb、Sn-Sb、Al-Sb 等合金易于产生重力偏析。

2.4.2.2 缩孔和疏松

在铸锭的头部、中部、晶界及枝晶间，常常有一些宏观和显微的收缩孔洞，统称为缩孔。容积大而集中的缩孔称为集中缩孔；细小而分散的缩孔称为疏松。其中出现在晶界和枝晶间的缩孔又称为显微疏松。缩孔和疏松的形状不规则，表面不光滑，易与较圆滑的气孔相区别。产生缩孔和疏松的直接原因，是金属液凝固时发生的凝固体收缩。

疏松在横向酸浸试片上呈暗黑色的小点和细小的孔隙。这是因为疏松本身就是显微孔洞，而且在这些显微孔洞的周围总是伴随着偏析，因而容易受到腐蚀。疏松小点可能分布在试片检验面的各个部位。根据其所在位置，可将疏松分为中心疏松和一般疏松，如图 2-20 所示。

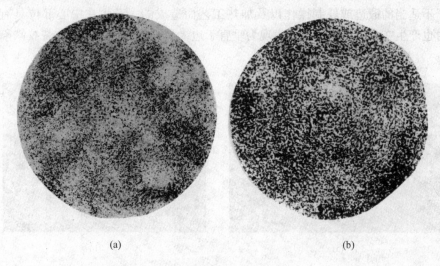

(a)   (b)

图 2-20 疏松

（a）中心疏松；（b）一般疏松

2.4.2.3 气孔

根据气孔在铸锭中出现的位置，可将其分为表面气孔、皮下气孔和内部气孔三类。根据气孔的成因，又可分为析出型气孔和反应型气孔两类。

析出型气孔是由于金属在熔融状态时能溶解大量的气体，在冷凝过程中，又由于溶解度随温度的降低而急剧的下降，特别是在金属凝固时，由于气体溶解度的剧烈下降而析出大量的气体。当金属完全凝固，气体不能逸出时，在铸锭或件内部形成了气孔。

反应型气孔是金属在凝固过程中，与模壁表面水分、涂料及润滑剂之间或金属液内部发生化学反应，因而产生气体形成气泡，且来不及上浮逸出而形成的气孔。

气孔一般是圆形的，表面较光滑。压力加工时气孔可被压缩，但难以压合，常常在热加工和热处理过程中产生起皮起泡现象。图 2-21 所示为连铸方坯时，气孔导致钢坯表面或角部呈现撕裂状、鸡爪状或舌状的缺陷。

2.4.2.4　裂纹

大多数成分复杂或杂质总量较高或有少量非平衡共晶的合金，都有较大的裂纹倾向，尤其是大型铸锭。在冷却强度大的连铸条件下，产生裂纹的倾向更大。在凝固过程中产生的裂纹称为热裂纹。凝固后冷却过程中产生的裂纹称为冷裂纹。热裂纹多沿晶界扩展，曲折而不规则，冷裂纹常为穿晶裂纹，多呈直线扩展。

图 2-21　连铸方坯表面由于气孔导致的缺陷

除开铸锭裂纹外，在热加工如轧制、锻压、热处理过程中都可能出现裂纹。锻轧裂纹多是由于不适当的锻造或轧制操作以及加热工艺而造成的，产生在中心部位具有龟裂特征。有时也产生在工件边缘，这时表现为垂直于边缘呈开放开裂。典型的裂纹缺陷如图 2-22 所示。

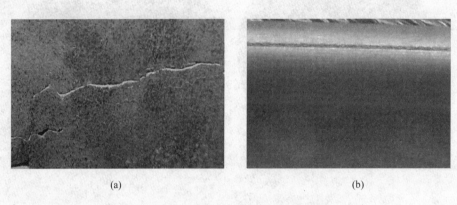

(a)　　　　　　　　　　　　　　　　　　(b)

图 2-22　典型的金属制品裂纹缺陷
(a) 板坯的表面裂纹；(b) 高速线材的表面裂纹

2.4.2.5　低倍夹杂

在酸浸低倍试样上，有的肉眼可以看到耐火材料、炉渣及其他非金属夹杂物，这些较粗大的夹杂称为低倍夹杂。它们在酸浸试片上以镶嵌的形式存在，并保持其固有的各种颜色，常见的有灰白色、米黄色和暗灰色等，如图 2-23 所示。有些低倍夹杂在制片时可能脱落，而表面为空洞。空洞区别于气泡的特点是它的边缘不整齐，呈海绵状。

图 2-23　钢材表面的红色夹杂物（氧化铁皮夹杂）

任务 2.5 金属铸态组织缺陷观察

2.5.1 实验目的

（1）掌握铸锭组织的结晶形态。

（2）了解不同冷却速度下结晶形态或不同温度下结晶形态的变化规律。

2.5.2 实验材料和实验设备

纯铝，中温加热电炉，坩埚、切锯和钢钳等。

2.5.3 实验原理

各种金属的结晶过冷（最小过冷度）都不大，通常只有几度（个别数十度），视金属种类不同。同一金属从液态冷却时，冷却速度越大，结晶时的过冷度也越大。实际上金属总是在过冷的情况下结晶的，过冷是金属结晶的必要条件。

（1）金属的结晶过程——晶体的形核及长大。结晶是需要一定时间的，当液态金属冷却到平衡结晶温度以下时，不论其结晶速度多么快，也不可能使整个液体同时转变成固态。结晶过程首先是在液体中产生一批晶核（或称结晶中心），并继续长大，在它们的长大过程中，同时还有新的晶核不断从液体中产生和长大，直至全部液体都转变为固体为止。由此可知，结晶的过程仍是由晶核的产生和长大两个基本过程所组成，而且每个过程是同时并进的。实验证明，这是一切结晶过程（包括金属和非金属结晶在内）所遵循的基本规律。

（2）影响结晶速度的因素。如上所述，结晶是由晶核的产生及其长大两个基本过程组成。所有结晶速度必然与晶核产生速度及晶体的成长速度密切相关。晶核产生的速度称为生核率（N），可用每单位时间内单位体积中所产生的晶核数目来表示。晶体的成长速度称为生长速率（G），是指在单位时间内长大的线速度，即结晶前沿的推进速度。生核率和生长速率对金属结晶后的组织形态有重要意义。生核率和生长率可因金属的纯度，浇注时的冷却速度以及其他具体浇注条件而不同。

冷却速度的影响：冷却速度越大，结晶时过冷度越大，结晶温度越低。金属在结晶后所得的晶粒度依据其结晶时的生核率和生长速率的比值不同而不同，比值越大，结晶后的晶粒越细小。反之，则越粗。此外，在浇注前，在液态金属中加入少量的变质剂也会促使晶粒细化。液态金属的过热也会影响晶粒的大小。一般增加了过热温度使异质形核减少，因而使形核率下降，而使晶粒变粗。

（3）铸锭组织的特点及其影响因素。下面以铸锭的纵抛面进行研究，在抛面上，铸锭有不同特点的三个区域。

1）表面细晶区。其特点是在铸锭表面和锭模交界处，形成细小等轴晶粒。形成原因是由于液体金属进入锭模后，与锭模接触的部分受到激冷，获得很大的过冷度，另外，模壁表面起到促进形核的作用，形成了一层等轴的细晶粒区。

2）柱状晶粒区。细晶粒区形成后，由于模壁温度已经升高，金属冷却速度减慢，这时开始形成柱状晶粒区，它的轴向都是垂直模壁的。因为结晶时的热量是垂直模壁向外散失的，受传热方向的影响，晶粒定向地向晶粒内部生长。

3）中心等轴晶粒区。随着柱状晶的发展，因模壁方向散热速度逐渐减慢，同时，成长的枝晶表面温度由于结晶潜热的放出而逐渐升高，而铸锭中心区的液态金属的温度逐渐降低，因而沿界面温度逐渐趋于均匀，这时铸锭中心的液体几乎是同时进入过冷状态，在整个剩余液体中同时出现结晶核心，并在各个方向等速生长，就形成了粗大的等轴晶粒区。

2.5.4　实验内容及步骤

浇铸铝锭，分析凝固条件对纯铝铸锭组织的影响。

（1）将工业纯铝块放进坩埚，在加热炉中熔化后取出浇铸，浇铸凝固条件列于表 2-2 中。

表 2-2　实验用纯铝锭的浇铸凝固条件

试样编号	1	2	3	4	5	6	7	8
浇铸温度/℃	750	750	750	850	850	850	850	850
铸模材料	金属模	冷砂模	热砂模	金属模	冷砂模	热砂模	金属模	金属模
其他条件	室温	室温	500℃预热	室温	室温	500℃预热	搅拌	加 Ti

（2）铸锭凝固后水冷，用手锯锯开。

（3）用锉刀将剖面打平，用粗砂纸磨平后用王水腐蚀大约 3～5min，将晶粒显示出来后置于流动水下冲洗并吹干。

（4）观察各种浇铸条件下的铝铸锭剖面不同区域的组织特征，画出宏观组织示意图。

2.5.5　实验报告及要求

（1）写出实验目的。

（2）画出一种凝固条件下铸锭组织的示意图，说明浇铸条件。

（3）对比不同浇铸条件下得到的铸锭组织，说明浇铸条件所带来的影响。

 复习思考题

2-1　名词解释：晶体、非晶体、晶格、晶胞、单晶体、多晶体、晶粒、晶界、金属的同素异构转变。

2-2　问答题：

（1）试用晶面和晶向的相关知识分析晶体具有各向异性的原因。

（2）金属晶格的常见类型有哪几种？试绘出它们的晶胞示意图。

（3）实际晶体的晶体缺陷有哪几种类型？它们对金属的力学性能有哪些影响？

（4）什么是金属的结晶？纯金属的结晶是由哪两个基本过程组成的？

（5）什么是过冷现象和过冷度？过冷度与冷却速度有何关系？

（6）晶粒大小对金属的力学性能有何影响？细化晶粒的常用方法有哪几种？

（7）试写出纯铁的同素异构转变式，并指出转变温度及在不同温度范围内的晶体结构。

情景3 合金相图与金属固态组织

【知识目标】

（1）了解固溶体、化合物、合金系的概念；会利用杠杆定律分析平衡相的成分。

（2）掌握匀晶相图、共晶相图、包晶相图的分析方法；会利用相图分析成分与温度及性能之间的关系。

（3）了解合金的组织对合金性能的影响。

（4）铁碳合金的基本组织、符号及性能。

【技能目标】

（1）能运用铁碳合金相图分析铁碳合金的组织和性能。

（2）能根据铁碳合金相图选择零件材料。

（3）会熟练使用金相显微镜分析不同碳含量的铁碳合金平衡组织。

（4）能根据不同的金属制品进行取样和制作金相试样。

（5）会熟练操作金相显微镜对不同碳含量的铁碳合金进行金相分析。

纯金属在工业上有一定的应用，通常强度不高，难以满足许多机器零件和工程结构件对力学性能提出的各种要求；尤其是在特殊环境中服役的零件，有许多特殊的性能要求，例如要求耐热、耐蚀、导磁、低膨胀等，纯金属更无法胜任，因此工业生产中广泛应用的金属材料是合金。合金的组织要比纯金属复杂，为了研究合金组织与性能之间的关系，就必须了解合金中各种组织的形成及变化规律。合金相图正是研究这些规律的有效工具。

合金相图是用图解的方法表示合金系中合金状态、温度和成分之间的关系。利用相图可以知道各种成分的合金在不同温度下有哪些相，各相的相对含量、成分以及温度变化时可能发生的变化。掌握相图的分析和使用方法，有助于了解合金的组织状态和预测合金的性能，也可按要求来研究新的合金。在生产中，合金相图可作为制定铸造、锻造、焊接及热处理工艺的重要依据。

任务 3.1 合金相结构及二元相图分析

3.1.1 合金中的相及相图的建立

在金属或合金中，凡化学成分相同、晶体结构相同并有界面与其他部分分开的均匀组成部分称为相。液态物质为液相，固态物质为固相。相与相之间的转变称为相变。在固态下，物质可以是单相的，也可以是由多相组成的。由数量、形态、大小和分布方式不同的各种相组成合金的组织。组织是指用肉眼或显微镜所观察到的材料的微观形貌。由不同组织构成的材料具有不同的性能。如果合金仅由一个相组成，称为单相合金；如果合金由两个或两个以上的不同相所构成则称为多相合金。如含30%（质量分数）Zn的铜锌合金的组织由α相单相组成；含38%（质量分数）Zn的铜锌合金的组织由α和β相双相组成。这两种合金的力学性能大不相同。

合金中有两类基本相：固溶体和金属化合物。

3.1.1.1 固溶体与复杂结构的间隙化合物

A 固溶体

合金组元通过溶解形成一种成分和性能均匀的、且结构与组元之一相同的固相称为固溶体。与固溶体晶格相同的组元为溶剂，一般在合金中含量较多；另一组元为溶质，含量较少。固溶体用α、β、γ等符号表示。A、B组元组成的固溶体也可表示为A（B），其中A为溶剂，B为溶质。例如铜锌合金中锌溶入铜中形成的固溶体一般用α表示，也可表示为Cu（Zn）。

a 固溶体的分类

（1）按溶质原子在溶剂晶格中的位置（图3-1）分为置换固溶体和间隙固溶体。置换固溶体是指溶质原子代换了溶剂晶格某些结点上的原子；间隙固溶体是指溶质原子进入溶剂晶格的间隙之中。

（2）按溶质原子在溶剂中的溶解度（固溶度）（溶质在固溶体中的极限浓度）分为有限固溶体和无

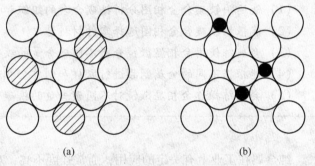

(a)　　　　　　　　(b)

图3-1 置换与间隙固溶体示意图
(a) 置换固溶体；(b) 间隙固溶体

限固溶体。有限固溶体是指溶质超过溶解度即有新相生成；无限固溶体是指溶质可以任意比例溶入（可达100%）。

（3）按溶质原子的分布规律有序固溶体和无序固溶体。有序固溶体是指溶质原子有规则分布；无序固溶体是指溶质原子无规则分布。

有序化是指在一定条件（如成分、温度等）下，一些合金的无序固溶体可变为有序固溶体。

b 影响固溶体类型和溶解度的主要因素

影响固溶体类型和溶解度的主要因素有组元的原子半径、电化学特性和晶格类型等。

原子半径和电化学特性接近、晶格类型相同的组元，容易形成置换固溶体，并有可能形成无限固溶体。当组元原子半径相差较大时，容易形成间隙固溶体。间隙固溶体都是有限固溶体，并且一定是无序的。无限固溶体和有序固溶体一定是置换固溶体。

c 固溶体的性能

固溶体随着溶质原子的溶入晶格发生畸变。对于置换固溶体，溶质原子较大时造成正畸变，较小时引起负畸变（图3-2）。形成间隙固溶体时，晶格总是产生正畸变。晶格畸变随溶质原子浓度的增高而增大。晶格畸变会增大位错运动的阻力，使金属的滑移变形变得更加困难，从而提高合金的强度和硬度。这种随溶质原子浓度的升高而使金属强度和硬度提高的现象称为固溶强化。

固溶强化是金属强化的一种重要形式。在溶质含量适当时可显著提高材料的强度和硬度，而塑性和韧性没有明显

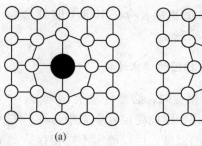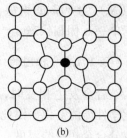

图 3-2　晶格正、负畸变示意图

(a) 正畸变；(b) 负畸变

降低。例如，纯铜的 σ_b 为 220MPa，硬度为 40HB，断面收缩率 φ 为 70%。当加入 1%（质量分数）镍形成单相固溶体后，强度升高到 390MPa，硬度升高到 70HB，而断面收缩率仍有 50%。所以固溶体的综合力学性能很好，常常被用作为结构合金的基体相。固溶体与纯金属相比，物理性能有较大的变化，如电阻率上升，导电率下降，磁矫顽力增大等。

B　复杂结构的间隙化合物

合金组元相互作用形成的晶格类型和特性是完全不同于任一组元的新相即为金属化合物，或称中间相。金属化合物一般熔点较高，硬度高，脆性大。合金中含有金属化合物时，强度、硬度和耐磨性提高，而塑性和韧性降低。金属化合物是许多合金的重要强化相。金属化合物有许多种，其中较常用的是具有复杂结构的间隙化合物（当非金属原子半径与金属原子半径之比大于 0.59 时形成）。如钢中的 Fe_3C，其中 Fe 原子可以部分地被 Mn、Cr、Mo、W 等金属原子所置换，形成以间隙化合物为基的固溶体，如 $(Fe、Cr)_3C$ 等。复杂结构的间隙化合物具有很高的熔点和硬度，在钢中起强化作用，是钢中的主要强化相。

3.1.1.2　相图概述

前面已经简述过，合金相图是用图解的方法表示合金系中合金状态、温度和成分之间的关系，是了解合金中各种组织的形成与变化规律的有效工具，进而可以研究合金的组织与性能的关系。何为合金系？两组元按不同比例可配制成一系列成分的合金，这些合金的集合称为合金系，如铜镍合金系、铁碳合金系等。我们即将要研究的相图就是表明合金系中各种合金相的平衡条件和相与相之间关系的一种简明示图，也称为平衡图或状态图。平衡是指在一定条件下合金系中参与相变过程的各相的成分和相对质量不再变化所达到的一种状态。此时合金系的状态稳定，不随时间而改变。

合金在极其缓慢冷却条件下的结晶过程，一般可认为是平衡结晶过程。在常压下，二元合金的相状态决定于温度和成分。因此二元合金相图可用温度-成分坐标系的平面图来表示。

图 3-3 所示为铜镍二元合金相图，它是一种最简单的基本相图。横坐标表示合金成分（一般为溶质的质量分数），左右端点分别表示纯组元（纯金属）Cu 和 Ni，其余的为合金系的每一种合金成分，如 C 点的合金成分为含 $w(Ni)$ 20%，含 $w(Cu)$ 80%。坐标平面上的任一点（称为表象点）表示一定成分的合金在一定温度时的稳定相状态。例如，A 点表示 $w(Ni)$ 为 30% 的铜镍合金在 1200℃时处于液相（L）+ α 固相的两相状态；B 点表示，

$w(\mathrm{Ni})$ 为 60% 的铜镍合金在 1000℃时处于单一 α 固相状态。

3.1.1.3　相图的建立过程

合金发生相变时，必然伴随有物理、化学性能的变化，因此测定合金系中各种成分合金相变的温度，可以确定不同相存在的温度和成分界限，从而建立相图。

常用的方法有热分析法、膨胀法、射线分析法等。下面以铜镍合金系为例，简单介绍用热分析法建立相图的过程。

（1）配制系列成分的铜镍合金。

合金Ⅰ：$w(\mathrm{Cu})$ 100%；合金Ⅱ：$w(\mathrm{Cu})$ 75% + $w(\mathrm{Ni})$ 25%；合金Ⅲ：$w(\mathrm{Cu})$ 50% + $w(\mathrm{Ni})$ 50%；合金Ⅳ：$w(\mathrm{Cu})$ 25% + $w(\mathrm{Ni})$ 75%；合金Ⅴ：$w(\mathrm{Ni})$ 100%。

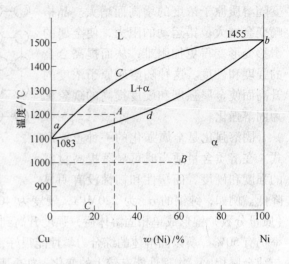

图 3-3　Cu-Ni 合金相图

（2）合金熔化后缓慢冷却，测出每种合金的冷却曲线，找出各冷却曲线上的临界点（转折点或平台）的温度。如图 3-4 所示。

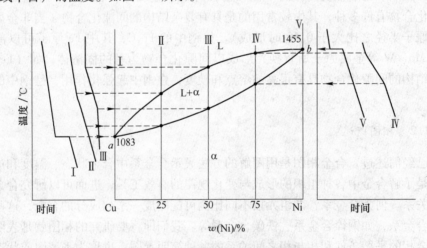

图 3-4　Cu-Ni 合金冷却曲线及相图建立

（3）画出温度-成分坐标系，在各合金成分垂线上标出临界点温度。

（4）将具有相同意义的点连接成线，标明各区域内所存在的相，即得到 Cu-Ni 合金相图。

铜镍合金相图比较简单，实际上多数合金的相图很复杂。但是，任何复杂的相图都是由一些简单的基本相图组成的。

3.1.1.4　二元合金的杠杆定律

由相律可知，二元合金两相平衡时，两平衡相的成分与温度有关，温度一定则两平衡相的成分均为确定值。确定方法是：过该温度时的合金表象点作水平线，分别与相区两侧分界线相交，两个交点的成分坐标即为相应的两平衡相成分。

例如图3-5（a）中，过b点的水平线与相区分界线交于a、c点，a、c点的成分坐标值即为$w(\text{Ni})$为$b\%$的合金T_1时液、固相的平衡成分。$w(\text{Ni})$为$b\%$的合金在T_1温度处于两相平衡共存状态时，两平衡相的相对质量也是确定的。如图3-5（a）所示，表象点b所示合金$w(\text{Ni})$为$b\%$，T_1时液相L（$w(\text{Ni})$为$a\%$）和固相α（$w(\text{Ni})$为$c\%$）两相平衡共存。设该合金质量为Q，液相、固相质量为Q_L、Q_α，显然，由质量平衡，合金中Ni的质量等于液、固相中Ni质量之和，即

$$Q \cdot b\% = Q_L \cdot a\% + Q_\alpha \cdot c\%$$

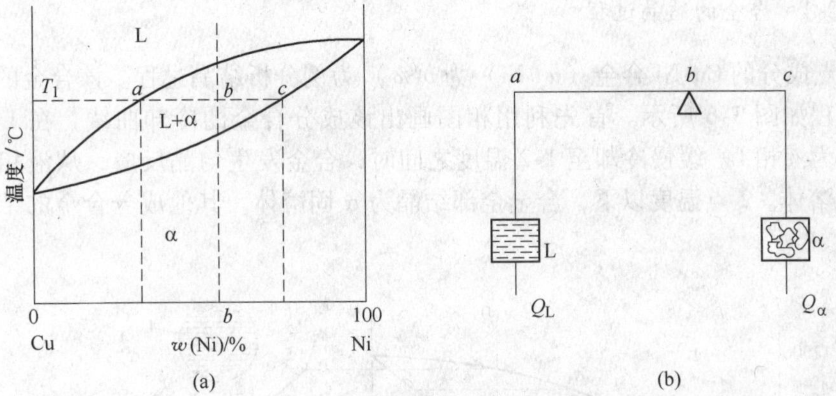

图3-5　杠杆定律的证明及力学比喻

（a）Cu-Ni合金相图；（b）杠杆定律的力学比喻

合金总质量等于液、固相质量之和，即$Q = Q_L + Q_\alpha$；二式联立得：

$$(Q_L + Q_\alpha) \cdot b\% = Q_L \cdot a\% + Q_\alpha \cdot c\%$$

化简整理后得：

$$\frac{Q_L}{Q_\alpha} = \frac{b\% - c\%}{a\% - b\%} = \frac{bc}{ab} \quad \text{或} \quad Q_L \cdot ab = Q_\alpha \cdot bc$$

因该式与力学的杠杆定律相同，如图3-5（b）所示，所以我们把$Q_L \cdot ab = Q_\alpha \cdot bc$称为二元合金的杠杆定律。杠杆两端为两相成分点$Q_L$、$Q_\alpha$，支点为该合金成分点$b\%$。利用该式，还可以推导出合金中液、固相的相对质量的计算公式，如下：

设液、固相的相对质量分别为w_L、w_α，即$w_L = \frac{Q_L}{Q}$、$w_\alpha = \frac{Q_\alpha}{Q}$；将$\frac{Q_L}{Q_\alpha} = \frac{bc}{ab}$两端加1

得$\frac{Q_L}{Q_\alpha} + 1 = \frac{bc}{ab} + 1$，即$\frac{Q_L + Q_\alpha}{Q_\alpha} = \frac{Q}{Q_\alpha} = \frac{bc + ab}{ab} = \frac{ac}{ab}$。则$w_\alpha = \frac{ab}{ac}$；用1减去该式两端

得：

$$1 - w_\alpha = 1 - \frac{ab}{ac} \quad \text{即} \quad w_L = \frac{ac - ab}{ac} = \frac{bc}{ac}$$

必须指出，杠杆定律只适用于相图中的两相区，即只能在两相平衡状态下使用。

3.1.2　匀晶相图

两组元在液态无限互溶，在固态也无限互溶，冷却时发生匀晶反应的合金系，称为匀

晶系并构成匀晶相图。例如 Cu-Ni、Fe-Cr、Au-Ag 合金相图等。现以 Cu-Ni 合金相图为例，对匀晶相图及其合金的结晶过程进行分析。

Cu-Ni 相图（图 3-6）为典型的匀晶相图。图中 *acb* 线为液相线，该线以上合金处于液相；*adb* 线为固相线，该线以下合金处于固相。液相线和固相线表示合金系在平衡状态下冷却时结晶的始点和终点以及加热时熔化的终点和始点。L 为液相，是 Cu 和 Ni 形成的液溶体；α 为固相，是 Cu 和 Ni 组成的无限固溶体。图中有两个单相区：液相线以上的 L 相区和固相线以下的 α 相区。图中还有一个两相区：液相线和固相线之间的 L + α 相区。

3.1.2.1　合金的结晶过程

以 *b* 点成分的 Cu-Ni 合金（$w(Ni)$ 为 *b* %）为例分析结晶过程。该合金的冷却曲线和结晶过程如图 3-6 所示。首先利用相图画出该成分合金的冷却曲线，在 1 点温度以上，合金为液相 L。缓慢冷却至 1-2 温度之间时，合金发生匀晶反应，从液相中逐渐结晶出 α 固溶体。2 点温度以下，合金全部结晶为 α 固溶体。其他成分合金的结晶过程也完全类似。

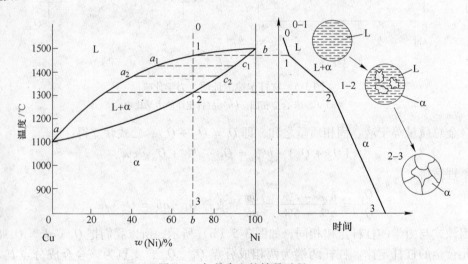

图 3-6　匀晶合金的结晶过程

3.1.2.2　匀晶结晶的特点

（1）与纯金属一样，固溶体从液相中结晶出来的过程，也包括生核与长大两个过程，且固溶体更趋于呈树枝状长大。

（2）固溶体结晶在一个温度区间内进行，即为一个变温结晶过程。

（3）在两相区内，温度一定时，两相的成分（即 Ni 含量）是确定的。

（4）两相区内，温度一定时，两相的相对质量是一定的，且符合杠杆定律。

（5）固溶体结晶时成分是变化的（L 相沿 $a_1 \rightarrow a_2$ 变化，α 相沿 $c_1 \rightarrow c_2$ 变化），缓慢冷却时由于原子的扩散充分进行，形成的是成分均匀的固溶体。如果冷却较快，原子扩散不能充分进行，则形成成分不均匀的固溶体。先结晶的树枝晶轴含高熔点组元（Ni）较多，后结晶的树枝晶枝干含低熔点组元（Cu）较多。结果造成在一个晶粒之内化学成分的分布不均。这种现象称为枝晶偏析，如图 3-7 所示。

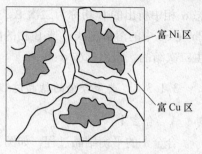

枝晶偏析对材料的力学性能、抗腐蚀性能、工艺性能都不利。生产上为了消除其影响，常把合金加热到高温（低于固相线 100℃ 左右），并进行长时间保温，使原子充分扩散，获得成分均匀的固溶体。这种处理称为扩散退火。

图 3-7　枝晶偏析示意图

3.1.3　共晶相图

两组元在液态无限互溶，在固态有限互溶，冷却时发生共晶反应的合金系，称为共晶系并构成共晶相图。例如 Pb-Sn、Al-Si、Ag-Cu 合金相图等。现以 Pb-Sn 合金相图为例，对共晶相图及其合金的结晶过程进行分析。

3.1.3.1　相图分析

Pb-Sn 合金相图（图 3-8）中，adb 为液相线，$acdeb$ 为固相线。合金系有三种相：Pb 与 Sn 形成的液溶体 L 相，Sn 溶于 Pb 中的有限固溶体 α 相，Pb 溶于 Sn 中的有限固溶体 β 相。相图中有三个单相区（L、α、β 相区）；三个两相区（L+α、L+β、α+β 相区）；一条 L+α+β 的三相并存线（水平线 cde）。

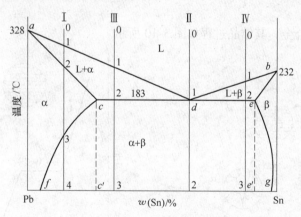

图 3-8　Pb-Sn 合金相图及成分线

d 点为共晶点，表示此点成分（共晶成分）的合金冷却到此点所对应的温度（共晶温度）时，共同结晶出 c 点成分的 α 相和 e 点成分的 β 相：$L_d \xrightarrow{\text{恒温}} \alpha_c + \beta_e$。

这种由一种液相在恒温下同时结晶出两种固相的反应称为共晶反应。所生成的两相混合物（层片相间）称为共晶体。发生共晶反应时有三相共存，它们各自的成分是确定的，反应在恒温下平衡地进行着。水平线 cde 为共晶反应钱，成分在 ce 之间的合金平衡结晶时都会发生共晶反应。

cf 线为 Sn 在 Pb 中的溶解度线（或 α 相的固溶线）。温度降低，固溶体的溶解度下降。Sn 含量大于 f 点的合金从高温冷却到室温时，从 α 相中析出 β 相以降低其 Sn 含量。从固

态 α 相中析出的 β 相称为二次 β，常写作 β$_{II}$。这种二次结晶可表达为：α→β$_{II}$。eg 线为 Pb 在 Sn 中的溶解度线（或 β 相的固溶线）。Sn 含量小于 g 点的合金，冷却过程中同样发生二次结晶，析出二次 α：β→α$_{II}$。

3.1.3.2　典型合金的结晶过程

A　合金 I

合金 I 的平衡结晶过程，如图 3-9 所示。

液态合金冷却到 1 点温度以后，发生匀晶结晶过程，至 2 点温度合金完全结晶成 α 固溶体，随后的冷却（2-3 点间的温度），α 相不变。从 3 点温度开始，由于 Sn 在 α 中的溶解度沿 cf 线降低，从 α 中析出 β$_{II}$，到室温时 α 中 Sn 含量逐渐变为 f 点。最后合金得到的组织为 α + β$_{II}$。其组成相是 f 点成分的 α 相和 g 点成分的 β 相。运用杠杆定律，两相的相对质量为：

$$w(\alpha) = \frac{4g}{fg} \times 100\% \quad w(\beta) = \frac{f4}{fg} \times 100\%（或 w(\beta) = 1 - w(\alpha)）$$

合金的室温组织由 α 和 β$_{II}$组成，α 和 β$_{II}$即为组织组成物。组织组成物是指合金组织中那些具有确定本质，一定形成机制和特殊形态的组成部分。组织组成物可以是单相，或是两相混合物。

合金 I 的室温组织组成物 α 和 β$_{II}$皆为单相，所以它的组织组成物的相对质量与组成相的相对质量相等。

B　合金 II

合金 II 为共晶合金，其结晶过程如图 3-10 所示。

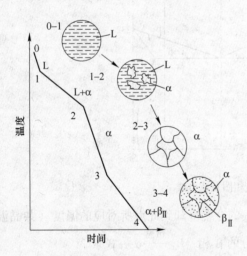

图 3-9　合金 I 结晶过程示意图

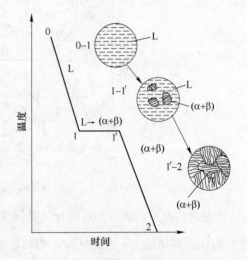

图 3-10　共晶合金结晶过程示意图

合金从液态冷却到 1 点温度后，发生共晶反应：$L_d \xrightarrow{恒温} \alpha_c + \beta_e$，经一定时间到 1′时反应结束，全部转变为共晶体（$\alpha_c + \beta_e$）。从共晶温度冷却至室温时，共晶体中的 α_c 和 β_e 均发生二次结晶，从 α 中析出 β$_{II}$，从 β 中析出 α$_{II}$。α 的成分由 c 点变为 f 点，β 的成分由 e 点变为 g 点；两种相的相对质量依杠杆定律变化。由于析出的 α$_{II}$和 β$_{II}$都相应地同 α 和

β 相连在一起，共晶体的形态和成分不发生变化，不用单独考虑。合金的室温组织全部为共晶体，即只含一种组织组成物（即共晶体）；而其组成相仍为 α 和 β 相。

　　C　合金Ⅲ

　　合金Ⅲ是亚共晶合金，其结晶过程如图 3-11 所示。

　　合金冷却到 1 点温度后，由匀晶反应生成 α 固溶体，此乃初生 α 固溶体。从 1 点到 2 点温度的冷却过程中，按照杠杆定律，初生 α 的成分沿 ac 线变化，液相成分沿 ad 线变化；初生 α 逐渐增多，液相逐渐减少。当刚冷却到 2 点温度时，合金由 c 点成分的初生 α 相和 d 点成分的液相组成。然后剩余液相进行共晶反应，但初生 α 相不变化。经一定时间到 2′点共晶反应结束时，合金转变为 $\alpha_c + (\alpha_c + \beta_e)$。从共晶温度继续往下冷却，初生 α 中不断析出 β_{II}，成分由 c 点降至 f 点；此时共晶体如前所

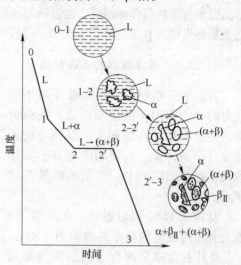

图 3-11　亚共晶合金结晶过程示意图

述，形态、成分和总量保持不变。合金的室温组织为初生 α + β_{II} + （α + β）。合金的组成相为 α 和 β，它们的相对质量为：

$$w(\alpha) = \frac{3g}{fg} \times 100\% \quad w(\beta) = \frac{f3}{fg} \times 100\%$$

　　合金的组织组成物为初生 α、β_{II} 和共晶体（α + β）。它们的相对质量须两次应用杠杆定律求得。根据结晶过程分析，合金在刚冷到 2 点温度而尚未发生共晶反应时，由 α_c 和 L_d 两相组成，它们的相对质量为：

$$w(\alpha_c) = \frac{2d}{cd} \times 100\% \quad w(L_d) = \frac{c2}{cd} \times 100\%$$

　　其中，液相在共晶反应后全部转变为共晶体（α + β），因此这部分液相的质量就是室温组织中共晶体（α + β）质量，即

$$w(\alpha + \beta) = w(L_d) = \frac{c2}{cd} \times 100\%$$

　　初生 α_c 冷却时不断析出 β_{II}，到室温后转变为 α_f 和 β_{II}。按照杠杆定律，β_{II} 占 $\alpha_f + \beta_{\mathrm{II}}$ 质量百分数的 $\frac{fc'}{fg} \times 100\%$（注意，杠杆支点在 c′ 点），$\alpha_f$ 占 $\frac{c'g}{fg} \times 100\%$。由于 $\alpha_f + \beta_{\mathrm{II}}$ 的质量等于 α_c 的质量，即 $\alpha_f + \beta_{\mathrm{II}}$ 在整个合金中的质量百分数为 $\frac{2d}{cd} \times 100\%$，所以在合金室温组织中，$\beta_{\mathrm{II}}$ 和 α_f 分别所占的相对质量为：

$$w(\beta_{\mathrm{II}})\% = \frac{fc'}{fg} \cdot \frac{2d}{cd} \times 100\% \quad w(\alpha_f)\% = \frac{c'g}{fg} \cdot \frac{2d}{cd} \times 100\%$$

这样，合金Ⅲ在室温下的三种组织组成物的相对质量为：

$$w(\alpha) = \frac{c'g}{fg} \cdot \frac{2d}{cd} \times 100\% \quad w(\beta_{\mathrm{II}}) = \frac{fc'}{fg} \cdot \frac{2d}{cd} \times 100\% \quad w(\alpha + \beta) = \frac{c2}{cd} \times 100\%$$

　　成分在 cd 之间的所有亚共晶合金的结晶过程均与合金Ⅲ相同，仅组织组成物和组成

相的相对质量不同。成分越靠近共晶点，合金中共晶体的含量越多。

位于共晶点右边，成分在 de 之间的合金为过共晶合金（如图 3-8 中的合金Ⅳ）。它们的结晶过程与亚共晶合金相似，也包括匀晶反应、共晶反应和二次结晶等三个转变阶段；不同之处是初生相为 β 固溶体，二次结晶过程为 β→α_{II}。所以室温组织为 β + α_{II} + (α + β)。

3.1.3.3　标注组织的共晶相图

我们研究相图的目的是要了解不同成分的合金室温下的组织构成，根据分析，将组织标注在相图上。以便分析和比较合金的性能，并使相图更具有实际意义。标注组织的 Pb-Sn 相图如图 3-12 所示。

从图 3-12 中可以看出，在室温下 f 点及其左边成分的合金的组织为单相 α，g 点及其右边成分的合金的组织为单相

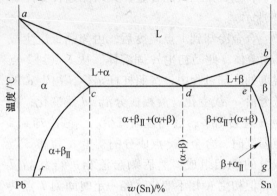

图 3-12　标注组织的共晶相图

β，f-g 之间成分的合金的组织由 α 和 β 两相组成。即合金系的室温组织自左至右相继为 α、α + β_{II}、α + β_{II} + (α + β)、(α + β)、β + α_{II} + (α + β)、β + α_{II}、β。

由于各种成分的合金冷却时所经历的结晶过程不同，组织中所得到的组织组成物及其数量是不相同的。这是决定合金性能最本质的因素。

3.1.4　包晶相图

两组元在液态无限互溶，在固态有限互溶，冷却时发生包晶反应的合金系，称为包晶系并构成包晶相图。例如 Pt-Ag、Ag-Sn、Sn-Sb 合金相图等。现以 Pt-Ag 合金相图为例，对包晶相图及其合金的结晶过程进行分析。

3.1.4.1　相图分析

Pt-Ag 合金相图（图 3-13）中存在三种相：Pt 与 Ag 形成的液溶体 L 相；Ag 溶于 Pt 中的有限固溶体 α 相；Pt 溶于 Ag 中的有限固溶体 β 相。e 点为包晶点。e 点成分的合金冷却

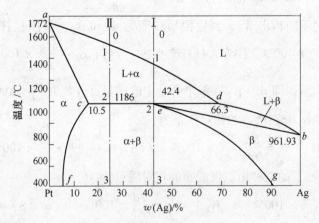

图 3-13　Pt-Ag 合金相图

到 e 点所对应的温度（包晶温度）时发生以下反应：

$$\alpha_e + L_d \xrightarrow{\text{恒温}} \beta_e$$

这种由一种液相与一种固相在恒温下相互作用而转变为另一种固相的反应称为包晶反应。发生包晶反应时三相共存，它们的成分确定，反应在恒温下平衡地进行。水平线 ced 为包晶反应线。cf 为 Ag 在 α 中的溶解度线，eg 为 Pt 在 β 中的溶解度线。

3.1.4.2 典型合金的结晶过程

A 合金 I

合金 I 的结晶过程如图 3-14 所示。液态合金冷却到 1 点温度以下时结晶出 α 固溶体，L 相成分沿 ad 线变化，α 相成分沿 ac 线变化。合金钢冷却到 2 点温度而尚未发生包晶反应前，由 d 点成分的 L 相与 c 点成分的 α 相组成。此两相在 e 点温度时发生包晶反应，β 相包围 α 相而形成。反应结束后，L 相与 α 相正好全部反应耗尽，形成 e 点成分的 β 固溶体。温度继续下降时，从 β 中析出 α_{II}。最后室温组织为 $\beta + \alpha_{II}$。其组成相和组织组成物的成分和相对重量可根据杠杆定律来确定。

在合金结晶过程中，如果冷速较快，包晶反应时原子扩散不能充分进行，则生成的 β 固溶体中会发生较大的偏析。原 α 处 Pt 含量较高，而原 L 区含 Pt 量较低。这种现象称为包晶偏析。包晶偏析可通过扩散退火来消除。

B 合金 II

合金 II 的结晶过程如图 3-15 所示。液态合金冷却到 1 点温度以下时结晶出 α 相，刚至 2 点温度时合金由 d 点成分的液相 L 和 c 点成分的 α 相组成，两相在 2 点温度发生包晶反应，生成 β 固溶体。与合金 I 不同，合金 II 在包晶反应结束之后，仍剩余有部分 α 固溶体。在随后的冷却过程中，β 和 α 中将分别析出 α_{II} 和 β_{II}，所以最终室温组织为 $\alpha + \beta + \alpha_{II} + \beta_{II}$。

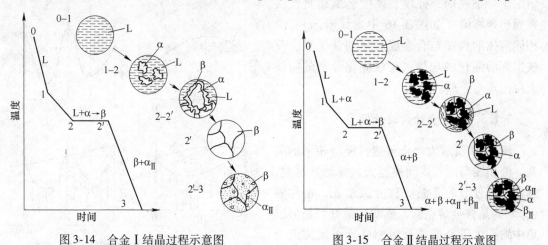

图 3-14 合金 I 结晶过程示意图　　　　图 3-15 合金 II 结晶过程示意图

3.1.5 合金的性能与相图的关系

3.1.5.1 合金的力学性能和物理性能

相图反映出不同成分合金室温时的组成相和平衡组织，而组成相的本质及其相对含量、分布状况又将影响合金的性能。图3-16所示为相图与合金力学性能及物理性能的关系。

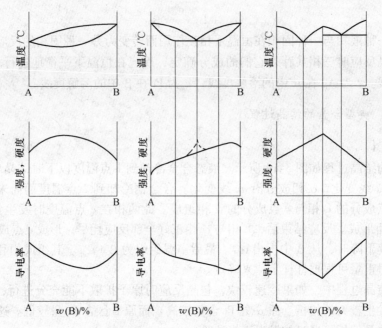

图3-16 合金的使用性能与相图关系示意图

图3-16表明，合金组织为两相混合物时，如两相的大小与分布都比较均匀，合金的性能大致是两相性能的算术平均值，即合金的性能与成分呈直线关系。此外，当共晶组织十分细密时，强度、硬度会偏离直线关系而出现峰值（如图3-16中虚线所示）。单相固溶体的性能与合金成分呈曲线关系，反映出固溶强化的规律。在对应化合物的曲线上则出现奇异点。

3.1.5.2 合金的铸造性能

图3-17所示为合金铸造性能与相图的关系。液相线与固相线间隔越大，流动性越差，越易形成分散的孔洞（称分散缩孔，也称缩松）。共晶合金熔点低，流动性最好，易形成集中缩孔，不易形成分散缩孔。因此铸造合金宜选择共晶或近共晶成分，有利于获得健全铸件。

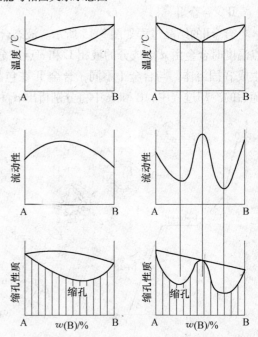

图3-17 合金的铸造性能与相图关系示意图

3.1.5.3 相图的局限性

最后应当指出应用相图时的局限性。首先，相图只给出平衡状态的情况，而平衡状态只有很缓慢冷却和加热，或者在给定温度长时间保温才能满足，而实际生产条件下合金很少能达到平衡状态。因此用相图分析合金的相和组织时，必须注意该合金非平衡结晶条件下可能出现的相和组织以及与相图反映的相和组织状况的差异。其次，相图只能给出合金在平衡条件下存在的相、相的成分和其相对量，并不能反映相的形状、大小和分布，即不能给出合金组织的形貌状态。此外要说明的是，二元相图只反映二元系合金的相平衡关系，实际使用的金属材料往往不只限于两个组元，必须注意其他元素加入对相图的影响，尤其是其他元素含量较高时，二元相图中的相平衡关系可能完全不同。

任务 3.2　铁碳合金基本相

铁碳合金是以铁和碳为组元的二元合金，是工业上应用最广泛的合金。铁碳合金是以铁为基本元素，以碳为主加元素组成的合金。在液态时，碳可以大量溶入铁中；在固态时，碳仅少量溶于铁中形成固溶体。当含碳量超过碳在铁中的固态溶解度时，则出现金属化合物。此外，还可以形成由固溶体和金属化合物组成的混合物。可对铁碳合金采用各种热加工工艺，尤其是金属热处理技术，大幅度地改变某一成分合金的组织和性能。

钢铁材料是现代工业中应用最为广泛的金属材料，其中碳钢和铸铁都是铁和碳的合金。在铁碳合金中，碳与铁可以形成固溶体，也可以形成化合物，还可以形成混合物。在铁碳合金中有以下几种基本相及组织。

（1）铁素体。碳溶解于体心立方晶格的 α-Fe 中形成的间隙固溶体称为铁素体，用符号 F 表示，如图 3-18 所示。由于 α-Fe 晶格间隙较小，所以铁素体溶碳量很小，727℃时碳在 α-Fe 中的溶解度最大质量分数为 0.0218%，室温时溶解度几乎为零（$w(C)$ = 0.0008%）。铁素体性能与纯铁相似，即具有良好的塑性和韧性，强度和硬度较低。铁素体的显微组织如图 3-19 所示。

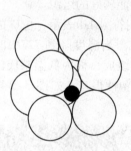

图 3-18　铁素体的模型

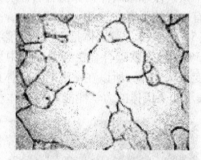

图 3-19　铁素体的显微组织

（2）奥氏体。碳溶解于面心立方晶格的 γ-Fe 中形成的间隙固溶体为奥氏体，用符号 A 表示，如图 3-20 所示。由于 γ-Fe 晶格间隙较大，故奥氏体溶碳能力较强。727℃时碳在奥氏体中的溶解度为 $w(C)$ = 0.77%，随着温度的升高，溶解度逐渐增大，在1148℃时达到 $w(C)$ = 2.11%。奥氏体存在于727℃以上的高温范围内，且呈面心立方晶格，具有良好的塑性，大多数钢材要加热到高温奥氏体状态进行塑性变形加工。当铁碳合金缓慢冷却到727℃时，奥氏体转变为其他类型的组织。奥氏体的显微组织如图3-21 所示。

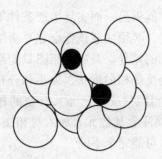

图 3-20　奥氏体的模型

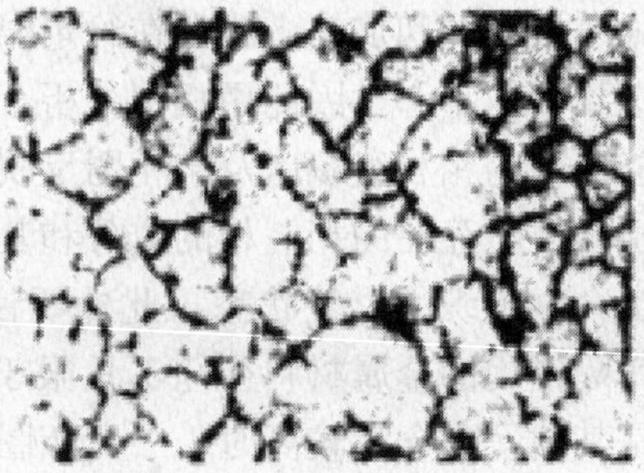

图 3-21　奥氏体的显微组织

（3）渗碳体。渗碳体是一种具有复杂晶体结构的金属化合物，其化学式为 Fe_3C。渗碳体具有复杂的斜方晶体结构，与铁和碳的晶体结构完全不同，如图 3-22 所示。渗碳体的性能特点是高熔点（1227℃）、高硬度（HV950 ~ 1050），断后伸长率和冲击韧度几乎为零。

渗碳体没有同素异构转变，但有磁性转变，在 230℃ 以下具有弱铁磁性，而在 230℃ 以上则失去磁性。在适当的条件下（如高温长期停留或极缓慢冷却），渗碳体可分解为铁和石墨，这对铸铁的生产具有重要意义。

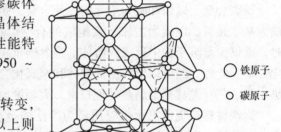

○ 铁原子
○ 碳原子

图 3-22　渗碳体的模型

（4）珠光体。珠光体是铁素体和渗碳体的混合物，用符号 P 表示。奥氏体从高温缓慢冷却时发生共析转变，形成渗碳体和铁素体片层相间、交替排列形成的混合物，其平均碳的质量分数为 0.77%，如图 3-23 所示。在珠光体中铁素体和渗碳体仍保持各自原有的晶格类型，珠光体的性能介于铁素体和渗碳体之间，有一定的强度和塑性，硬度适中，是一种综合力学性能较好的组织。

（5）莱氏体。莱氏体是奥氏体和渗碳体的混合物，用符号 Ld 表示，由碳的质量分数为 4.3% 的液态铁碳合金在凝固过程中发生共晶转变形成。当温度降到 727℃ 时，奥氏体将转变为珠光体，所以在室温时莱氏体由珠光体和渗碳体组成，称为低温莱氏体，用符号 L'd 表示。莱氏体的力学性能和渗碳体相似，硬度很高，塑性很差。如图 3-24 所示，莱

图 3-23　珠光体的显微组织

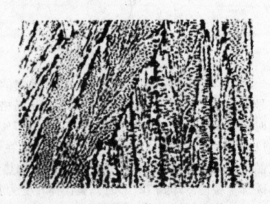

图 3-24　低温莱氏体显微组织形貌

氏体的显微组织可以看成是在渗碳体的基体上分布着颗粒状的奥氏体（或珠光体）。

上述五种基本组织中，铁素体、奥氏体和渗碳体都是单相组织，称为铁碳合金的基本相；珠光体、莱氏体则是由基本相组成的多相组织。铁碳合金的基本组织和力学性能见表3-1。

表3-1　铁碳合金的基本组织和力学性能之间的关系

组织名称	符　号	碳的质量分数 /%	存在温度区间 /℃	力 学 性 能		
				σ_b/MPa	A/%	HBW
铁素体	F	~0.0218	室温~912	180~280	30~50	50~80
奥氏体	A	~2.11	727以上	—	40~69	120~220
渗碳体	Fe₃C	6.69	室温~727	30	0	~800
珠光体	P	0.77	室温~727	800	20~35	180
莱氏体	Ld	4.3	727~1148	—	0	>700

任务 3.3　典型铁碳合金的结晶过程分析及应用

3.3.1　铁碳合金相图简介

铁碳合金相图是不同化学成分的铁碳合金在极缓慢冷却（或极缓慢加热）的条件下，在不同温度下所具有的组织状态的图形。碳的质量分数超过6.69%的铁碳合金脆性很大，没有使用价值，工业上使用的铁碳合金中碳的质量分数一般不超过5%。因此，在铁碳合金相图中，仅研究碳的质量分数为0%~6.69%的部分，即Fe-Fe₃C部分，故铁碳合金相图也可以认为是Fe-Fe₃C相图，如图3-25所示。

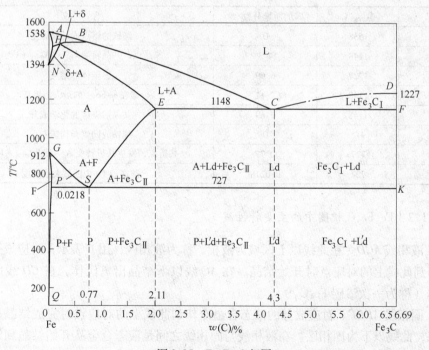

图3-25　Fe-Fe₃C相图

图 3-25 中纵坐标为温度，横坐标为碳的质量分数。为了便于研究和分析，将相图上实用意义不大的左上角部分（液相向 δ-Fe 及 δ-Fe 向 γ-Fe 转变部分），以及左下角 GPQ 线的左边部分予以省略，经简化后的 Fe-Fe₃C 相图如图 3-26 所示。

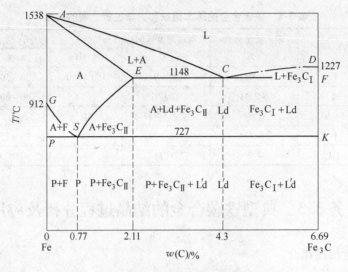

图 3-26 简化后的 Fe-Fe₃C 相图

3.3.1.1 Fe-Fe₃C 相图中的特性点

铁碳合金相图中主要特性点的温度、含碳量及含义见表 3-2。

表 3-2 Fe-Fe₃C 相图中的特性点

符 号	温度/℃	碳的质量分数/%	含 义
A	1538	0	纯铁的熔点或结晶温度
C	1148	4.3	共晶点，共晶转变 $L_{4.3} \rightleftarrows A_{2.11} + Fe_3C$
D	1227	6.69	渗碳体的熔点
E	1148	2.11	碳在 γ-Fe 中的最大溶解度
F	1148	6.69	共晶渗碳体的化学成分
G	912	0	纯铁的同素异构转变点
S	727	0.77	共析点，发生共析转变 $A_{0.77} \rightleftarrows F_{0.0218} + Fe_3C$
P	727	0.0218	碳在 α-Fe 中的最大溶解度

3.3.1.2 Fe-Fe₃C 相圈中的主要特性线

（1）液相线 ACD。在此线以上区域为液相，称为液相区，用 L 表示，对应成分的液态合金冷却到此线上的对应点时开始结晶。在 AC 线以下结晶出奥氏体，在 CD 线以下结晶出渗碳体（称为一次渗碳 Fe₃C_I）。

（2）固相线 AECF。对应成分的液态合金冷却到此线上的对应点时完成结晶过程，转变为固态，此线以下为固相区。在液相线与固相线之间是液态合金从开始结晶到结晶终了的过渡区，所以此区域液相与固相并存。AEC 区内为液相合金与固相奥氏体并存，CDF 区内为液相合金与固相渗碳体并存。

（3）共晶线 ECF。当不同成分的液态合金冷却到此线（1148℃）时，在此之前已结晶出部分固相（A 或 Fe_3C），剩余液态合金碳的质量分数变为 4.3%，将发生共晶转变，从剩余液态合金中同时结晶出奥氏体和渗碳体的混合物，即莱氏体（Ld）。共晶转变是一种可逆转变。

（4）共析线 PSK。当合金冷却到此线（727℃）时将发生共析转变，从奥氏体中同时析出铁素体和渗碳体的混合物，即珠光体（P）。共析转变也是一种可逆转变。

（5）GS 线。奥氏体冷却时析出铁素体的开始线（或加热时铁素体转变为奥氏体的终止线），又称为 A_3 线。奥氏体向铁素体的转变是铁发生同素异构转变的结果。

（6）ES 线。ES 线为碳在奥氏体中的溶解度曲线，又称为 A_{cm} 线。随着温度的变化，奥氏体的溶碳能力沿该线上的对应点变化。在 1148℃时，碳在奥氏体中的溶解度最大，为 2.11%（E 点碳的质量分数），在 727℃时降到 0.77%（S 点碳的质量分数）。

在 $AGSE$ 区内为单相奥氏体。含碳量较高（$w(C) > 0.77\%$）的奥氏体，在从 1148℃缓冷到 727℃的过程中，由于其溶碳能力降低，多余的碳会以渗碳体的形式从奥氏体中析出，称为二次渗碳体（Fe_3C_{II}）。

Fe-Fe_3C 相图的特性线及其含义见表 3-3。

表 3-3　Fe-Fe_3C 相图中的特性线

序　号	特性线	含　　义
1	ACD	液相线
2	$AECF$	固相线
3	GS	A_3 线，奥氏体向铁素体转变的开始线
4	ES	A_{cm} 线，碳在奥氏体中的饱和溶解度曲线
5	ECF	共晶转变线，$Lc \rightleftharpoons A + Fe_3C$
6	PSK	共析转变线，也叫 A_1 线，$A_3 \rightleftharpoons F + Fe_3C$

3.3.1.3　铁碳合金的分类

根据含碳量和室温平衡组织的不同，铁碳合金一般分为工业纯铁、钢、白口铸铁，见表 3-4。

表 3-4　铁碳合金的分类

合金类别	工业纯铁	钢			白口铸铁		
		亚共析钢	共析钢	过共析钢	亚共析钢	共晶白口铸铁	过共晶白口铁
碳的质量分数/%	≤0.0218	0.0218 ~ 2.11			2.11 ~ 6.69		
		< 0.77	0.77	> 0.77	< 4.3	4.3	> 4.3
室温组织	F	F + P	P	P + Fe_3C	L'd + P + Fe_3C	L'd	L'd + Fe_3C_I

3.3.2　典型铁碳合金的结晶过程分析

下面以 Ⅰ 共析钢、Ⅱ 亚共析钢、Ⅲ 过共析钢、Ⅳ 共晶白口铸铁、Ⅴ 亚共晶白口铸铁、Ⅵ过共晶白口铸铁 6 种典型铁碳合金（图 3-27）为例，分析它们的结晶过程及组织转变。

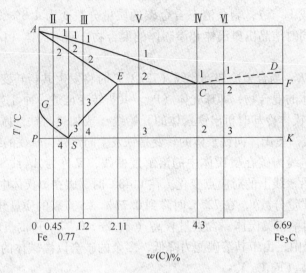

图 3-27　典型铁碳合金相图分析

（1）共析钢的结晶过程分析。共析钢（$w(C)=0.77\%$）的冷却过程如图 3-27 中Ⅰ线所示。液态合金在 1 点温度以上全部为液相（L）；缓冷至 1 点温度时，开始从液相中结晶出奥氏体（A）；随着温度的降低，奥氏体增多，液相减少；缓冷至 2 点温度时，液相全部结晶为奥氏体；在 2 点至 3 点温度范围内为单相奥氏体的冷却；当冷却到 3 点时奥氏体发生共析转变 $A_{0.77} \xrightleftharpoons{727℃} (F+Fe_3C)$，奥氏体转变为珠光体。共析钢的结晶过程及组织转变如图 3-28 所示。

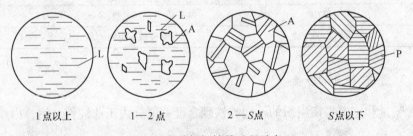

|　1 点以上　|　1—2 点　|　2—S 点　|　S 点以下　|

图 3-28　共析钢结晶过程示意

（2）亚共析钢的结晶过程分析。亚共析钢（$0.0218\% < w(C) < 0.77\%$）的冷却过程如图 3-27 中Ⅱ线所示。当液态合金冷却至 AC 线上的 1 点时开始结晶出奥氏体，到 2 点时结晶完毕。在 2 点到 3 点之间，奥氏体组织不发生转变，冷却到与 GS 线相交的 3 点时，从奥氏体中开始析出铁素体（F）。因为铁素体中碳的质量分数为 0.0218%，随着铁素体的析出，剩余奥氏体中含碳量增高，当温度降至与 PSK 线相交的 4 点时，剩余奥氏体中碳的质量分数达到 0.77%，此时，奥氏体发生共析转变，转变为珠光体。4 点以下至室温，合金组织基本不发生变化，如图 3-29 所示。

亚共析钢的室温组织由珠光体和铁素体组成，其显微组织如图 3-30 所示。亚共析钢的含碳量越高，珠光体数量越多。

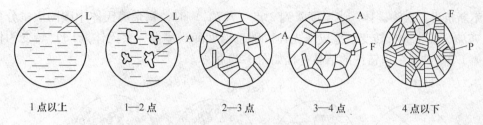

| 1 点以上 | 1—2 点 | 2—3 点 | 3—4 点 | 4 点以下 |

图 3-29　亚共析钢结晶过程示意

（3）过共析钢的结晶过程分析。过共析钢（$0.77\% < w(C) < 2.11\%$）的冷却过程如图 3-27 中Ⅲ线所示。液态合金冷却到 1 点时，开始结晶出奥氏体，到 2 点时奥氏体结晶完毕，2 点到 3 点间为单相奥氏体。随着温度的下降奥氏体的溶碳能力降低，当合金冷却到与 *ES* 线相交的 3 点时，奥氏体中的含碳量达到饱和，继续冷却，碳将以渗碳体的形式从奥氏体中析出，称为二次渗碳体（Fe_3C_{II}）。当温度降至与 *PSK* 线相交的 4 点时，剩余奥氏体中碳的质量分数达到 0.77%，

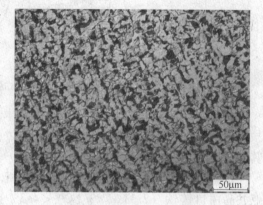

图 3-30　亚共析钢的室温组织

发生共析转变，奥氏体转变为珠光体。4 点以下至室温，合金组织基本不发生变化，如图 3-31 所示。

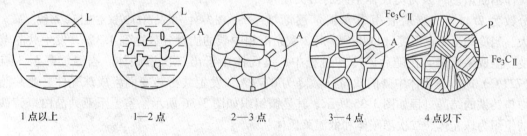

| 1 点以上 | 1—2 点 | 2—3 点 | 3—4 点 | 4 点以下 |

图 3-31　过共析钢结晶过程示意图

过共析钢室温下得到的平衡组织为二次渗碳体和珠光体，二次渗碳体一般沿奥氏体晶界析出，呈网状分布。钢中含碳量越多，二次渗碳体也越多，$w(C) = 1.2\%$ 的过共析钢的显微组织如图 3-32 所示。

（4）共晶白口铸铁的结晶过程分析。共晶白口铸铁（$w(C) = 4.3\%$）的冷却过程如图 3-27 中Ⅳ线所示。当液态合金冷却至 1 点温度时，将发生共晶转变，生成莱氏体（Ld），即奥氏体和共晶渗碳体 Fe_3C 的混合物。由 1 点温度继续冷却，奥氏体的溶碳能力逐渐降低，莱氏体中的奥

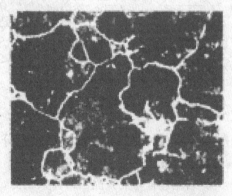

图 3-32　$w(C) = 1.2\%$ 的过共析钢的显微组织

氏体不断析出二次渗碳体。当温度降到 2 点（727℃）时，剩余奥氏体中碳的质量分数降到 0.77%，发生共析转变，生成珠光体。随着温度降到室温，莱氏体（Ld）转变为低温莱氏体 L′d。共晶白口铸铁的结晶过程如图 3-33 所示。

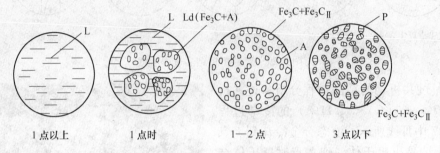

图 3-33　共晶白口铸铁结晶过程示意图

共晶白口铸铁室温下的组织是由珠光体、二次渗碳体和共晶渗碳体组成的低温莱氏体，其显微组织如图 3-34 所示。

（5）亚共晶白口铸铁的结晶过程分析。亚共晶白口铸铁（2.11% < $w(C)$ < 4.3%）的结晶过程如图 3-27 中 V 线所示。

当液态合金冷却至 1 点温度时，开始结晶出奥氏体。随着温度的下降，结晶出的奥氏体不断增多，因为奥氏体中碳的最大质量分数为 2.11%，剩余液相中含碳量逐渐增

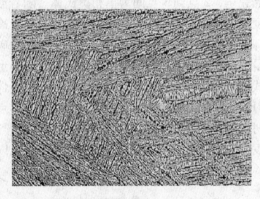

图 3-34　共晶白口铸铁室温组织形貌

大。当冷却至 2 点温度（1148℃）时，剩余液相中碳的质量分数达到 4.3%，发生共晶转变，生成莱氏体。在随后的冷却过程中，奥氏体中析出二次渗碳体。当温度降至 3 点（727℃）时，奥氏体中碳的质量分数降为 0.77%，发生共析转变而生成珠光体。亚共晶白口铸铁的结晶过程如图 3-35 所示，其显微组织如图 3-36 所示。室温下亚共晶白口铸铁的组织为珠光体、二次渗碳体和低温莱氏体。

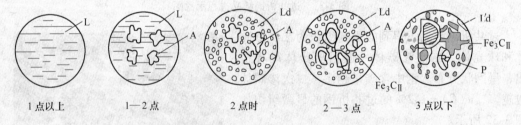

图 3-35　亚共晶白口铸铁结晶过程示意图

（6）过共晶白口铸铁的结晶过程分析。过共晶白口铸铁（4.3% < $w(C)$ < 6.69%）的结晶过程如图 3-27 中 Ⅵ 线所示。

其结晶过程与亚共晶白口铸铁相似，不同的是在共晶转变前由液相先结晶出一次渗碳体。当液态合金冷却到 2 点（1148℃）时，剩余液相中碳的质量分数达到 4.3% 而发生共晶转变，在随后的冷却中一次渗碳体不发生转变。过共晶白口铸铁的结晶过程示意如图 3-

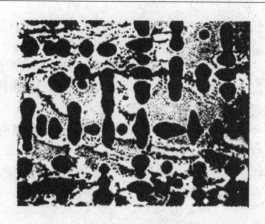

图 3-36　亚共晶白口铸铁显微组织

37 所示，其显微组织如图 3-38 所示。室温下过共晶白口铸铁的组织为一次渗碳体和低温莱氏体。

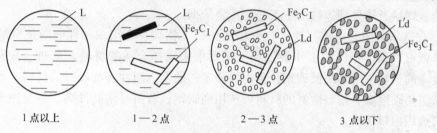

1 点以上　　　　　1—2 点　　　　　2—3 点　　　　　3 点以下

图 3-37　过共晶白口铸铁的结晶过程示意图

图 3-38　过共晶白口铸铁的显微组织

任务 3.4　合金元素对铁碳合金组织和性能的影响

3.4.1　铁碳合金的成分、组织与性能的关系

　　根据对铁碳合金结晶过程中组织转变的分析得知，室温下共析钢的基本组成物质是珠光体，亚共析钢为珠光体和铁素体，过共析钢为珠光体和二次渗碳体。室温下共晶白口铸铁的基本组成物质是低温莱氏体，亚共晶白口铸铁由低温莱氏体、珠光体和二次渗碳体组

成，过共晶白口铸铁由低温莱氏体和一次渗碳体组成。

铁碳合金随着含碳量不同，其室温组织顺序为 $F \rightarrow F + P \rightarrow P \rightarrow P + Fe_3C_{II} \rightarrow P + Fe_3C_{II} + L'd \rightarrow L'd \rightarrow L'd + Fe_3C_I$。其中的珠光体和低温莱氏体由铁素体和渗碳体组成，因此可以认为铁碳合金的室温组织都是由铁素体和渗碳体组成的。由于铁素体在室温时的含碳量很低，因此在铁碳合金中碳主要以渗碳体的形式存在。

铁碳合金的成分对合金的力学性能有直接的影响。含碳量越高，钢中的硬脆相 Fe_3C 越多，钢的强度、硬度越高，而塑性、韧性越低。当碳的质量分数超过 0.9% 以后，由于二次渗碳体沿晶界呈网状分布，将钢中的珠光体组织割裂开来，使钢的强度有所降低。为了保证工业上使用的钢有足够的强度，并具有一定的塑性和韧性，钢材碳的质量分数一般不超过 1.4%。

3.4.2　铁碳合金相图的应用

铁碳合金相图对生产实践具有重要意义，除了在材料选用时参考外，还可作为制定铸造、锻造、焊接及热处理等热加工工艺的重要依据。

（1）在选材方面的应用。铁碳合金相图总结了铁碳合金组织和性能随成分的变化规律，这样就可以根据零件的工作条件和性能要求来选择合适的材料。例如，若需要塑性好、韧性高的材料，可选用低碳钢；若需要强度、硬度、塑性等都较好的材料，可选用中碳钢；若需要硬度高、耐磨性好的材料可选用高碳钢；若需要耐磨性高、不受冲击的工件材料，可选用白口铸铁。

随着生产技术的发展，对钢铁材料的要求越来越高，这就需要按照新的需求，根据国内资源研制新材料，而铁碳合金相图可作为材料研制中预测其组织的基本依据。例如，在碳钢中加入碳可以改变共析点的位置，提高组织中珠光体的相对含量，从而提高钢的硬度和强度。

（2）在铸造方面的应用。由铁碳合金相图可见，共晶成分的铁碳合金熔点最低，结晶温度范围最小，具有良好的铸造性能。因此，在铸造生产中，经常选用接近共晶成分的铸铁。

根据相图中液相线的位置，可确定各种铸钢和铸铁的浇注温度，为制定铸造工艺提供依据。与铸铁相比，钢的熔化温度和浇注温度要高得多，其铸造性能较差，易产生收缩，因而钢的铸造工艺比较复杂。

（3）在压力加工方面的应用。奥氏体的强度较低，塑性较好，便于塑性变形，因此，钢材的锻造、轧制均选择在单相奥氏体区的适当温度范围内进行。一般始锻（轧）温度控制在固相线以下 100 ~ 200℃，温度过高，钢材易发生严重氧化或晶界熔化；终锻（轧）温度的选择可根据钢种和加工目的不同而异。对亚共析钢，一般控制在 GS 线以上，避免在加工时铁素体呈带状组织而使钢材韧性降低。为了提高强度，某些低合金高强度钢选择800℃为终轧温度。对过共析钢，则选择在 PSK 线以上某一温度，以便打碎网状二次渗碳体。

（4）在焊接方面的应用。焊接时从焊缝到母材各区域的加热温度是不同的，由铁碳合金相图可知，具有不同加热温度的各区域在随后的冷却中可能会出现不同的组织与性能，这就需要在焊接后采用热处理方法加以改善。

（5）在热处理方面的应用。铁碳合金相图对制定热处理工艺有着特别重要的意义，这将在后续情景中详细介绍。

任务 3.5　金相试样制备

3.5.1　实训内容

（1）试样的取样、镶嵌、磨制。
（2）浸蚀剂的选取，试样的浸蚀。
（3）试样制备质量检验。

3.5.2　实训目的

（1）了解金相试样的制备过程。
（2）初步掌握金相试样制备、浸蚀的基本方法。

3.5.3　实训条件及要求

（1）设备：金相切割机、砂轮机、镶嵌机、预磨机、抛光机、吹风机、显微镜。
（2）材料：金相砂纸、抛光粉、抛光布、浸蚀剂、棉球、酒精。
（3）试样：20，45，T8，T12，白口铁若干。
（4）要求：独立制备试样，试样无明显划痕、扰乱层等缺陷。

3.5.4　实训相关知识

在科研和生产检测中，人们经常借助于金相显微镜对金属材料进行显微分析和检测，以控制金属材料的组织和性能。在进行显微分析前，首先必须制备金相试样，若试样制备不当，就不能看到真实的组织，也就得不到准确的结论。

金相试样制备过程包括取样（镶嵌）、磨制、抛光和浸蚀。

3.5.4.1　取样

取样部位的选择应根据检验的目的选择有代表性的区域。一般进行如下几方面的取样。

（1）原材料及锻件的取样。原材料及锻件的取样主要应根据所要检验的内容进行纵向取样和横向取样。纵向取样检验的内容包括非金属夹杂物的类型、大小、形状，金属变形后晶粒被拉长的程度，带状组织等；横向取样检验的内容包括检验材料自表面到中心的组织变化情况，表面缺陷，夹杂物分布，金属表面渗层与覆盖层等。

（2）事故分析取样。当零件在使用或加工过程中被损坏，应在零件损坏处取样然后再在没有损坏的地方取样，以便于对比分析。

取样的方法：取样的方法因为材料的性能不一样，有硬有软，所以取样的方法也不一样。软材料可用锯、车、铣、刨等来截取；对于硬的材料则用金相切割机或线切割机床截取，切割时要用水冷却，以免试样受热引起组织变化；对硬而脆的材料，可用锤击碎，选取合适的试样。试样的大小以便于拿在手里磨制为宜，通常一般为 $\phi12mm \times 15mm$ 圆柱体或 $12mm \times 12mm \times 15mm$ 长方体。取样的数量应根据工件的大小和检验的内容取 2~5 个为宜。

镶嵌：截取好的试样有的过于细小或是薄片、碎片，不宜磨制或要求精确分析边缘组织的试样就需要镶嵌成一定的形状和大小。常用的镶嵌方法有机械镶嵌、塑料镶嵌或环氧树脂冷嵌，如图 3-39 所示。

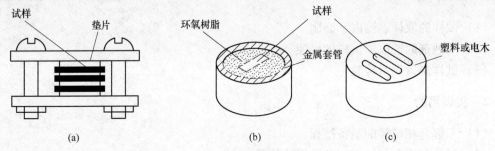

图 3-39　金相试样镶嵌方法

（a）机械镶嵌法；（b）环氧树脂冷嵌；（c）塑料镶嵌法

（1）机械镶嵌。用不同的夹具将不同外形的试样夹持。夹持时，夹具与试样之间、试样和试样之间应放上填片，填片应采用硬度相近且电位高的金属片，以免浸蚀试样时填片发生反应，影响组织显示。

（2）塑料镶嵌。塑料镶嵌是在专用镶嵌机上进行，常用材料是电木粉，电木粉是一种酚醛树脂，不透明，有各种不同的颜色。镶嵌时在压模内加热加压，保温一定时间后取出。优点是操作简单，成型后即可脱模，不会发生变形。缺点是不适合淬火件。对于一些不能加热和加压的试样可采用环氧树脂冷嵌。

3.5.4.2　磨光

磨光的目的是得到一个平整光滑的表面。磨光分粗磨和细磨。

（1）粗磨。一般材料可用砂轮机将试样磨面磨平；软材料可用锉锉平，磨时要用水冷却，以防止试样受热改变组织。不需要检查表层组织的试样要倒角倒边。

（2）细磨。目的是消除粗磨留下的划痕，为下一步的抛光作准备，细磨又分为手工细磨和机械细磨。

1）手工细磨。选用不同粒度的金相砂纸（180 目、240 目、400 目、600 目、800 目），由粗到细进行磨制。磨时将砂纸放在玻璃板上，手持试样单方向向前推磨，切不可来回磨制，用力均匀，不宜过重。每换一号砂纸时，试样磨面需转 90°，与旧划痕垂直，以此类推，直到旧划痕消失为止。试样细磨结束后，用水将试样冲洗干净待抛。

2）机械细磨。机械细磨是在专用的机械预磨机上进行。将不同号的水砂纸剪成圆形，置于预磨机圆盘上，并不断注入水，就可进行磨光，其方法与手工细磨一样，即磨好一号砂纸后，再换另一号砂纸，试样同样转 90°，直到 800 目为止。

3.5.4.3　抛光

抛光的目的是去除试样磨面上经细磨留下的细微划痕，使试样磨面成为光亮无痕的镜面。抛光有机械抛光、电解抛光、化学抛光，最常用的是机械抛光。机械抛光在金相抛光机上进行。抛光时，试样磨面应均匀地轻压在抛光盘上。并将试样由中心至边缘移动（做轻微移动）。在抛光过程中要以量少次数多和由中心向外扩展的原则不断加入抛光微粉乳液，抛光应保持适当的湿度，因为湿度太大会降低磨削力，使试样中的硬质相呈现浮雕。湿度太小，由于摩擦生热会使试样升温，试样将产生晦暗现象，其合适的抛光湿度是以提起试样后磨面上的水膜在 3 ~ 5s 内蒸发完为准。抛光压力不宜太大，时间不宜太长，否则会增加磨面的扰乱层。粗抛光可选用帆布、海军呢做抛光织物，精抛光可选用丝绒、天鹅绒、丝绸做抛光织物。抛光前期抛光液的浓度应大些，后期使用较稀的，最后用清水抛，直至试样成为光亮无痕的镜面，即停止抛光。用清水冲洗干净后即可进行浸蚀。常用的抛光微粉见表 3-5。

表 3-5　常用的抛光微粉

材　料	莫氏硬度	特　　点	适　用　范　围
氧化铝 Al_2O_3	9	白色。α 氧化铝微粒平均尺寸 0.3μm，外形呈多角形，γ 氧化铝粒度为 0.1μm，外形呈薄片状，压碎后更为细小	通用抛光粉，用于粗抛光和精抛光
氧化镁 MgO	5.5 ~ 6	白色。粒度极细而均匀，外形锐利呈八面体	适用于铝镁及其合金和钢中非金属夹杂物的抛光
氧化铬 Cr_2O_3	8	绿色。具有较高硬度，比氧化铝抛光能力差	适用于淬火后的合金钢、高速钢以及钛合金抛光
氧化铁 Fe_2O_3	6	红色。颗粒圆细无尖角，变形层厚	适用于抛光较软金属及合金
金刚石粉（膏）	10	颗粒尖锐、锋利，磨削作用极佳，寿命长，变形层小	适用于各种材料的粗、精抛光，是理想的磨料

3.5.4.4　金相试样的显示

抛光后的金相试样置于金相显微镜下观察仅能看到铸铁中的石墨、非金属夹杂物。金相组织只有显示后才能看到，金相组织显示的方法有化学浸蚀法、电解浸蚀法和物理浸蚀法，常用的是化学浸蚀法。

化学浸蚀法就是利用化学试剂对试样表面进行溶解或电化学作用来显示金属的组织。纯金属及单相合金的浸蚀是一个化学溶解过程，因为晶界原子排列较乱，不稳定，在晶界上的原子具有较高的自由能，晶界处就容易浸蚀而下凹，来自显微镜的光线在凹处就产生漫反射回不到目镜中，晶界呈现黑色，如图 3-40（a）所示。二相合金的浸蚀与纯金属截然不同，它主要是一个电化学过程。因为不同的相具有不同的电位，当试样浸蚀时，就形成许多微小的局部电池，具有较高负电位的一相为阳极被迅速溶解，而逐渐凹洼，具有较高正电位的一相为阴极，不被浸蚀，保持原有的平面，两相形成的电位差越大，浸蚀速度越快，在光线的照射下，两个相就形成了不同的颜色，凹洼的部分呈黑色，凸出的一相发亮呈白色，如图 3-40（b）所示。

3.5.4.5　化学操作注意事项

（1）试样进行化学浸蚀时应在专用的实验台上进行，对有毒的试剂应在抽风橱内

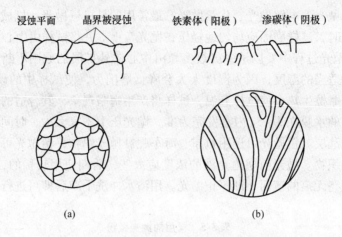

图 3-40　单相合金和双相合金浸蚀剂示意图
(a) 铁素体；(b) 珠光体

进行。

(2) 试样浸蚀前应清洗干净，磨面上不允许有任何脏物以免影响浸蚀效果。

(3) 根据材料和检验要求正确选择浸蚀剂，见表3-6。

表 3-6　常用的化学浸蚀剂

序号	浸蚀剂名称	成　　分	适用范围	使用要点
1	硝酸酒精溶液	硝酸：1~5mL 酒精：100mL	碳钢及低合金钢的组织显示	硝酸含量按材料选择，浸蚀数秒钟
2	苦味酸酒精溶液	苦味酸：2~10g 酒精：100mL	对钢铁材料的细密组织显示较清晰	浸蚀时间自数秒钟至数分钟
3	苦味酸盐酸酒精溶液	苦味酸：1~5g 盐酸：5mL 酒精：100mL	显示淬火及淬火回火后钢的晶粒和组织	浸蚀时间较上例为快些，约数秒钟至1min
4	苛性钠苦味酸水溶液	苛性钠：25g 苦味酸：2g 水：100g	钢中的渗碳体染成暗黑色	加热煮沸浸蚀5~30min
5	氯化铁盐酸水溶液	氯化铁：5g 盐酸：50g 水：100g	显示不锈钢、奥氏体高镍钢、铜及铜合金组织	浸蚀至显现组织
6	王水甘油溶液	硝酸：10mL 盐酸：20~30mL 甘油：30mL	显示奥氏体镍铬合金等组织	先用盐酸与甘油充分混合，然后加入硝酸，试样浸蚀前先用热水预热
7	氨水双氧水溶液	氨水（饱和）：50mL 3% 双氧水溶液：50mL	显示铜及铜合金组织	配好后，马上用棉花蘸擦
8	氯化铜氨水溶液	氯化铜：8g 氨水（饱和）：100mL	显示铜及铜合金组织	浸蚀30~50s

序号	浸蚀剂名称	成　分	适用范围	使用要点
9	混合酸	氢氟酸（浓）：1mL 盐酸：1.5mL 硝酸：2.5mL 水：95mL	显示硬铝组织	浸蚀 10～20s 或用棉花蘸擦
10	氢氟酸水溶液	氢氟酸（浓）：0.5mL 水：99.5mL	显示一般铝合金组织	用棉花擦拭
11	苛性钠水溶液	苛性钠：1g 水：90mL	显示铝及铝合金组织	浸蚀数秒钟

（4）注意掌握浸蚀时间，一般是磨面由光亮逐渐失去光泽而变成银灰色或灰黑色。主要根据经验确定。通常高倍观察浸蚀宜浅，低倍观察可深些。

（5）试样浸蚀适度后，应立即用清水冲洗干净，滴上乙醇吹干，即可进行显微分析。

3.5.5　实训达到的技能

（1）每个学生实验前认真阅读实验指导书，明确实验目的、任务。

（2）认真了解所使用的仪器型号、操作方法及注意事项。

（3）按实验内容制备一个合格的金相试样。

（4）认真观察制备的试样，并画出组织示意图。

3.5.6　实训评价

（1）教师评价。主要评分点：原理描述、实验流程、调试过程、数据记录、解决问题的能力、资料搜集、实验结果、实验效果等。

（2）学生互评。分组讨论：根据自己的实践体会，讨论在制备金相试样时应注意哪些事项。

任务 3.6　铁碳合金平衡组织观察

3.6.1　实训内容

（1）熟练操作金相显微镜，熟悉仪器的工作原理和维护方法。

（2）观察碳钢（20、45、T8 钢）和铸铁的平衡组织。

3.6.2　实训目的

（1）研究和了解铁碳合金（碳钢及白口铸铁）在平衡状态下的显微组织。

（2）分析成分（含碳量）对铁碳合金显微组织的影响，从而加深理解成分、组织与性能之间的相互关系。

3.6.3　实训条件及要求

（1）设备及试样：金相显微镜，金相图谱，各种铁碳合金的显微样品（见表 3-7）。

表 3-7　几种碳钢和白口铸铁的显微样品

编号	材料	热处理	组织名称及特征	浸蚀剂	放大倍数
1	工业纯铁	退火	铁素体（等轴晶）与微量三次渗碳体（薄片状）	4% 硝酸酒精溶液	100～500
2	20 钢	退火	铁素体（块状）和少量珠光体	4% 硝酸酒精溶液	100～500
3	45 钢	退火	铁素体（块状）和相当数量珠光体	4% 硝酸酒精溶液	100～500
4	T8 钢	退火	铁素体（宽条状）和渗碳体（细条状）交替排列	4% 硝酸酒精溶液	100～500
5	T12 钢	退火	珠光体和二次渗碳体（网状）	4% 硝酸酒精溶液	100～500
6	亚共晶白口铁	铸态	珠光体、莱氏体（斑点状）和二次渗碳体（在珠光体周围）	4% 硝酸酒精溶液	100～500
7	共晶白口铁	铸态	莱氏体（斑点状）	4% 硝酸酒精溶液	100～500
8	过共晶白口铁	铸态	莱氏体（斑点状）和一次渗碳体（粗大片状）	4% 硝酸酒精溶液	100～500

（2）要求：

1）在观察显微组织时，可先用低倍镜全面地进行观察，找出典型组织，然后再用高倍镜放大，对部分区域进行详细的观察。

2）在移动金相试样时，不得用手指触摸试样表面或将试样重叠起来，以免引起显微组织模糊不清，影响观察。

3）画组织图时应抓住组织形态的特点，画出典型区域的组织，注意不要将磨痕或杂质画在图上。

3.6.4　实训相关知识

铁碳合金的显微组织是研究和分析钢铁材料性能的基础，平衡状态的显微组织是指合金在极为缓慢的冷却条件下（如退火状态，即接近平衡状态）所得到的组织。我们可根据 Fe-Fe$_3$C 相图来分析铁碳合金在平衡状态下的显微组织。

从 Fe-Fe$_3$C 相图上可以看出，所有碳钢和白口铸铁的室温组织均由铁素体（F）和渗碳体（Fe$_3$C）这两个基本相所组成。但是由于含碳量不同，铁素体和渗碳体的相对数量、析出条件以及分布情况均有所不同，因而呈现各种不同的组织形态。各种不同成分的铁碳合金在室温下的显微组织见表 3-8。

表 3-8　各种铁碳合金在室温下的显微组织

类型		含碳量（质量分数）/%	显微组织	浸蚀剂
工业纯铁		<0.02	铁素体	4% 硝酸酒精溶液
碳钢	亚共析钢	0.02～0.8	铁素体 + 珠光体	4% 硝酸酒精溶液
	共析钢	0.8	珠光体	4% 硝酸酒精溶液
	过共析钢	0.8～2.11	珠光体 + 二次渗碳体	苦味酸钠溶液、渗碳体变黑或棕红色
白口铸铁	亚共晶白口铁	2.11～4.3	珠光体 + 二次渗碳体 + 莱氏体	4% 硝酸酒精溶液
	共晶白口铁	4.3	莱氏体	4% 硝酸酒精溶液
	过共晶白口铁	4.3～6.69	莱氏体 + 一次渗碳体	4% 硝酸酒精溶液

用浸蚀剂显露的碳钢和白口铸铁，在金相显微镜下具有下面几种基本组织组成物。

（1）铁素体（F）。铁素体是碳在 α-Fe 中的固溶体。铁素体为体心立方晶格，具有磁性和良好的塑性，硬度较低。用 3%～4% 硝酸酒精溶液浸蚀后，在显微镜下呈现明亮的等轴晶粒；亚共析钢中铁素体呈块状分布；当含碳量接近于共析成分时，铁素体则呈断状的网状分布于珠光体周围。

（2）渗碳体（Fe₃C）。渗碳体是铁和碳形成的一种化合物，其中碳含量（质量分数）为 6.67%，质硬而脆，耐腐蚀性强，经 3%～4% 硝酸酒精溶液浸蚀后，渗碳体呈亮白色，若用苦味酸钠溶液浸蚀，则渗碳体能被染成暗黑色或棕红色，而铁素体仍为白色，由此可以区别铁素体和渗碳体。按照成分和形成条件的不同，渗碳体可以呈现不同的状态：一次渗碳体（初生相）是直接从液体中析出的，故在白口铸铁中呈粗大的条片状；二次渗碳体（次生相）是从奥氏体中析出的，往往呈网络状沿奥氏体晶界分布；三次渗碳体是从铁素体析出的，通常呈不连续薄片状存在于铁素体晶界处，数量极微，可忽略不计。

（3）珠光体（P）。珠光体是铁素体和渗碳体的机械混合物，在一般退火处理情况下是由铁素体与渗碳体相互混合交替排列形成的层片状组织。经硝酸酒精溶液浸蚀后，在不同放大倍数的显微镜下可以看到具有不同特征的珠光体组织，如图 3-41 所示。在高倍放大时能清楚地看到珠光体中平行相间的宽条铁素体和细条渗碳体；当放大倍数较低时，由于显微镜的鉴别能力小于渗碳体片厚度，这时珠光体中的渗碳体就只能看到是一条黑线，当组织较细而放大倍数较低时，珠光体的片层就不能分辨，而呈黑色。

高碳工具钢（过共析钢）经球化退火处理后还可获得球状珠光体。

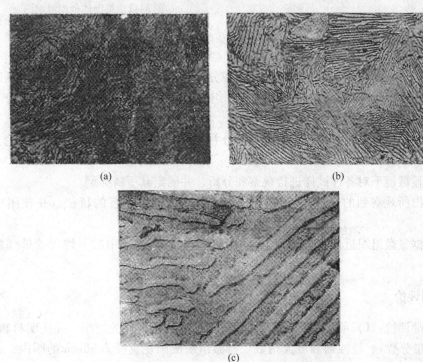

(a)　　　　　　　　　　　　　(b)

(c)

图 3-41　不同放大倍数的珠光体显微组织
(a) 500 倍；(b) 1500 倍；(c) 7000 倍

上述各类组织组成物的力学性能见表 3-9。

表 3-9　各类组织组成物的力学性能

性能 组成物	硬度 （HB）	抗拉强度 σ_b $/MN \cdot m^{-2}$	断面收缩率 $\phi/\%$	延伸率 $\delta/\%$	冲击韧性 A_k/J
铁素体	60～90	120～230	60～75	40～50	160
渗碳体	750～820	30～35	—	—	≈0
片状珠光体	190～230	860～900	10～15	9～12	24～32
球状珠光体	160～190	650～750	18～25	18～25	27～32

（4）莱氏体（L'd）。莱氏体是在室温时珠光体及二次渗碳体和渗碳体所组成的机械混合物。含碳量（质量分数）为 4.3% 的共晶白口铸铁在 1146℃ 时形成由奥氏体和渗碳体组成的共晶体，其中奥氏体冷却时析出二次渗碳体，并在 723℃ 以下分解为珠光体。莱氏体的显微组织特征是在亮白色的渗碳体基底上相间地分布着暗黑色斑点及细条状的珠光体。二次渗碳体和共晶渗碳体连在一起，从形态上难以区分。莱氏体的金相特征可参看图 3-42。

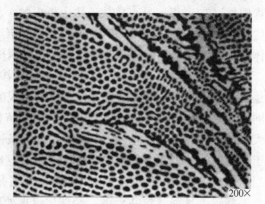

200×

图 3-42　莱氏体金相组织图

3.6.5　实训达到的技能

（1）学生应根据铁碳合金相图分析各类成分合金的组织形成过程，并通过对铁碳合金平衡组织的观察和分析，熟悉钢和铸铁的金相组织和形态特征，以进一步建立成分与组织之间相互关系的概念。

（2）实训前学生应复习讲课中的有关部分并阅读实验指导书，为实训做好理论方面的准备。

（3）在显微镜下对各种试样进行观察和分析，并确定其所属类型。

（4）绘出所观察到的显微组织图。画图时应抓住组织形态的特征，并在图中表示出来。

（5）根据显微组织近似地确定亚共析钢（20 钢或 45 钢）中的平均含碳量（质量分数）。

3.6.6　实训评价

（1）教师评价：1）明确本次实训目的。2）画出所观察过的组织，并注明材料名称、含碳量（质量分数）、浸蚀剂和放大倍数。显微组织图画在直径为 30mm 的圆内，并将组织组成物名称以箭头引出标明。3）根据所观察的显微组织近似地确定和估算一种亚共析钢的含碳量。

（2）学生互评：分组讨论 08、20、45、65 钢中组织形貌的异同，并指出力学性能的变化规律。

 复习思考题

3-1 判断题

(1) 二元合金系中的两组元只要在液态和固态下能够相互溶解，并能在固态下形成固溶体，其相图就属于匀晶相图。（　　）

(2) 凡合金中两组元能满足形成无限固溶体条件的都能形成匀晶相图。（　　）

(3) 共晶转变，是指一定成分的液态合金，在一定的温度下同时结晶出两种不同固相的转变。（　　）

(4) 共晶合金的特点是在结晶过程中有某一固相先析出，最后剩余的液相成分在一定的温度下都达到共晶点成分，并发生共晶转变。（　　）

(5) 由一种成分的固溶体，在一恒定的温度下同时析出两个一定成分的新的不同固相的过程，称为共析转变。（　　）

(6) 共晶转变虽然是液态金属在恒温下转变成另外两种固相的过程，但是和结晶有本质的不同，因此不是一个结晶过程。（　　）

(7) 由于共析转变前后相的晶体构造、晶格的致密度不同，所以转变时常伴随着体积的变化，从而引起内应力。（　　）

(8) 包晶转变，是指在一定的温度下，已结晶的一定成分的固相与剩余的一定成分的液相一起，生成另一新的固相的转变。（　　）

(9) 两个单相区之间必定有一个由这两个相所组成的两相区隔开。（　　）

(10) 相图虽然能够表明合金可能进行热处理的种类，但是并不能为制定热处理工艺参数提供参考数据。（　　）

(11) 合金固溶体的性能与组成元素的性质和溶质的溶入量有关，当溶剂和溶质确定时，溶入的溶质量越少，合金固溶体的强度和硬度就越高。（　　）

(12) 杠杆定律不仅适用于匀晶相图两相区中两平衡相的相对质量计算，对其他类型的二元合金相图两相区中两平衡相的相对质量计算也同样适用。（　　）

3-2 单相选择题

(1) Cu-Ni 合金相图属于（　　）。
   A. 包晶相图　　　　B. 匀晶相图　　　　C. 共晶相图　　　　D. 共析相图

(2) 匀晶相图中 L 表示（　　）。
   A. 固相　　　　　　B. 气相　　　　　　C. 液相　　　　　　D. 两相区

(3) 匀晶相图中 α 表示（　　）。
   A. 固相　　　　　　B. 气相　　　　　　C. 液相　　　　　　D. 两相区

(4) Au-Ag 合金相图属于（　　）。
   A. 包晶相图　　　　B. 匀晶相图　　　　C. 共晶相图　　　　D. 共析相图

(5) 两组元在液态下能完全互溶，在固态下仅能有限互溶形成有限固溶体的相图称为（　　）。
   A. 包晶相图　　　　B. 匀晶相图　　　　C. 共晶相图　　　　D. 共析相图

(6) 因为共析转变过冷度大，所以共析产物比共晶产物（　　）得多。
   A. 细密　　　　　　B. 粗大　　　　　　C. 细而疏松　　　　D. 粗而紧密

(7) 固态下原子扩散比液态困难得多，所以在实际冷却条件下，共析转变很容易过冷，有（　　）的过冷度。

  A. 较小　　　　　　B. 适中　　　　　　C. 较大　　　　　　D. 不确定

(8) 共析转变前后，相的晶体构造、晶格的致密度不同，所以转变时伴随着体积的变化，从而引起（　　　）。

  A. 断裂　　　　　　B. 内应力　　　　　C. 疏松　　　　　　D. 弯曲

(9)（　　　）是指一定成分的液态合金在一定的温度下同时结出两种不同固相的转变。

  A. 共晶转变　　　　B. 共析转变　　　　C. 包晶转变　　　　D. 匀晶转变

(10) 由共晶转变所获得两相机械混合物组织称为（　　　）。

  A. 渗碳体　　　　　B. 铁素体　　　　　C. 共析体　　　　　D. 共晶体

(11) 共晶点对应的合金为（　　　）。

  A. 共晶合金　　　　B. 共析合金　　　　C. 复相组织　　　　D. 包晶合金

(12) 固溶体在某一温度下的最大含量称为（　　　）。

  A. 溶解度　　　　　B. 偏析度　　　　　C. 固溶度　　　　　D. 晶粒度

(13) 固溶度变化曲线称为（　　　）。

  A. 溶解线　　　　　B. 固溶线　　　　　C. 析出线　　　　　D. 膨胀线

(14) 由一种成分的固溶体，在一恒定的温度下同时析出两个一定的新的不同固相的过程称为（　　　）。

  A. 共晶转变　　　　B. 共析转变　　　　C. 包晶转变　　　　D. 匀晶转变

(15) 在一定温度下，已结晶的一定成分的固相与剩余的一定成分的液相一起生成另一新的固相的转变称为（　　　）。

  A. 共晶转变　　　　B. 共析转变　　　　C. 包晶转变　　　　D. 匀晶转变

(16) Ag-Sn 合金相图属于（　　　）。

  A. 包晶相图　　　　B. 匀晶相图　　　　C. 共晶相图　　　　D. 共析相图

(17) Ag-Pt 合金相图属于（　　　）。

  A. 匀晶相图　　　　B. 共晶相图　　　　C. 共析相图　　　　D. 包晶相图

(18) 合金固溶体中溶入的溶质量越多，其强度和硬度就（　　　）。

  A. 越低　　　　　　B. 越高　　　　　　C. 不变　　　　　　D. 不确定

(19) 两相混合物的力学性能大致是两个组成相力学性能的（　　　）。

  A. 最大值　　　　　B. 最小值　　　　　C. 平均值　　　　　D. 无关值

(20) Fe-Fe$_3$C 相图中 C 点为（　　　）。

  A. 共析点　　　　　B. 共晶点　　　　　C. 偏析点　　　　　D. 包晶点

(21) Fe-Fe$_3$C 相图中 C 点对应的碳元素的质量分数为（　　　）。

  A. 0.0218%　　　　B. 0.77%　　　　　C. 2.11%　　　　　D. 4.3%

(22) 在铁碳合金相图上，钢和铸铁分界点的含碳量（质量分数）为（　　　）。

  A. 0.0218%　　　　B. 0.77%　　　　　C. 2.11%　　　　　D. 4.3%

(23) 铁碳合金组织的组成物中，（　　　）在室温下不能存在。

  A. A　　　　　　　B. P　　　　　　　C. F　　　　　　　D. Fe$_3$C

(24) 在铁碳合金相图上，奥氏体和珠光体分界点的温度为（　　　）。

  A. 1538℃　　　　　B. 1148℃　　　　　C. 912℃　　　　　D. 727℃

(25) 在铁碳合金相图上，温度为 727℃，含碳量（质量分数）为 0.77% 的 S 点称为（　　　）。

  A. 共析点　　　　　B. 共晶点　　　　　C. 熔点　　　　　　D. 晶格转变点

(26) 在铁碳合金相图上，温度为 1148℃，含碳量（质量分数）为 4.3% 的 C 点称为（　　　）。

  A. 共析点　　　　　B. 共晶点　　　　　C. 熔点　　　　　　D. 晶格转变点

(27) 铁碳合金相图上 1148℃ 对应的直线称为（　　　）。

    A. 共析线　　　　　　B. 固溶线　　　　　　C. 晶格转变线　　　　D. 共晶线

(28) 铁碳合金相图上727℃对应的直线称为（　　　）。

    A. 共析线　　　　　　B. 固溶线　　　　　　C. 晶格转变线　　　　D. 共晶线

(29) 由 A 转变为 P 是属于（　　　）。

    A. 同素异构转变　　　B. 共析转变　　　　　C. 共晶转变　　　　　D. 匀晶转变

(30) 渗碳体的形态有多种，在室温的共析钢组织中呈（　　　）。

    A. 片状　　　　　　　B. 网状　　　　　　　C. 条状　　　　　　　D. 块状

(31) 渗碳体的性能特点是（　　　）。

    A. 硬度低、塑性好　　　　　　　　　　　　B. 硬度高、塑性好

    C. 硬度低、塑性差　　　　　　　　　　　　D. 硬度高、塑性差

(32) Fe_3C 的含碳量（质量分数）为（　　　）。

    A. 0.77%　　　　　　B. 2.11%　　　　　　C. 4.3%　　　　　　　D. 6.69%

(33) F 的最大溶碳量（质量分数）为（　　　）。

    A. 0.0008%　　　　　B. 0.0218%　　　　　C. 0.77%　　　　　　D. 2.11%

(34) F 的溶碳能力在（　　　）。

    A. 0.77% ~ 2.11%　　　　　　　　　　　　B. 0.0008% ~ 0.0218%

    C. 0 ~ 0.0218%　　　　　　　　　　　　　 D. 0.0218% ~ 0.77%

(35) 莱氏体的室温组织是由（　　　）组成的机械混合物。

    A. 珠光体 + 铁素体　　　　　　　　　　　B. 铁素体 + 奥氏体

    C. 铁素体 + 渗碳体　　　　　　　　　　　D. 珠光体 + 渗碳体

(36) 渗碳体的含碳量（质量分数）为 6.69%，按其晶体结构来说，它是一种（　　　）。

    A. 间隙式固溶体　　　　　　　　　　　　　B. 置换式固溶体

    C. 金属化合物　　　　　　　　　　　　　　D. 机械混合物

(37) 奥氏体的最大的溶碳量为（　　　）。

    A. 0.77%　　　　　　B. >1.0%　　　　　　C. 1.0%　　　　　　　D. 2.11%

(38) 奥氏体是（　　　）。

    A. 组织　　　　　　　B. 液相　　　　　　　C. 化合物　　　　　　D. 固溶体

(39) 碳溶于 α-Fe 的晶格中形成的固溶体称为（　　　）。

    A. 奥氏体　　　　　　B. 渗碳体　　　　　　C. 铁素体　　　　　　D. 珠光体

(40) 碳溶于 γ-Fe 的晶格中形成的固溶体称为（　　　）。

    A. 奥氏体　　　　　　B. 渗碳体　　　　　　C. 铁素体　　　　　　D. 珠光体

(41) 含碳量（质量分数）为（　　　）的钢称为亚共析钢。

    A. ≤0.0218%　　　　　　　　　　　　　　 B. 0.0218% ~ 0.77%

    C. 0.77%　　　　　　　　　　　　　　　　D. 0.77% ~ 2.11%

(42) 含碳量（质量分数）为（　　　）的钢称为共析钢。

    A. ≤0.0218%　　　　　　　　　　　　　　 B. 0.0218% ~ 0.77%

    C. 0.77%　　　　　　　　　　　　　　　　D. 0.77% ~ 2.11%

(43) 含碳量（质量分数）为（　　　）的钢称为过共析钢。

    A. ≤0.0218%　　　　　　　　　　　　　　 B. 0.0218% ~ 0.77%

    C. 0.77%　　　　　　　　　　　　　　　　D. 0.77% ~ 2.11%

(44) 含碳量（质量分数）为（　　　）的钢称为工业纯铁。

    A. ≤0.0218%　　　　　　　　　　　　　　 B. 0.0218% ~ 0.77%

    C. 0.77%　　　　　　　　　　　　　　　　D. 0.77% ~ 2.11%

(45) 亚共晶白口铸铁含碳量（质量分数）范围是（　　　）。

　　A. 2.11%~4.3%　　　　　　　　　　B. 4.3%

　　C. 4.3%~6.69%　　　　　　　　　　D. >6.69%

(46) 共晶白口铸铁含碳量（质量分数）范围是（　　　）。

　　A. 2.11%~4.3%　　　　　　　　　　B. 4.3%

　　C. 4.3%~6.69%　　　　　　　　　　D. >6.69%

(47) 过共晶白口铸铁含碳量（质量分数）范围是（　　　）。

　　A. 2.11%~4.3%　　　　　　　　　　B. 4.3%

　　C. 4.3%~6.69%　　　　　　　　　　D. >6.69%

(48) 亚共析钢的室温平衡组织是（　　　）。

　　A. 铁素体和渗碳体　　　　　　　　B. 铁素体和珠光体

　　C. 低温莱氏体　　　　　　　　　　D. 珠光体和渗碳体

(49) 共析钢的室温平衡组织是（　　　）。

　　A. 铁素体和渗碳体　　　　　　　　B. 铁素体和珠光体

　　C. 珠光体　　　　　　　　　　　　D. 珠光体和渗碳体

(50) 过共析钢的室温平衡组织是（　　　）。

　　A. 铁素体和渗碳体　　　　　　　　B. 铁素体和珠光体

　　C. 珠光体和莱氏体　　　　　　　　D. 珠光体和渗碳体

(51) 过共晶白口铸铁的室温平衡组织是（　　　）。

　　A. $P + Fe_3C_{II} + L'd$　　　　　　　B. $Fe_3C_{II} + L'd$

　　C. $Fe_3C_I + L'd$　　　　　　　　　D. $L'd$

(52) 共晶白口铸铁的室温平衡组织是（　　　）。

　　A. $P + Fe_3C_{II} + L'd$　　　　　　　B. $Fe_3C_{II} + L'd$

　　C. $Fe_3C_I + L'd$　　　　　　　　　D. $L'd$

(53) 亚共晶白口铸铁的室温平衡组织是（　　　）。

　　A. $P + Fe_3C_{II} + L'd$　　　　　　　B. $Fe_3C_{II} + L'd$

　　C. $Fe_3C_I + L'd$　　　　　　　　　D. $L'd$

(54) 随着含碳量的增加，碳钢的强度（　　　）。

　　A. 增加　　　　　B. 减少　　　　　C. 不变　　　　　D. 先增加后减少

(55) 随着含碳量的增加，碳钢的硬度（　　　）。

　　A. 增加　　　　　B. 减少　　　　　C. 不变　　　　　D. 先增加后减少

(56) 随着含碳量的增加，碳钢的韧性（　　　）。

　　A. 增加　　　　　B. 减少　　　　　C. 不变　　　　　D. 先增加后减少

(57) 随着含碳量的增加，碳钢的塑性（　　　）。

　　A. 增加　　　　　B. 减少　　　　　C. 不变　　　　　D. 先增加后减少

(58) 生产中使用的钢的含碳量（质量分数）不超过 1.35% 的原因是（　　　）。

　　A. 硬度太高　　　　　　　　　　　B. 强度太高

　　C. 塑性太低　　　　　　　　　　　D. 刚度太高

(59) 铁碳合金相图上的 ES 线，其代号用（　　　）表示。

　　A. A_1　　　　　B. A_3　　　　　C. A_{cm}　　　　　D. A

(60) 铁碳合金相图上的 GS 线，其代号用（　　　）表示。

　　A. A_1　　　　　B. A_3　　　　　C. A_{cm}　　　　　D. A

(61) 铁碳合金相图上的 PSK 线，其代号用（　　　）表示。

　　A. A_1　　　　　B. A_3　　　　　C. A_{cm}　　　　　D. A

(62) 铁碳合金相图上的共析线是（　　　）。

　　A. ECF 线　　　　B. ACD 线　　　　C. PSK 线　　　　D. AECF 线

(63) 铁碳合金相图上的共晶线是（　　　）。

　　A. ECF 线　　　　B. ACD 线　　　　C. PSK 线　　　　D. AECF 线

（64）铁碳合金中，从奥氏体中析出的渗碳体为（　　）。

    A. 一次渗碳体　　　　　　　　　B. 二次渗碳体

    C. 三次渗碳体　　　　　　　　　D. 共晶渗碳体

（65）铁碳合金中，从液体中结晶出的渗碳体为（　　）。

    A. 一次渗碳体　　　　　　　　　B. 二次渗碳体

    C. 三次渗碳体　　　　　　　　　D. 共晶渗碳体

（66）铁碳合金中，从铁素体中析出的渗碳体为（　　）。

    A. 一次渗碳体　　　　　　　　　B. 二次渗碳体

    C. 三次渗碳体　　　　　　　　　D. 共晶渗碳体

（67）常见金属是（　　）结构。

    A. 单晶体　　　　　B. 多晶体　　　　　C. 复合晶体　　　　　D. 无晶体

（68）温度越高，空位和间隙原子的量就（　　）。

    A. 越小　　　　　　B. 越大　　　　　　C. 先大后小　　　　　D. 先小后大

（69）若需要强度较高，塑性、韧性好，焊接性好的各种金属构件用的钢材，则可选用碳含量（质量分数）（　　）的钢。

    A. 较低　　　　　　B. 适中　　　　　　C. 较高　　　　　　D. >2%

（70）若需要强度、塑性和韧性都比较好的各种机器零件用钢，则可选用碳含量（质量分数）（　　）的钢。

    A. 较低　　　　　　B. 适中　　　　　　C. 较高　　　　　　D. >2%

3-3　简答题与计算分析题

（1）什么是固溶强化？造成固溶强化的原因是什么？

（2）合金相图反映一些什么关系？应用时要注意什么问题？

（3）为什么纯金属凝固时不能呈枝晶状生长，而固溶体合金却可能呈枝晶状生长？

（4）30kg 纯铜与 20kg 纯镍熔化后慢冷至 1250℃，利用 Cu-Ni 相图，确定：1）合金的组成相及相的成分；2）相的质量分数。

（5）示意画出图 3-8 中过共晶合金Ⅳ（假设 $w(\mathrm{Sn})=70\%$）平衡结晶过程的冷却曲线。画出室温平衡组织示意图，并在相图中标注出组织组成物。计算室温组织中组成相的质量分数及各种组织组成物的质量分数。

（6）铋（Bi）熔点为 271.5℃，锑（Sb）熔点为 630.7℃，两组元液态和固态均无限互溶。缓冷时 $w(\mathrm{Bi})=50\%$ 的合金在 520℃ 开始析出成分为 $w(\mathrm{Sb})=87\%$ 的 α 固相，$w(\mathrm{Bi})=80\%$ 的合金在 400℃ 时开始析出 $w(\mathrm{Sb})=64\%$ 的 α 固相，由以上条件：1）示意绘出 Bi-Sb 相图，标出各线和各相区名称；2）由相图确定 $w(\mathrm{Sb})=40\%$ 合金的开始结晶和结晶终了温度，并求出它在 400℃ 时的平衡相成分和相的质量分数。

（7）若 Pb-Sn 合金相图（图 3-8）中 f、c、d、e、g 点的合金成分分别是 $w(\mathrm{Sn})$ 为 2%、19%、61%、97% 和 99%。在下列温度时，$w(\mathrm{Sn})=30\%$ 的合金显微组织中有哪些相组成物和组织组成物？它们的相对质量百分数是否可用杠杆定律计算？是多少？1）$t=300℃$；2）刚冷到 183℃ 共晶转变尚未开始；3）在 183℃ 共晶转变正在进行中；4）共晶转变刚完，温度仍在 183℃ 时；5）冷却到室温时（20℃）。

（8）固溶体合金和共晶合金的力学性能和工艺性能各有什么特点？

（9）纯金属结晶与合金结晶有什么异同？

（10）为什么共晶线下所对应的各种非共晶成分的合金也能在共晶温度发生部分共晶转变？

（11）某合金相图如图 3-43 所示，1）标出（1）～（3）区域中存在的相；2）标出（4）、（5）区域中的组织；3）相图中包括哪几种转变？写出它们的反应式。

（12）发动机活塞用 Al-Si 合金铸件制成，根据相图（图 3-44）选择铸造用 Al-Si 合金的合适成分，并简述原因。

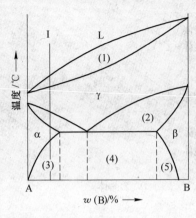

图 3-43　题 3-3（11）图

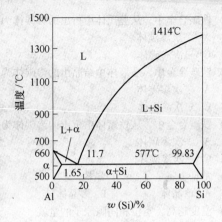

图 3-44　题 3-3（12）图

情景 4 金属的塑性变形与再结晶

【知识目标】

（1）了解金属塑性变形时滑移的产生机理。

（2）了解多晶体金属的变形过程。

（3）掌握变形金属经加热后达到回复、再结晶、晶粒长大三个阶段时的组织和性能变化。

【技能目标】

（1）会判别常见的变形金属经加热后的组织变化。

（2）会分析金属变形实验中变形量-硬度、退火温度-硬度等参数之间的关系。

任务 4.1 金属的塑性变形

由于铸态金属中往往具有晶粒粗大不均匀、组织不致密及杂质偏析等缺陷，故工业上的金属材料大多要在浇注后经过压力加工再予使用。因为通过压力加工时的塑性变形，金属的组织会发生很大的变化，可使某些性能如强度等得到显著的提高。但在塑性变形的同时，也会给金属的组织和性能带来某些不利的影响，因此在压力加工之后或在其加工的过程中，还经常对金属进行加热，使其发生回复与再结晶，以消除不利的影响。

金属在外力的作用下，随着应力的增加，可先后发生弹性变形、塑性变形，直至断裂。为了便于了解实际金属多晶体的塑性变形，下面先分析金属单晶体是怎样发生塑性变形的。

4.1.1 单晶体的塑性变形

金属单晶体的塑性变形有滑移、孪生等不同方式，但一般情况下都是以滑移方式进行的。下面具体看一下单晶体塑性变形的基本方式——滑移。

4.1.1.1 滑移的表象

发生了滑移的金属试样从表面上看是什么样？如果将一个单晶体金属试样表面抛光后，经过伸长变形，再在光学显微镜下观察，可以看到试样表面出现许多条纹，这些条纹就是晶体在切应力的作用下，一部分相对于另一部分沿着一定的晶面（滑移面）和一定的晶向（滑移方向）滑移产生的台阶，这些条纹称为"滑移线"，在更高倍的电子显微镜下观察，一个滑移台阶实际上是一束滑移线群的集合体，称为"滑移带"。同时还能看到滑移带在晶体上的分布是不均匀的, 如图 4-1 所示。

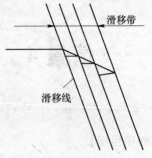

滑移带

滑移线

所以说, 单晶体变形时, 滑移只在晶体内有限的晶面上进行, 是不均匀的。因此单晶体金属的塑性变形在表面上看出现了一系列的滑移带, 其塑性变形就是众多大小不同的滑移带的综合效果在宏观上的体现。

图 4-1　金属滑移示意图

4.1.1.2　滑移的机理

前面分析已经知道, 晶体的塑性变形是晶体内相邻部分滑移的综合表现。但晶体内相邻两部分之间的相对滑移, 不是滑移面两侧晶体之间的整体刚性滑动, 而是由于晶体内存在位错, 因位错线两侧的原子偏离了平衡位置, 这些原子有力求达到平衡的趋势。当晶体受外力（剪切应力 τ）作用时, 位错（刃型位错）将垂直于受力方向, 沿着一定的晶面和一定的晶向一格一格地逐步移动到晶体的表面, 形成一个原子间距的滑移量, 如图 4-2 所示。一个滑移带就是上百个或更多位错移动到晶体表面所形成的台阶。

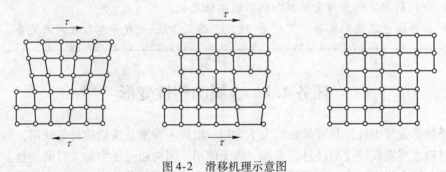

图 4-2　滑移机理示意图

4.1.1.3　晶体的滑移面、滑移方向及滑移系

前面的分析知道, 晶体上的滑移带分布是不均匀的, 即塑性变形时, 位错只沿一定的晶面和一定的晶向移动（并不是沿所有的晶面和晶向都能移动的）, 这些一定的晶面和晶向分别称为滑移面和滑移方向, 并且这些晶面和晶向都是晶体中的密排面和密排方向, 因为密排面之间和密排方向之间的原子间距最大, 其原子之间的结合力最弱, 所以在外力作用下最易引起相对的滑动。不同金属的晶体结构不同, 其滑移面和滑移方向的数目和位向不同, 一个滑移面和在这个滑移面上的一个滑移方向组成一个“滑移系”, 所以不同晶体结构的金属, 其滑移系的数目不同, 如体心立方 12 个, 面心立方 12 个, 密排六方 12 个, 且滑移系的数目越多则金属的塑性越好, 反之滑移系数越少, 塑性不好, 且相同滑移系数目相同时, 滑移方向数越多, 越易滑移, 塑性越好。

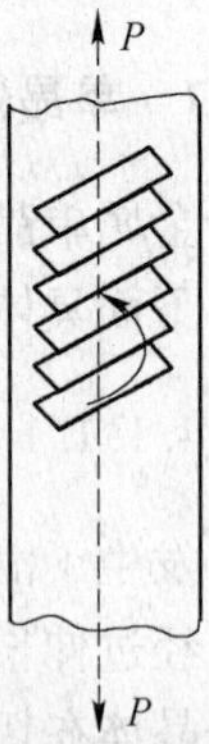

4.1.1.4　晶体在滑移过程中的转动

单晶体试样在拉伸实验时（图 4-3）, 除了沿滑移面产生滑移外, 晶体还会产生转动。因为晶体在拉伸过程, 当滑移面上、下两部分发生微

图 4-3　单晶体拉伸实验示意图

小滑移时，试样两端的拉力不再处于同一直线上，于是在滑移面上形成一力偶，使滑移面产生以外力方向为转向，趋向于与外力平行的转动。

4.1.2 多晶体金属的塑性变形

工程上使用的金属材料大多为位向、形状、大小不同的晶粒组成的多晶体，因此多晶体的变形是许多单晶体变形综合作用的结果。多晶体内单晶体的变形仍是以滑移和孪生两种方式进行的，但由于位向不同的晶粒是通过晶界结合在一起的，晶粒的位向和晶界对变形有很大的影响，所以多晶体塑性变形较单晶体复杂。

多晶体金属的塑性变形与单晶体比较，并无本质的差别，即每个晶粒的塑性变形仍以滑移等方式进行。但由于晶界的存在和每个晶粒中晶格位向不同，故在多晶体中的塑性变形比单晶体复杂得多。

4.1.2.1 晶界和晶粒位向的影响

有人利用仅由两个晶粒构成的试样来进行拉伸试验，经过变形后会出现明显的"竹节"现象（图 4-4），即试样在远离夹头和晶界的晶粒中部会出现明显的缩颈，而在晶界附近则难以变形。说明晶界附近变形抗力大。原因在于晶界附近为两晶粒晶格位向的过渡之处，晶格排列紊乱，加之该处的杂质原子也往往较多，也增

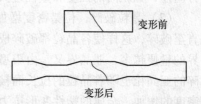

图 4-4 拉伸试样变形示意图

大其晶格畸变，因而使该处在滑移时位错运动的阻力较大，难以发生变形。此外，不仅晶界的存在会增大滑移抗力，而且因多晶体中各晶粒晶格位向的不同，也会增大其滑移抗力，因为其中任一晶粒的滑移都必然会受到它周围不同晶格位向晶粒的约束和障碍，各晶粒必须相互协调，相互适应，才能发生变形。因此多晶体金属的变形抗力总是高于单晶体。

可见，金属的塑性变形抗力，不仅与其原子间的结合力有关，而且还与金属的晶粒度有关，即金属的晶粒越细，金属的强度便越高。因为金属的晶粒越细，其晶界总面积越大，每个晶粒周围不同取向的晶粒数便越多，对塑性变形的抗力也越大。

此外，金属的晶粒越细不仅强度越高，而且塑性与韧性也较高，因为晶粒越细，金属单位体积中的晶粒数便越多，变形时同样的变形量便可分散在更多的晶粒中发生，产生较均匀的变形，而不致造成局部的应力集中，引起裂纹的过早产生和发展，因此，在工业上通过压力加工和热处理使金属获得细而均匀的晶粒，是目前提高金属材料性能的有效途径之一。

4.1.2.2 多晶体金属的变形过程

多晶体金属在外力的作用下，处于软取向的晶粒优先产生滑移变形，处于硬取向的相邻晶粒尚不能滑移变形，只能以弹性变形相平衡。由于晶界附近点阵畸变和相邻晶粒位向的差异，使变形晶粒中位错移动难以穿过晶界传到相邻晶粒，致使位错在晶界处塞积。只有进一步增大外力变形才能继续进行。随着变形加大，晶界处塞积的位错数目不断增多，应力集中也逐渐提高。当应力集中达到一定程度后，相邻晶粒中的位错源开始滑移，变形就从一批晶粒扩展到另一批晶粒。同时，一批晶粒在变形过程中逐步由软取向转动到硬取

向，其变形越来越困难，另一批晶粒又从硬取向转动到软取向，参加滑移变形。

所以，多晶体的塑性变形，是在各晶粒互相影响，互相制约的条件下，从少量晶粒开始，分批进行，逐步扩大到其他晶粒，从不均匀的变形逐步发展到均匀的变形。

任务 4.2　冷塑性变形对金属组织和性能的影响

经过塑性变形，金属的组织和性能发生一系列重大的变化，这些变化大致可以分为如下四个方面。

（1）晶粒沿变形方向拉长，性能趋于各向异性。经过塑性变形，随着金属外形的变化，其内部的晶粒形状也会发生相应的变化，即随着金属外形的压扁或拉长，其内部晶粒的形状也会被压扁或拉长，一般大致与金属外形的改变成比例，当变形量很大时，各晶粒将会被拉长成为细条状或纤维状，晶界变得模糊不清，此时，金属的性能将会具有明显的方向性，如纵向的强度和塑性远大于横向等，这种组织通常称为"纤维组织"。

（2）晶粒破碎，位错密度增加，产生加工硬化。随着变形的增加，晶粒逐渐被拉长，直至破碎，这样使各晶粒都破碎成细碎的亚晶粒，变形越大，晶粒破碎的程度越大，亚晶界的量便越多，亚晶界又是由刃型位错组成的位错墙，这样使位错密度显著增加；同时细碎的亚晶粒也随着晶粒的拉长而被拉长。因此，随着变形量的增加，由于晶粒破碎和位错密度的增加，金属的塑性变形抗力将迅速增大，即强度和硬度显著提高，而塑性和韧性下降产生"加工硬化"现象。如图 4-5 所示。

金属的加工硬化现象会给金属的进一步加工带来困难，如钢板在冷轧过程中会越轧越硬，以致最后轧不动。加工冲压件时，变形区发生的加工硬化现象，使金属的后续变形越来越困难，如图 4-6 所示。另一方面人们可以利用加工硬化现象，来提高金属强度和硬度，如冷拔高强度钢丝就是利用冷加工变形产生的加工硬化来提高钢丝的强度的。

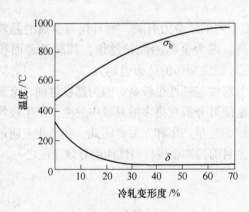

图 4-5　$w(C)$ 为 0.3% 的钢冷加工后力学性能的变化

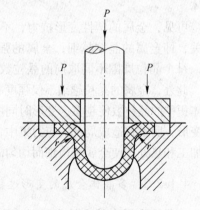

图 4-6　冲压示意图

（3）织构现象的产生。随着变形的发生，不仅金属中的晶粒会被破碎拉长，而且各晶粒的晶格位向也会沿着变形的方向同时发生转动，转动结果金属中每个晶粒的晶格位向趋于大体一致，即出现了"织构现象"。织构现象的出现会使金属的性能发生如下变化。

单晶体金属：晶格取向一致，各个晶面和晶向上的原子排列不尽相同，使得沿各不同排列的晶面和晶向上的晶体性能不同，具有"各向异性"的特点。

多晶体金属：由许多不同取向的小晶体（晶粒）组成，虽然每个晶粒具有"各向异性"的特点，但整个多晶体的性能就是不同取向的晶粒性能的综合表现，不具备"各向异性"的特点，各个方向上性能相同。

织构现象的产生，使多晶体金属出现了晶格取向趋于大体一致的现象，导致出现各向异性的特点，这在大多数情况下都是不利的，而且变形织构甚至在退火时也难以消除。

（4）残余内应力。在冷压力加工过程中由于材料各部分的变形不均匀或晶粒内各部分和各晶粒间的变形不均匀，金属内部会形成残余的内应力，这在一般情况下都是不利的，会引起零件尺寸不稳定，如冷轧钢板在轧制中就经常会因变形不均匀所残留的内应力使钢板发生翘曲等。此外，残余内应力还会使金属的耐腐蚀性能降低，所以金属在塑性变形之后，通常都要进行退火处理，以消除残余内应力。

任务 4.3　变形金属在加热时的组织和性能变化

在变形金属中，由于晶粒破碎拉长及位错等晶格缺陷大量增加，内部的组织和结构发生很大变化，使金属很难进一步加工，而且使其内能升高，处于不稳定的状态，故一旦对其进行加热造成一定的原子活动条件，就必然会发生一系列的组织和性能的变化。通常将冷变形金属在加热时组织和性能的变化分为回复、再结晶和晶粒长大三个阶段。

4.3.1　回复阶段

即在加热温度较低时，原子的活动能力不大，这时金属的晶粒大小和形状没有明显的变化，只是在晶内发生点缺陷的消失以及位错的迁移等变化，因此，这时金属的强度、硬度和塑性等力学性能变化不大，只是内应力及电阻率等性能显著降低。

因此对冷变形金属进行的这种低温加热退火，只能用在保留加工硬化而降低内应力改善其他物理性能的场合。比如冷拔高强度钢丝，利用加工硬化现象产生高强度，此外，由于残余内应力对其使用有不利的影响，所以采用低温退火以消除残余应力。

4.3.2　再结晶

4.3.2.1　变形金属的再结晶

通过回复，虽然金属中的点缺陷大为减少，晶格畸变有所降低，但整个变形金属的晶粒破碎拉长的状态仍未改变，组织仍处于不稳定的状态。当它被加热到较高的温度时，原子也具有较大的活动能力，使晶粒的外形开始变化。从破碎拉长的晶粒变成新的等轴晶粒。和变形前的晶粒形状相似，晶格类型相同，这一阶段称为"再结晶"。

再结晶过程同样是通过形核和长大两个过程进行的，首先在变形晶粒的晶界处或变形最强烈的晶粒中的滑移带上形成晶核，然后通过晶核逐渐长大，变形晶粒消失，再结晶过程结束。

再结晶过程中，随着温度升高，金属的显微组织不断变化，因而其性能也发生相应变化，硬度降低，塑性、韧性升高。再结晶结束后，金属中内应力全部消除，显微组织恢复到变形前的状态，其所有性能也恢复到变形前的数值，消除了加工硬化。所以再结晶退火主要用于金属在变形之后或在变形的过程中，使其硬度降低，塑性升高，便于进一步加工。

4.3.2.2　再结晶温度

再结晶温度通常是指经大变形度（70%~80%）的变形后，在规定时间内完成再结晶的最低温度。纯金属的最低再结晶温度与熔点有一定关系：

$$T_{再} \approx 0.4 T_{熔}$$

式中，$T_{再}$ 和 $T_{熔}$ 分别为金属的再结晶温度和熔点。因此，熔点越高，再结晶温度也越高。

4.3.2.3　影响再结晶晶粒大小的因素

影响因素主要有变形度、加热温度和时间、成分、杂质、原始的晶粒度等。这里重点讨论变形度和加热温度的影响。

（1）变形度影响。当变形量很小时，由于晶格畸变很小，不足以引起再结晶，故加热时无再结晶现象，晶粒度仍保持原来的大小，当变形度达到某一临界值时，由于此时金属中只有部分晶粒变形，变形极不均匀，再结晶晶核少，且晶粒极易相互吞并长大，因而再结晶后晶粒粗大，此时的变形度即为临界变形度，当变形度大于临界变形度时，随变形量的增加，越来越多的晶粒发生了变形，变形趋于均匀，晶格畸变大，再结晶的晶核多，再结晶后晶粒越来越细。如图 4-7 所示，可见冷压加工应注意避免在临界变形度范围内加工，以免再结晶后产生粗晶粒。图 4-8 所示为冷加工变形度对再结晶后晶粒大小的影响（纯铝片拉伸）。

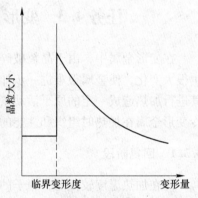

图 4-7　变形度对晶粒大小的影响

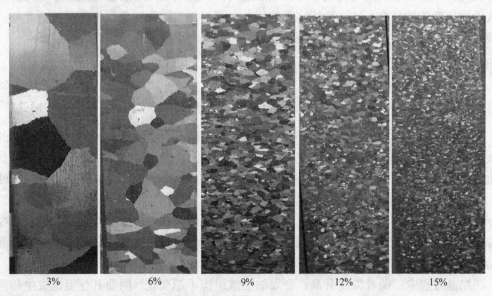

3%	6%	9%	12%	15%

图 4-8　冷加工变形度对再结晶后晶粒大小的影响（纯铝片拉伸）

（2）再结晶温度的影响。再结晶是在一个温度范围内进行的，若温度过低不能发生再结晶；若温度过高，则会发生晶粒长大，因此要获得细小的再结晶晶粒，必须在一个合适的温度范围内进行加热。

再结晶退火温度必须在 $T_{再}$ 以上，生产上实际使用的再结晶温度通常是比 $T_{再}$ 高 150 ~ 250℃，这样既可保证完全再结晶，又不致使晶粒粗化。图 4-9 所示的工业纯铁在不同再结晶温度的显微组织比较能够进一步的得到再结晶温度对组织的影响。

  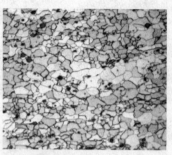

工业纯铁 60% 变形 450℃ 退火　　　工业纯铁 60% 变形 500℃ 退火　　　工业纯铁 60% 变形 600℃ 退火

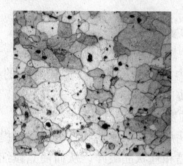 

工业纯铁 60% 变形 700℃ 退火　　　工业纯铁 60% 变形 800℃ 退火

图 4-9　工业纯铁 60% 变形时不同再结晶温度的组织

4.3.3　晶粒长大

再结晶结束后，若再继续升高温度或延长加热时间，便会出现大晶粒吞并小晶粒的现象，即晶粒长大，晶粒长大对材料的力学性能极不利，强度、塑性、韧性下降，且塑性与韧性下降得更明显。

为了保证变形金属的再结晶退火质量，获得细晶粒，有必要了解影响再结晶晶粒大小的因素。

图 4-10 所示为回复、再结晶和晶粒长大三个阶段组织与性能之间的关系。

任务 4.4　金属的热加工

热加工是将金属加热到再结晶温度以上的一定温度进行压力加工。在热加工中将同时发生加工硬化和再结晶软化两个过程。再结晶温度是热加工与冷加工的分界线，高于再结晶温度的压力加工是热加工，低于再结晶温度的压力加工是冷加工。例如：钢的再结晶温

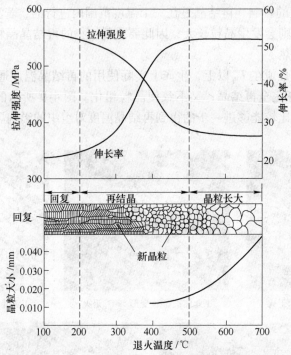

图 4-10　变形金属加热时组织和性能变化示意图

度一般是 600~700℃，在 500℃对钢进行压力加工为冷加工，而铅和锡的再结晶温度在 0℃以下，所以在室温的压力加工便是热压力加工。

热加工也会使钢的组织和性能发生很大的变化：

（1）通过热加工，可使铸态金属中的气孔焊合，从而使其致密度得以提高。

（2）通过热加工，可使铸态金属中的枝晶和柱状晶破碎，从而使晶粒细化，力学性能提高。

（3）通过热加工，可使铸态金属中的枝晶偏析和非金属夹杂分布发生改变，使它们沿着变形的方向细碎拉长，形成热压力加工"纤维组织"（流线），使纵向的强度、塑性和韧性显著大于横向。且如果合理利用热加工流线，尽量使流线与零件工作时承受的最大拉应力方向一致，而与外加切应力或冲击力相垂直，可提高零件使用寿命。可见通过热加工可使铸态金属的组织和性能得到一系列重大的改善，如图 4-11 所示。因此工业上凡受力复杂，负荷较大的重要工件大多数要经过热加工的方式来制造。

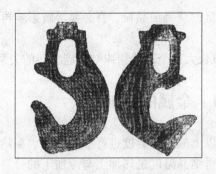

图 4-11　锻件剖面的流线分布示意图

但是也一定要注意热加工的工艺，工艺不当会带来不利的影响，如加工的温度过高，则晶粒粗大，若温度过低，则会引起加工硬化残余内应力等，还会形成带状组织使性能变坏。

任务 4.5　加热对金属塑性变形的组织和性能的影响分析

4.5.1　实验目的

（1）了解滑移带、形变孪晶与退火孪晶的金相形貌。
（2）了解冷变形对金属组织和性能的影响。
（3）了解加热温度对冷变形金属组织和性能的影响。
（4）了解变形量对再结晶后晶粒大小的影响。

4.5.2　实验内容及步骤

（1）观察表 4-1 中所列的金属形变组织并绘出组织图。

表 4-1　金属材料经变形后的组织观察

序　号	材　料	变形量	观　察　内　容
1	黄铜	约 10%	滑移带（许多平行线）
2	工业纯铁	约 10%	滑移带（略呈波纹状的平行线）
3	纯锌	约 20%	形变孪晶
4	纯铜	约 20%	退火孪晶
5	工业纯铁	约 20%	晶粒开始被拉长
6	工业纯铁	约 50%	多数晶粒被明显拉长
7	工业纯铁	大于 70%	呈纤维状

（2）观察表 4-2 中所列的同一变形量不同温度下退火的组织并绘出组织图。

表 4-2　工业纯铁经变形再升温（退火）后的组织观察

序　号	材　料	变形量	退火温度	观　察　内　容
1	工业纯铁	50%	400℃	回复阶段
2	工业纯铁	50%	500℃	再结晶开始
3	工业纯铁	50%	600℃	再结晶结束
4	工业纯铁	50%	700℃	晶粒长大

（3）测定晶粒大小。将退火状态的长约 150mm、宽约 20mm、厚约 0.5~0.8mm 的铝片，在小型拉伸机上拉伸。使其变形量分别为 2%、3%、6%、9%、12%。然后在 550℃加热炉内保温 40min，出炉空冷至室温后浸蚀，当表面显出清晰的晶粒时立即取出，用水冲洗并吹干。然后数出单位面积（1cm^2）内的晶粒数 N，记入表 4-3 中。

表4-3　实验数据记录

变形量/%	2	3	6	9	12
每平方厘米晶粒数/N					
晶粒大小/N^{-1}					

4.5.3　材料及设备

（1）材料：不同变形量的工业纯铁（或低碳钢）金相试样一套；同一变形量不同温度下退火的金相试样一套；观察滑移带、形变孪晶和退火孪晶的试样一套；测定晶粒大小试样一套。

（2）设备：金相显微镜、电脑、多媒体教学软件。

4.5.4　实验报告要求

（1）实验目的。

（2）绘制滑移带、形变孪晶、退火孪晶以及不同变形量的工业纯铁（或纯铜、低碳钢）组织图，并说明其形态特征。

（3）根据同一变形量、不同温度退火组织的观察，对再结晶形核场所，影响再结晶温度的因素进行分析。

（4）根据硬度试块测试结果分别绘出"变形量-硬度"、"退火温度-硬度"关系曲线，并分析其变化规律。

（5）根据实验结果绘出"铝片的晶粒大小-变形量"关系曲线，并找出临界变形度。

 复习思考题

4-1　解释下列名词：加工硬化、回复、再结晶、热加工、冷加工。

4-2　产生加工硬化的原因是什么？加工硬化在金属加工中有什么利弊？

4-3　划分冷加工和热加工的主要条件是什么？

4-4　与冷加工比较，热加工给金属件带来的益处有哪些？

4-5　为什么细晶粒钢强度高，塑性和韧性也好？

4-6　金属经冷塑性变形后，组织和性能发生什么变化？

4-7　分析加工硬化对金属材料的强化作用？

4-8　已知金属钨、铁、铅、锡的熔点分别为3380℃、1538℃、327℃、232℃；试计算这些金属的最低再结晶温度；并分析钨和铁在1100℃下的加工以及铅和锡在室温（20℃）下的加工各为何种加工。

4-9　在制造齿轮时，有时采用喷丸法（即将金属丸喷射到零件表面上）使齿面得以强化，试分析强化原因。

情景5　钢材热处理

***

【知识目标】

（1）了解钢在加热和冷却时的组织转变。

（2）掌握热处理基本原理及热处理的主要目的和工艺特点。

（3）了解表面淬火热处理、化学热处理的主要目的和工艺特点。

【技能目标】

（1）掌握钢的退火、正火、淬火、回火及表面热处理的方法。

（2）掌握常用零件的热处理方法在零件加工过程中的作用和位置，合理安排零件的加工路线。

（3）能够根据实际工件的形状、材质、用途等设计热处理工艺参数，并利用热处理进行操作，利用相关检测设备对其性能进行检测。

***

金属热处理是机械制造中的重要工艺之一，与其他加工工艺相比，热处理一般不改变工件的形状和整体的化学成分，而是通过改变工件内部的显微组织，或改变工件表面的化学成分，赋予或改善工件的使用性能，其特点是改善工件的内在质量，而这一般不是肉眼所能看到的。为使金属工件具有所需要的力学性能、物理性能和化学性能，除了合理选用材料和各种成型工艺外，热处理往往是必不可少的。

热处理，就是将固态金属或合金采用适当的方式进行加热、保温和冷却，以获得所需要的组织结构和性能的工艺。通过适当的热处理不仅可以改进钢的加工工艺性能，更重要的是可显著提高钢的力学性能，充分发挥钢材的潜力，延长零件的使用寿命，减轻零件自重，节约材料，降低成本。

热处理方法虽然有很多，但任何一种热处理工艺都是由加热、保温和冷却这三个阶段组成的，并可用温度-时间坐标图来表示，图5-1所示为热处理工艺曲线。钢的热处理主要是利用钢在加热和冷却时内部组织发生转变的基本规律，来选择加热温度、保温时间和冷却介质等有关参数，以达到改善钢材性能的目的。根据热处理的目的、加热和冷却方法的不同大致分类如下。

（1）整体热处理。其特点是对工件整体进

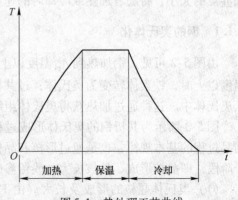

图5-1　热处理工艺曲线

行穿透加热。方法有退火、正火、淬火及回火。

（2）表面热处理。其特点是针对工件表层进行热处理，以改变表层组织与性能。常用的方法有感应加热表面淬火、火焰加热表面淬火。

（3）化学热处理。其特点是改变工件表层的化学成分、组织和性能。常用的方法有渗碳、渗氮、碳氮共渗等。

任务 5.1　钢的加热转变

在热处理工艺中，加热的目的是获得奥氏体组织。奥氏体是钢在高温时的组织，但其晶粒大小、成分及均匀程度对钢冷却后的性能及组织有重要的影响。奥氏体质量的好坏，直接影响到最终热处理后钢件的工艺性能和使用性能。所以，了解钢在加热时的组织变化规律是十分必要的。由 Fe-Fe$_3$C 相图可知，PSK 线、GS 线、ES 线表示钢在缓慢冷却或加热过程中组织发生变化的临界点，分别用 A_1、A_3 和 A_{cm} 表示。共析钢加热到超过 A_1 温度时，全部转变为奥氏体；而亚共析钢和过共析钢必须加热到 A_3 线和 A_{cm} 以上才能获得单相奥氏体。A_1、A_3 和 A_{cm} 是在极其缓慢加热和冷却条件下测得的临界点，又叫平衡临界点。

但在实际生产中，加热和冷却不可能极其缓慢，因此不可能在平衡临界点进行组织转变，相变是在不平衡条件下进行的，其相变点与相图中的相变温度有差异。由于过热和过冷现象的影响，加热时温度偏向高温，冷却时偏向低温，这种现象称为滞后。加热或冷却速度越快，则滞后现象越严重。为了便于区别，通常加热时的临界点用符号 A_{c1}、A_{c3}、A_{ccm} 表示；冷却时的临界点用符号 A_{r1}、A_{r3}、A_{rcm} 表示，如图 5-2 所示。而这些临界点偏离平衡临界点的大小，将随着加热或冷却时的速度发生变化。

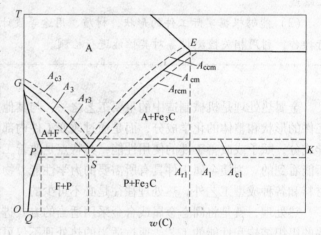

图 5-2　加热、冷却时钢的临界点

5.1.1　钢的奥氏体化

由图 5-2 可见，钢加热到 A_{c1} 温度以上时，珠光体转变为奥氏体，亚共析钢加热到 A_{c3} 温度以上时，铁素体转变为奥氏体；过共析钢加热到 A_{ccm} 温度以上时，二次渗碳体完全溶入奥氏体中。这种通过加热获得奥氏体组织的过程称为奥氏体化。

图 5-3 所示为共析钢的奥氏体形成过程示意图。钢中珠光体向奥氏体的转变过程遵循结晶过程的基本规律，也是通过形核和晶核长大的过程来进行的，其转变过程分为以下四个阶段，即晶核形成、晶核长大、残留渗碳体溶解和奥氏体成分的均匀化。

（1）奥氏体晶核的形成及长大。由 Fe-Fe$_3$C 相图可知，在 A_1 温度，铁素体中 $w(C)$ =0.0218%，渗碳体中 $w(C)$ =6.69%，奥氏体中 $w(C)$ =0.77%。在珠光体转变为奥氏体

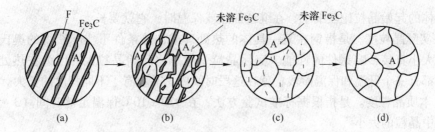

图 5-3　共析钢中奥氏体形成过程示意图
(a) 形核；(b) 晶核长大；(c) 残留渗碳体溶解；(d) 奥氏体均匀化

的过程中，铁素体由体心立方晶格改组为奥氏体的面心立方晶格，渗碳体逐渐溶解。所以，钢的加热转变既有晶体结构的变化，也有碳原子的扩散。共析钢加热到 A_{c1} 温度以上时，奥氏体晶核优先在铁素体和渗碳体的交界面上形成。奥氏体不断向其两侧的原铁素体区域及渗碳体区域扩展长大，直至铁素体完全消失，奥氏体彼此相遇，形成一个个奥氏体晶粒。

(2) 残留渗碳体的溶解。由于珠光体中的渗碳体向奥氏体溶解的速度落后于铁素体向奥氏体的转变速度，在铁素体全部转变为奥氏体后，仍然会有一部分渗碳体尚未溶解，因而需要一段时间使残留渗碳体向奥氏体中继续溶解，直到渗碳体全部溶于奥氏体。

(3) 奥氏体成分的均匀化。奥氏体转变刚结束时，原来渗碳体处含碳的质量分数较高，而在原来铁素体处含碳的质量分数较低，这样会造成奥氏体成分不均匀，因此需要保温一定时间，通过碳原子扩散使奥氏体成分均匀化。亚共析钢和过共析钢的奥氏体形成过程与共析钢基本相同。亚共析钢在室温平衡状态下的组织为珠光体和铁素体，当加热到 A_{c1} 温度以上时，珠光体转变为奥氏体，铁素体开始向奥氏体转变。在 $A_{c1} \sim A_{c3}$ 温度之间为奥氏体 + 铁素体，这部分铁素体只有继续加热到 A_{c3} 温度时才能完全消失，全部组织为奥氏体。过共析钢在室温平衡状态下的组织为珠光体和二次渗碳体，其中二次渗碳体往往呈网状分布。当缓慢加热到 A_{c1} 温度以上时，珠光体转变为奥氏体，成为奥氏体和渗碳体的组织。在温度超过 A_{ccm} 时，渗碳体完全溶解，全部组织为奥氏体，此时奥氏体晶粒已经粗化。

5.1.2　奥氏体晶粒的长大

当珠光体向奥氏体转变刚刚完成时，奥氏体晶粒是比较细小的。这是由于珠光体内铁素体和渗碳体的相界面很多，有利于形成数目众多的奥氏体晶核。不论原来钢的晶粒是粗或是细，通过加热时的奥氏体化，都能得到细小晶粒的奥氏体。但是随着加热温度的升高和保温时间的延长，奥氏体晶粒会自发地长大。加热温度越高，保温时间越长，奥氏体晶粒越大。晶粒的长大是依靠较大晶粒吞并较小晶粒和晶界迁移的方式进行的。

5.1.3　影响奥氏体晶粒长大的因素

5.1.3.1　奥氏体晶粒度的概念

晶粒度是表示晶粒大小的一种尺度。根据奥氏体形成过程和晶粒长大情况不同，可将奥氏体晶粒度分为起始晶粒度、实际晶粒度和本质晶粒度。

(1) 起始晶粒度。是指珠光体刚刚全部转变为奥氏体时的奥氏体晶粒度。一般情况是，奥氏体的起始晶粒比较细小，在继续加热或保温时，它就要长大。

（2）实际晶粒度。是指钢在某一具体的热处理或加热条件下实际获得的奥氏体晶粒度，它的大小直接影响钢件的性能。实际晶粒一般总比起始晶粒大，因为在热处理生产中，通常都有一个升温和保温阶段，就在这段时间内，晶粒有了不同程度的长大。

（3）本质晶粒度。是指根据标准试验方法，在 $930 \pm 10℃$ 保温足够时间（3~8h）后测定的钢中晶粒的大小。

不同牌号的钢，其奥氏体晶粒的长大倾向是不同的。有些钢的奥氏体晶粒随着加热温度升高会迅速长大，而有些钢的奥氏体晶粒则不容易长大，只有加热到更高温度时才开始迅速长大，如图 5-4 所示。一般前者称为本质粗晶粒钢（1~4 级），后者称为本质细晶粒钢（5~8 级）。所以本质晶粒并不是指具体的晶粒，而是表示某种钢的奥氏体晶粒长大的倾向性。本质晶粒度也不是晶粒大小的实际度量，而是表示在规定的加热条件下，奥氏体晶粒长大倾向性的高低。

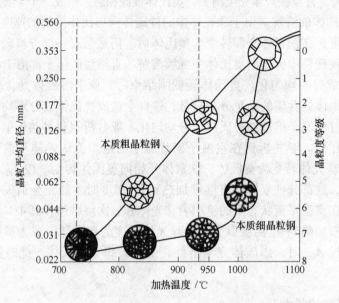

图 5-4　奥氏体晶粒长大倾向示意图

奥氏体晶粒的大小用晶粒度指标来衡量。晶粒度是指将钢加热到一定温度、保温一定时间后获得的奥氏体晶粒大小。为了测定或比较钢的实际晶粒大小，把试样在金相显微镜下放大 100 倍，然后与标准晶粒图比较以确定其等级（图 5-5）。标准晶粒度分为 8 个等级，1 级最粗，8 级最细，其中晶粒度在 1~4 级的钢为本质粗晶粒钢，5~8 级的钢为本质细晶粒钢。

在工业生产中，一般经铝脱氧的钢大多是本质细晶粒钢，只用锰、硅脱氧的钢为本质粗晶粒钢。沸腾钢一般为本质粗晶粒钢，镇静钢一般为本质细晶粒钢。需经热处理的工件一般都采用本质细晶粒钢。

5.1.3.2　影响奥氏体晶粒长大的因素

（1）加热温度和保温时间随着加热温度的提高，奥氏体化速度加快，加热温度越高，

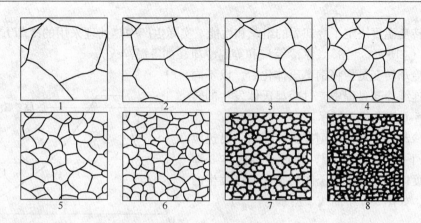

图 5-5 奥氏体标准晶粒度等级示意图

保温时间越长，奥氏体晶粒越粗大。

（2）加热速度。加热速度越快，奥氏体形核率越高，晶粒越细小。

（3）奥氏体中碳的质量分数随着钢中奥氏体含碳量的增加，奥氏体晶粒的长大倾向也增大。当奥氏体晶界上存在未溶的残留渗碳体时，奥氏体晶粒反而长得慢。

（4）合金元素凡是能形成稳定碳化物的元素（如钛、钒、铌、锆、钨、钼、铬等）、形成不溶于奥氏体的氧化物及氮化物的元素（如铝）、促进石墨化的元素（如硅、镍、钴），以及在结构上自由存在的元素（如铜），都会阻碍奥氏体晶粒长大，而锰和磷则有加速奥氏体晶粒长大的倾向。所以，多数合金钢热处理后晶粒较细。

（5）原始组织。钢的原始组织中珠光体晶粒越细，其片间距越小，相的界面越多，越有利于形核，同时由于片间距小，碳原子的扩散距离小，扩散速度加快，导致奥氏体形成速度加快，因此热处理加热后的奥氏体晶粒越细小。

任务 5.2 钢在冷却时的组织转变

钢经加热保温获得奥氏体后，冷却至 A_1 温度以下时，过冷奥氏体将发生组织转变。铁碳合金相图虽然解释了在缓慢加热或冷却条件下，钢的成分、组织和性能之间的变化情况，但不能表示实际热处理冷却条件下钢的组织变化规律。在实际热处理冷却条件下，钢的组织结构还会发生一系列不同的变化。

在不同的冷却条件下进行冷却，可以获得不同的力学性能。45 钢加热到 840℃，经不同条件冷却后的力学性能见表 5-1。所以，冷却过程是热处理的关键工序，对钢的使用性能起着决定性的作用。

表 5-1 45 钢经不同条件冷却后的力学性能

序号	冷却方法	R_m/MPa	R_{eL}/MPa	$\delta/\%$	$\varphi/\%$	硬度（HRC）
1	随炉冷却	530	280	32.5	49.3	15~18
2	空冷	670~720	340	15~18	45~50	18~24
3	油冷	900	620	18~20	48	40~50
4	水冷	1100	720	7~8	12~14	52~60

冷却转变温度决定了冷却后的组织和性能。实际生产中热处理采用的冷却方式主要有连续冷却（如炉冷、空冷、水冷等）和等温冷却（如等温淬火）。

连续冷却转变是指将钢奥氏体化后，以不同冷却速度连续冷却过程中，过冷奥氏体发生的转变，如图5-6中曲线1所示。

等温冷却转变是指将钢奥氏体化后，迅速冷却到A_1以下某一温度保温，使过冷奥氏体（即在共析温度以下存在的奥氏体）在此温度发生的组织转变，如图5-6中曲线2所示。

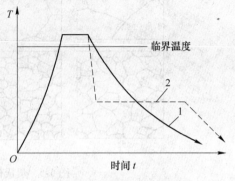

图5-6　奥氏体的冷却曲线
1—连续冷却转变；2—等温转变

5.2.1　过冷奥氏体的等温转变

5.2.1.1　过冷奥氏体的概念

由 Fe-Fe₃C 相图可知，钢的温度高于临界点（A_1、A_3、A_{cm}）以上时，其奥氏体是稳定的，当温度处于临界点以下时，奥氏体将发生转变和分解。然而在实际冷却条件下，奥氏体虽然冷却到临界点以下，但并不立即发生转变，这种在共析温度以下存在的处于不稳定状态的奥氏体称为过冷奥氏体。随着时间的推移，过冷奥氏体将发生分解和转变，其转变产物的组织和性能决定于冷却条件。

5.2.1.2　等温转变图

表示过冷奥氏体的等温转变温度、转变时间与转变产物之间关系的曲线图称为过冷奥氏体的等温转变图，简称等温转变图。又因为其形状像英文字母"C"，所以又称为C曲线。等温转变图是用于分析钢在A_1线以下不同温度进行等温转变所获产物的重要工具。

5.2.1.3　等温转变图的建立

奥氏体等温转变图的建立是利用过冷奥氏体转变产物的组织形态和性能的变化来测定的。测定的方法有金相测定法、硬度测定法、膨胀测定法、磁性测定法以及 X 射线结构分析测定等方法。现以共析钢为例（图5-7），用金相硬度法简要说明其建立过程。

（1）将碳的质量分数为0.77%的共析钢制成若干个一定尺寸的试样。

（2）把这些试样加热至A_{c1}以上温度，获得均匀奥氏体。

（3）将试样分成许多组，每组包括若干个试样。将每组试样分别迅速放入A_{r1}温度以下一系列不同温度（700℃、650℃、600℃、500℃等）的恒温熔盐槽中，迫使过冷奥氏体发生等温转变。等温的同时记录等温时间（等温时间可以是几秒到几天），然后每隔一定时间在每组中都取出一个试样，迅速放入冷水中冷却，使试样在不同时刻的等温转变状态固定下来。

（4）测出并记录在不同温度等温过程中，过冷奥氏体转变开始与转变终了的时间点。对试样进行硬度测试并观察其显微组织，当发现某一试样刚有转变产物时（有1%~3%的转变产物），它的等温时间即为奥氏体开始转变的时间点；而当发现某一试样没有奥氏体时（约有98%的转变产物），它的等温时间即为奥氏体转变终了时间点。显然，从过冷奥

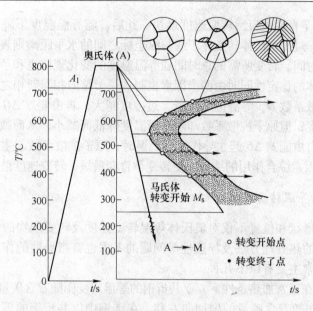

图 5-7　共析钢奥氏体等温转变图的建立

氏体开始转变到转变终了的这段时间即为过冷奥氏体和转变产物的共存时间。

　　（5）将所有的转变开始点和终了点标注在时间–温度坐标系中，把所有转变开始点和终了点分别用光滑曲线连接起来，获得等温转变开始曲线和终了曲线，并在不同的时间和温度区域内填入相应的组织，即得共析钢过冷奥氏体的等温转变图，如图 5-8 所示。

5.2.1.4　奥氏体等温转变图的分析

　　图 5-8 中最上面一条水平虚线表示钢的临界点 A_1（723℃），即奥氏体与珠光体的平衡温度。图中下方的一条水平线 M_s（230℃）为马氏体转变开始温度，M_s 以下还有一条水平线 M_f（-50℃）为

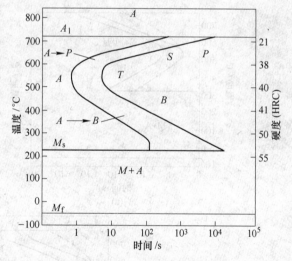

图 5-8　共析钢的过冷奥氏体等温转变曲线

马氏体转变终了温度。A_1 与 M_s 线之间有两条 C 曲线，左侧一条为过冷奥氏体转变开始线，右侧一条为过冷奥氏体转变终了线。A_1 线以上是奥氏体稳定区。M_s 线至 M_f 线之间的区域为马氏体转变区，过冷奥氏体冷却至 M_s 线以下将发生马氏体转变。过冷奥氏体转变开始线与转变终了线之间的区域为过冷奥氏体转变区，在该区域过冷奥氏体向珠光体或贝氏体转变。在转变终了线右侧的区域为过冷奥氏体转变产物区。A_1 线以下，M_s 线以上以及纵坐标与过冷奥氏体转变开始线之间的区域为过冷奥氏体区，过冷奥氏体在该区域内不发生转变，处于亚稳定状态。在 A_1 温度以下某一确定温度，过冷奥氏体转变开始线与纵坐标之间的水平距离为过冷奥氏体在该温度下的孕育期，孕育期的长短表示过冷奥氏体稳定性的高低。在 A_1 以下，随等温温度降低，孕育期缩短，过冷奥氏体转变速度增大，在

550℃左右共析钢的孕育期最短,转变速度最快。此后,随等温温度下降,孕育期又不断增加,转变速度减慢。过冷奥氏体转变终了线与纵坐标之间的水平距离则表示在不同温度下转变完成所需要的总时间。转变所需的总时间随等温温度的变化规律也和孕育期的变化规律相似。因为过冷奥氏体的稳定性同时由两个因素控制:一个是旧相与新相之间的自由能差 ΔG;另一个是原子的扩散系数 D。等温温度越低,过冷度越大,自由能差 ΔG 也越大,则加快过冷奥氏体的转变速度;但原子扩散系数却随等温温度降低而减小,从而减慢过冷奥氏体的转变速度。高温时,自由能差 ΔG 起主导作用;低温时,原子扩散系数起主导作用。处于"鼻尖"温度时,两个因素综合作用的结果,使转变孕育期最短,转变速度最大。

5.2.1.5　影响等温转变图的因素

等温转变图的形状和位置不仅对奥氏体等温转变速度及转变产物的性质具有十分重要的意义,同时对钢的热处理方法及淬透性等问题的考虑也有指导性的作用。影响等温转变图形状和位置的因素主要有以下几种。

(1) 碳的影响在正常加热条件下,亚共析钢的等温转变图随着含碳量的增加向右移;过共析钢的等温转变图随着含碳量的增加向左移。在碳钢中以共析钢的等温转变图离纵轴最远,过冷奥氏体最稳定。图 5-9 所示为亚共析钢、共析钢、过共析钢的等温转变图比较。

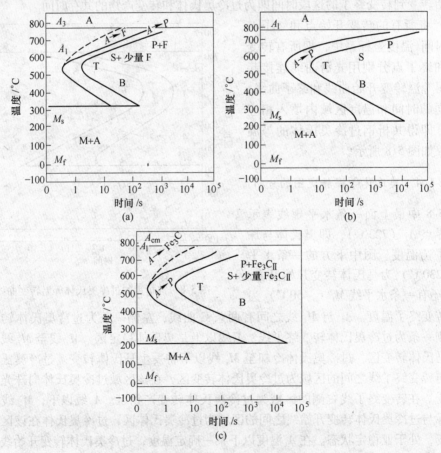

图 5-9　亚共析钢、共析钢、过共析钢的等温转变图比较

(a) 亚共析钢;(b) 共析钢;(c) 过共析钢

（2）合金元素的影响除了钴以外，所有合金元素溶入奥氏体后，都增大其稳定性，使等温转变图右移。碳化物形成元素含量较多时，使等温转变图的形状也发生变化，可能出现两种曲线，并使 M_s 线下降，如图5-10所示。

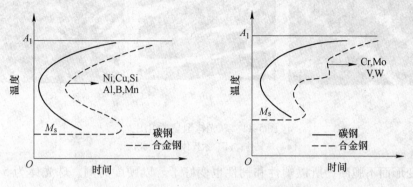

图 5-10　合金元素对等温转变图的影响

（3）加热温度和保温时间的影响随着加热温度的提高和保温时间的延长，增加了过冷奥氏体的稳定性，使等温转变图右移。

5.2.1.6　过冷奥氏体等温转变产物的组织和性能

过冷奥氏体等温转变的温度不同，转变产物就不同，其组织和性能也不同。通常在 M_s 线以上可发生两种类型的转变：550℃以上发生珠光体型转变，$M_s \sim 550$℃之间为贝氏体转变。

（1）珠光体型转变（550℃ $\sim A_1$）。此温度范围的转变称为过冷奥氏体的高温转变，其转变产物为铁素体和渗碳体的片层状混合物——珠光体。珠光体的形成伴随着两个过程同时进行：一是碳和铁原子的扩散，由此而生成高碳的渗碳体和低碳的铁素体；二是晶格的重构，由面心立方的奥氏体转变为体心立方的铁素体和复杂晶格的渗碳体。转变温度越低（过冷度越大），形成的珠光体片层间距越小。根据形成珠光体片层厚薄的不同，可把珠光体型组织分为以下三种。

1）珠光体（粗片状），用符号"P"表示，是指在650℃ $\sim A_1$ 形成的珠光体，因为过冷度小，片间距较大（150～450nm），在400倍以上的光学显微镜下就能分辨其片层状形态，习惯上称为珠光体。

2）索氏体（较细片状），用符号"S"表示，是指在600～650℃形成的片间距较小（80～150nm）的珠光体。这种珠光体在光学显微镜下放大五六百倍才能分辨出其为铁素体薄层和碳化物（渗碳体）薄层交替重叠的复相组织。

3）托氏体（极细片状），用符号"T"表示，是指在550～600℃形成的片间距极小（30～80nm）的珠光体。这种是奥氏体在连续冷却或等温冷却转变时过冷到珠光体转变温度区间的下部形成的，在光学显微镜下高倍放大也分辨不出其内部构造，只能看到其总体是一团黑而实际上却是很薄的铁素体层和碳化物（渗碳体）层交替重叠的复相组织。

图5-11所示为珠光体型显微组织，因为珠光体的片层间距越小，相界面越大，塑性变形抗力越大，即强度、硬度越高；同时片层间距越小，则渗碳体片越薄，越容易随同铁

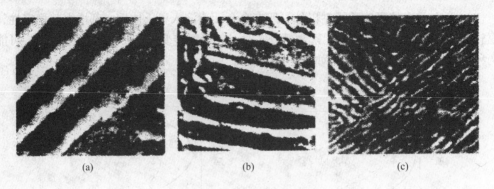

图 5-11　珠光体型显微组织

（a）珠光体；（b）索氏体；（c）托氏体

素体一起变形而不脆断，所以塑性和韧性也变好了。以硬度为例，珠光体为 5～20HRC，索氏体为 20～30HRC，托氏体为 30～40HRC。

（2）贝氏体型转变（M_s～550℃）。贝氏体型转变为中温转变，因转变温度较低，原子的活动能力较弱，过冷奥氏体虽然仍分解成铁素体与渗碳体的混合物，但铁素体中溶解的碳已超过了正常的溶解度。转变后得到的组织为碳的质量分数具有一定过饱和程度的铁素体和分散的渗碳体（或碳化物）所组成的混合物，称为贝氏体，用符号"B"表示。贝氏体分为上贝氏体和下贝氏体两种，通常把在 350～550℃范围内转变形成的产物称为上贝氏体，用符号"$B_上$"表示。上贝氏体在显微镜下呈羽毛状，它是由许多相互平行的过饱和铁素体片和分布在片间的断续细小的渗碳体组成的混合物，如图 5-12 所示。过冷奥氏体在 M_s～350℃范围内转变的产物称为下贝氏体，用符号"$B_下$"表示。下贝氏体在光学显微镜下呈黑色针叶状，它是由针叶状的铁素体和分布在其上的极为细小的渗碳体颗粒组成的，如图 5-13 所示。典型的下贝氏体在光学显微镜下呈黑色针片状。在电子显微镜下，过饱和碳的铁素体呈针片状，在其上分布着碳化物颗粒或薄片。

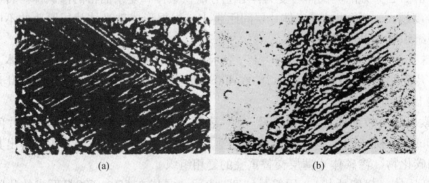

图 5-12　上贝氏体的显微组织

（a）光学显微像；（b）电镜像

下贝氏体不仅具有高的强度、硬度与耐磨性，同时具有良好的塑性和韧性，生产中常用等温淬火获得下贝氏体，来提高零件的性能。同时由于下贝氏体的比体积比马氏体小，故可减小变形和开裂。因上贝氏体的强韧性较差，生产上极少使用。共析钢过冷奥氏体等温转变的产物和力学性能特点见表 5-2。

图 5-13　下贝氏体的显微组织

（a）光学显微像；（b）电镜像

表 5-2　共析钢过冷奥氏体等温转变的产物和力学性能特点

转变类型	转变温度/℃	转变产物	符号	纤维组织形态	力学性能特点
高温转变	650 ~ A_1	珠光体	P	粗片状铁素体 + 渗碳体	强度较高，硬度适中（≤25 HRC），有较好的塑性
	600 ~ 650	索氏体	S	细片状铁素体 + 渗碳体	硬度为 25 ~ 35HRC，综合力学性能优于珠光体
	550 ~ 600	托氏体	T	极细片状铁素体 + 渗碳体	硬度为 40 ~ 45HRC，综合力学性能优于索氏体
中温转变	350 ~ 550	上贝氏体	$B_上$	细条状渗碳体分布于片状铁素体之间，呈羽毛状	硬度为 40 ~ 45HRC，强度低，塑性很差
	M_s ~ 350	下贝氏体	$B_下$	细小的碳化物分布于针叶状的铁素体之间，呈黑色针状	硬度为 45 ~ 55HRC，具有较高的强度及良好的塑性和韧性

5.2.2　马氏体转变

过冷奥氏体是在 M_s 温度以下开始转变为马氏体的，这个转变持续到马氏体转变终了温度 M_f。在 M_f 以下，过冷奥氏体停止转变。M_s 和 M_f 线不是固定不变的，大多数合金元素（Al、Co 除外）均使 M_s 和 M_f 线下降，奥氏体中碳的质量分数对 M_s 和 M_f 温度的影响如图 5-14 所示。碳的质量分数增加，M_s、M_f 线下降。

5.2.2.1　马氏体的转变过程

将奥氏体自 A_1 线以上快速冷却到 M_s 线以下，使其冷却曲线不与等温转变图相遇，则将发生马氏体转变。奥氏体向马氏体的转变与奥氏体向珠光体和贝氏体转变有着根本的区别。马氏体

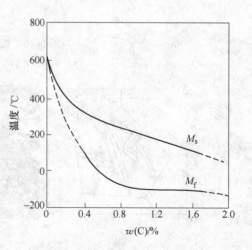

图 5-14　奥氏体中碳的质量分数对 M_s 和 M_f 温度的影响

转变是非扩散性的，因为这种转变是以极大的冷却速度在极大的过冷度下发生的，此时奥氏体中的碳原子已无扩散的可能。因此，固溶在奥氏体中的碳转变后原封不动地保留在铁的晶格中，形成碳在 α-Fe 中的过饱和间隙固溶体，称为马氏体，用符号"M"表示。

5.2.2.2　马氏体的晶体结构

在马氏体中，由于过饱和的碳强制地分布在晶胞的某一晶轴（如 z 轴）的间隙处，使 z 轴方向的晶格常数 c 上升，x、y 轴方向的晶格常数 a 下降，α-Fe 的体心立方晶格变为体心正方晶格，如图 5-15 所示。晶格常数 c/a 的比值称为马氏体的正方度。马氏体中碳的质量分数越高，正方度越大。

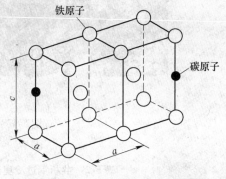

图 5-15　马氏体晶格结构示意图

5.2.2.3　马氏体的组织形态

马氏体的组织形态主要有两种类型，即板条状马氏体（图 5-16）和针状马氏体（图 5-17）。低碳钢形成板条状马氏体，而针状马氏体则常见于高、中碳钢中。一般当 $w(C) < 0.3\%$ 时，钢中马氏体形态几乎全为板条状马氏体；$w(C) > 1.0\%$ 时则几乎全为针状马氏体；$w(C) = 0.3\% \sim 1.0\%$ 时为板条状马氏体和针状马氏体的混合组织，随着碳含量的提高，淬火钢中板条状马氏体的量下降，针状马氏体的量上升。

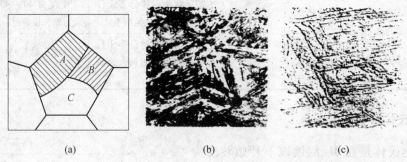

(a)　　　　　　　　　　(b)　　　　　　　　　　(c)

图 5-16　板条状马氏体的形态
（a）示意图；（b）光学显微像；（c）电镜像

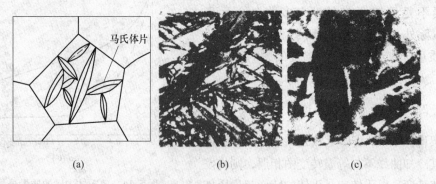

(a)　　　　　　　　　　(b)　　　　　　　　　　(c)

图 5-17　针状马氏体的形态
（a）示意图；（b）光学显微像；（c）电镜像

5.2.2.4　马氏体的性能

马氏体的性能主要取决于马氏体的碳含量与组织形态。

（1）强度与硬度。马氏体的强度与硬度主要取决于马氏体中碳的质量分数。随着马氏体中碳的质量分数的升高，强度与硬度随之升高，但当钢中碳的质量分数大于 0.6% 时，淬火钢的硬度增加很慢，如图 5-18 所示。通常合金元素对钢中马氏体硬度的影响不大，含碳量对马氏体硬度的影响主要是由于过饱和碳原子引起的固溶强化造成的。

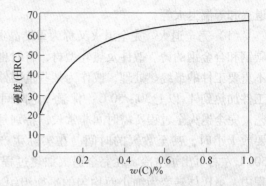

图 5-18　碳的质量分数对马氏体硬度的影响

（2）塑性与韧性。马氏体的塑性与韧性同样受碳含量的影响，可在相当大的范围内变动。随着马氏体中碳含量的提高，塑性与韧性急剧下降，而低碳板条状马氏体具有良好的塑性与韧性，是一种强韧性很好的组织，而且有较高的断裂韧度、低的冷脆转变温度和过载敏感性。所以，对低碳钢或低碳合金钢采用强烈淬火以获得板条状马氏体的工艺在矿山、石油、汽车、机车车辆、起重机制造等行业的应用日益广泛。此外，中碳钢（$w(C)$=0.3%~0.6%）也可采用高温加热使奥氏体成分均匀，消除富碳微区，淬火时可以获得较多的板条状马氏体组织，从而在屈服强度不变的情况下，大幅度提高钢的韧性。对于高碳钢工件，采用较低温度快速、短时间加热淬火方法也可以获得较多的板条状马氏体，从而提高钢的韧性。

（3）钢的常见组织中，马氏体的比体积最大，奥氏体最小，珠光体居中，所以奥氏体转变为马氏体时，必然伴随着体积膨胀而产生内应力。马氏体中碳的质量分数越高，正方度越大，晶格畸变程度越大，比体积也越大，故产生的内应力也越大，这就是高碳钢淬火易裂的原因。但也可利用这一效应，使淬火零件表层产生残留压应力，提高疲劳性能。

任务 5.3　钢的退火与正火

5.3.1　钢的退火

5.3.1.1　退火的定义

退火是将钢加热到适当温度，保温一定时间，然后缓慢冷却（一般随炉冷却）的热处理方法。

5.3.1.2　退火的目的

（1）降低硬度，提高塑性，改善切削加工性能。

（2）细化晶粒，均匀成分，为最终热处理做好准备。

（3）消除钢中的残留应力，防止变形和开裂。

5.3.1.3　常用的退火方法

根据钢的化学成分和退火的目的不同，退火方法可分为完全退火、球化退火、去应力退火和等温退火等。

（1）完全退火。完全退火又称为重结晶退火，这种退火主要用于亚共析钢成分的各种碳钢和合金钢的铸、锻件及热轧型材，有时也用于焊接结构件。完全退火一般常作为一些不重要工件的最终热处理，或作为某些重要件的预备热处理。完全退火操作是将亚共析钢工件加热到 A_{c3} 以上 30～50℃，保温一定时间后随炉缓慢冷却，以获得接近平衡组织的工艺。完全退火全过程所需时间非常长，特别是对于某些奥氏体比较稳定的合金钢，往往需要数十小时，甚至数天的时间。在实际生产中，为了提高生产效率，随炉缓慢冷却至500℃左右可出炉空冷。在完全退火加热过程中，钢的组织全部转变为奥氏体，在冷却过程中，奥氏体转变为细小而均匀的平衡组织（铁素体＋珠光体），从而达到了降低硬度、细化晶粒、消除内应力的目的。

（2）球化退火。球化退火主要用于共析钢或过共析钢及合金工具钢制造的刀具、量具、模具和滚动轴承等，其主要目的在于降低硬度，改善切削加工性能，并为以后淬火做好准备。球化退火是将钢加热到 A_{c1} 以上 20～30℃，保温一定时间后随炉缓慢冷却至600℃后出炉空冷，得到球状珠光体组织（铁素体基体上分布着球形细粒状渗碳体）的工艺过程。球化退火可使网状二次渗碳体及珠光体中的片层渗碳体全部都发生球化，变成球状珠光体。球状珠光体的显微组织如图5-19 所示，这种组织远较片层状珠光体与网状二次渗碳体组织的硬度为低。为了便于球化过程的进行，对于网状碳化物较严重者，可在球化退火之前先进行一次正火。

图 5-19　球状珠光体的显微组织

（3）去应力退火。去应力退火又称为低温退火，主要用来去除铸件、锻件、焊接件、热轧件、冷拉伸件及机械加工件等的残留内应力。如果这些内应力不予消除，将会使钢件在一定时间以后，或在随后的切削加工过程中产生变形或开裂，降低机器的精度，甚至会发生事故。

去应力退火操作一般是将钢件随炉缓慢加热（100～150℃/h）至 500～650℃（低于 A_1），经一段时间保温后，随炉缓慢冷却（50～100℃/h）至 200℃以下出炉空冷。去应力退火过程不发生组织转变，仅消除残余应力。

（4）等温退火。等温退火是将钢加热到 A_{c1} 或 A_{c3} 以上某一温度，保温后以较快速度冷却到珠光体温度区间内的某一温度并等温保持，使奥氏体转变为珠光体型组织，然后出炉空冷的退火工艺。等温退火克服了完全退火全过程所需时间非常长的不足，大大缩短了整个退火的过程。

等温退火的目的与完全退火相同，但等温退火后组织均匀，性能一致，且生产周期短，主要用于中碳合金钢及一些高合金钢的大型铸锻件及冲压件等。

5.3.2 正火

5.3.2.1 正火的定义

正火就是将钢加热到 A_{c3} 或 A_{ccm} 以上 30～50℃，保温一定时间后，在静止空气中冷却的热处理方法。

5.3.2.2 正火与退火的区别

正火与退火的目的基本相同，正火加热的温度稍高，冷却速度稍快，得到的组织较细小，所以强度、硬度比退火的高，见表 5-3。由于正火操作简便，生产周期短，成本低，所以在满足使用性能的前提下，应优先选用正火。

表 5-3 45 钢退火、正火状态的力学性能比较

状态	σ_b/MPa	δ/%	α_k/J·cm^{-2}	硬度 （HBW）
正火	700～800	15～20	50～80	≤220
退火	650～700	15～20	40～60	≤180

5.3.2.3 正火的目的

（1）改善钢的切削加工性能。碳的质量分数低于 0.25% 的碳素钢和低合金钢退火后硬度较低，切削加工时易于黏刀。通过正火处理，可以减少钢中的自由铁素体，获得细片状珠光体，使硬度提高，可以改善钢的切削加工性，提高刀具的寿命和工件的表面光洁程度。

（2）消除热加工缺陷。中碳结构钢铸、锻、轧件以及焊接件在热加工后易出现粗大晶粒等过热缺陷和带状组织，通过正火处理可以消除这些缺陷组织，达到细化晶粒、均匀组织、消除内应力的目的。

（3）消除过共析钢的网状碳化物，便于球化退火。过共析钢在淬火之前要进行球化退火，以便于切削加工，并为淬火做好组织准备。但当过共析钢中存在严重的网状碳化物时，将达不到良好的球化效果。通过正火处理可以消除网状碳化物。

（4）提高普通结构零件的力学性能。一些受力不大、性能要求不高的碳钢和合金钢零件，采用正火处理，可达到一定的综合力学性能，可以代替调质处理，作为零件的最终热处理。

5.3.2.4 退火和正火的选择

（1）$w(C) < 0.25\%$ 的低碳钢，通常采用正火代替退火。因为较快的冷却速度可以防止低碳钢沿晶界析出游离二次渗碳体，从而提高冲压件的冷变形性能；采用正火可以提高钢的硬度，改善低碳钢的切削加工性能；在没有其他热处理工序时，采用正火可以细化晶粒，提高低碳钢强度。

（2）$w(C) = 0.25\% \sim 0.50\%$ 之间的中碳钢也可用正火代替退火，虽然接近上限碳量的中碳钢正火后硬度偏高（图 5-20），但尚能进行切削加工，而且正火成本低，生产率高。

（3）$w(C) = 0.50\% \sim 0.75\%$ 之间的钢，因含碳量较高，正火后的硬度显著高于退火状态，难以进行切削加工，故一般采用完全退火，以降低硬度，改善切削加工性。

（4）$w(C) > 0.75\%$ 的高碳钢或工具钢，一般均采用球化退火作为预备热处理。如有网状二次渗碳体存在，则应先进行正火，再进行球化退火。

各种退火和正火加热温度范围及工艺曲线如图 5-20 所示。

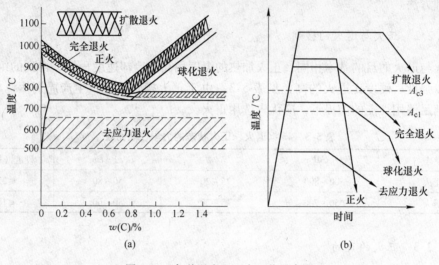

图 5-20　各种退火和正火工艺示意图
（a）加热温度范围；（b）热处理工艺曲线

总之，正火比退火生产周期短，成本低，操作方便，故在可能的条件下应优先采用正火。但在零件形状较复杂时，由于正火的冷却速度快，有引起变形开裂的危险，则采用退火为宜。

任务 5.4　钢的淬火

淬火是将钢加热到 A_{c3} 或 A_{c1} 以上某一温度，保温一定时间，然后以适当速度冷却，获得马氏体或下贝氏体组织的热处理方法。

5.4.1　淬火工艺

5.4.1.1　淬火加热温度

淬火加热温度依据 Fe-Fe$_3$C 相图上的临界点来选择。为了防止奥氏体晶粒粗化，一般淬火温度不宜太高，只允许超出临界点 $30 \sim 50$℃。对亚共析钢，适宜的淬火加热温度一般为 A_{c3} 以上 $30 \sim 50$℃，目的是获得细小奥氏体晶粒，淬火后得到均匀细小的马氏体组织。如果加热温度过高，则会引起奥氏体晶粒粗大，淬火后的组织为粗大马氏体，使淬火后钢的脆性增大，力学性能降低；如果加热温度过低，淬火组织中将出现铁素体，使淬火后硬度不足，强度不高，耐磨性降低。对共析钢和过共析钢，适宜的淬火加热温度一般为 A_{c1} 以上 $30 \sim 50$℃，淬火后获得均匀细小的马氏体基体，其上均匀分布着粒状渗碳体组织，保证钢的高硬度和高耐磨性。如果加热到A_{ccm}以上将会导致渗碳体消失，奥氏体晶粒粗化，淬火后得到粗大马氏体组织，同时会引起较严重的变形，而且增大淬火开裂倾向；还由于渗碳体溶解过多，淬火后残留奥氏体量增多，使钢的硬度和耐磨性下降，脆性增大易产生氧化和脱碳现象。如果淬火加热温度过低，则可能得到非马氏体组织，淬火后钢的硬度达不到要求。

对于合金钢，因为大多数合金元素能阻碍奥氏体晶粒长大（除 Mn、P 外），所以它们的淬火温度允许比碳钢稍微提高一些，这样可使合金元素充分溶解和均匀化，以便淬火取得较好效果。

5.4.1.2　淬火冷却介质

工件进行淬火冷却所使用的介质称为淬火冷却介质。理想的淬火冷却介质应具备的条件是使工件既能碎成马氏体，又不致引起太大的淬火应力。这就要求在等温转变图的"鼻子"以上温度缓冷，以减小急冷所产生的热应力；在"鼻子"处冷却速度要大于临界冷却速度，以保证过冷奥氏体不发生非马氏体转变；在"鼻子"下方，特别是M_s点以下温度时，冷却速度应尽量小，以减小组织转变的应力。钢的理想淬火冷却速度曲线如图 5-21 所示。但是，在实际生产中，到目前为止，还没有找到一种淬火冷却介质能符合这一理想淬火冷却速度。

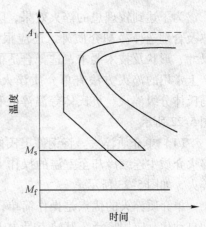

图 5-21　理想淬火冷却速度曲线

常用的碎火冷却介质有矿物油、水、盐水、碱水等，其冷却能力依次增加。

（1）油冷却介质一般采用矿物质油（矿物油），如全损耗系统用油、变压器油和柴油等。全损耗系统用油一般采用 L-AN15、L-AN32 及 L-AN46 号油，油的号数越大，黏度越大，闪点越高，冷却能力越低，使用温度相应提高。

油的冷却能力很弱，在 $550 \sim 650℃$ 阶段，其冷却强度仅为水的 25%；在 $200 \sim 300℃$ 阶段，仅为水的 11%。在生产上用油作淬火冷却介质只适用于过冷奥氏体稳定性比较大的一些合金钢或小尺寸的碳钢工件的淬火。

（2）水是冷却能力较强的淬火冷却介质，来源广，价格低，成分稳定不易变质。其缺点是在等温转变图的"鼻子"区（$500 \sim 600℃$），水处于蒸汽膜阶段，冷却不够快，会形成软点；而在马氏体转变温度区（$100 \sim 300℃$），水处于沸腾阶段，冷却太快，易使马氏体转变速度过快而产生很大的内应力，致使工件变形甚至开裂；当水温升高时，水中含有较多气体或水中混入不溶杂质（如油、肥皂、泥浆等），均会显著降低其冷却能力。因此，水适用于截面尺寸不大、形状简单的碳素钢工件的淬火冷却。

（3）盐水和碱水。在水中加入适量的食盐和碱，使高温工件浸入该淬火冷却介质后，在蒸汽膜阶段析出盐和碱的晶体并立即爆裂，将蒸汽膜破坏，工件表面的氧化皮也被炸碎，这样可以提高介质在高温区的冷却能力（盐水在 $550 \sim 650℃$ 范围内冷却速度快）。其缺点是介质的腐蚀性大，且在 $200 \sim 300℃$ 的温度范围内冷却速度仍然很快，这将使工件变形严重，甚至发生开裂。

　　常用盐水的质量分数为 0%~5%，过高的浓度不但不能增加冷却能力，相反，由于溶液的黏度增加，冷却速度反而有降低的趋势，但含量过低也会减弱冷却能力，所以水中食盐的浓度应经常注意调整。盐水比较适用于形状简单、硬度要求高而均匀、表面粗糙度要求高、变形要求不严格的碳钢及低合金结构钢工件的淬火，使用温度不应超过 60℃，淬火后应及时清洗并进行防锈处理。在分级淬火和等温淬火中一般用熔盐浴和熔碱浴淬火介质。新型淬火剂有聚乙烯醇水溶液和三硝水溶液等。

5.4.1.3　淬火方法

　　为了达到较理想的淬火效果，除了正确进行加热及合理选择冷却介质外，还应根据工件的材料、尺寸、形状及技术要求，选择合适的淬火方法。生产上常用的淬火方法有单介质淬火、双介质淬火、马氏体分级淬火、贝氏体等温淬火和复合淬火，如图 5-22 所示。

　　（1）单介质淬火。将钢件奥氏体化后，在一种淬火介质中连续冷却至室温的操作方法称为单介质淬火，如图 5-23 所示。

　　单介质淬火的优点是操作简单，易实现机械化和自动化，应用广泛。其缺点是由于单独使用油或水，综合冷却性能不理想，水淬容易产生变形和裂纹；油中淬火冷却速度小，容易产生硬度不足或硬度不均等现象。

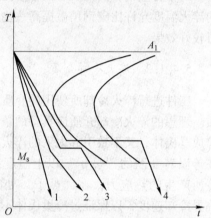

图 5-22　各种淬火方法的冷却示意图
1—单介质淬火；2—双介质淬火；
3—马氏体分级淬火；4—贝氏体等温淬火

　　在应用单介质淬火时，水或盐水用于大尺寸和淬透性差的碳钢件的淬火；油则适用于淬透性较好的合金钢件及小尺寸的碳钢件的淬火。

　　（2）双介质淬火。将钢件奥氏体化后，先浸入冷却能力较强的介质中，冷却至接近 M_s 点温度时，立即将工件取出转入另一种冷却能力较弱的介质中冷却，使其发生马氏体转变的淬火方法称为双介质淬火，如图 5-24 所示。

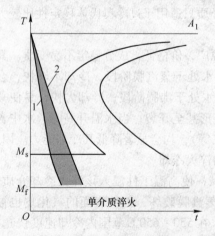

图 5-23　单介质淬火示意图
1—表面；2—心部；

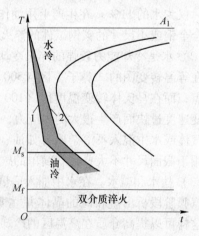

图 5-24　双介质淬火示意图
1—表面；2—心部

双介质淬火主要适用于形状较复杂的碳钢件及尺寸较大的合金钢件。例如，形状复杂的碳钢工件常采用水淬油冷的方法，即先在水中冷却到 300℃ 后再放入油中冷却；而合金钢工件则采用油淬空冷，即先在油中冷却后再在空气中冷却。

（3）马氏体分级淬火。在淬火冷却过程中，将已奥氏体化的钢件浸入温度在 M_s 点附近的盐浴或碱浴中，保温适当时间，待工件内外层均达到介质温度后取出空冷，以获得马氏体组织的淬火方法称为马氏体分级淬火，如图 5-25 所示。这种方法可有效地减小淬火内应力，防止工件变形和开裂，但由于盐浴的冷却速度不够快，淬火后会出现非马氏体组织，温度也难以控制。所以，马氏体的分级淬火主要用于淬透性好的合金钢或尺寸较小、形状复杂的碳钢零件，如小尺寸的模具钢常用此方法。

（4）贝氏体等温淬火。对于一些不但形状复杂，而且要求具有较高硬度和强韧性的工具、模具等工件，则可采用将工件奥氏体化后，快速冷却到贝氏体转变温度区间，转变为下贝氏体组织的淬火方法，如图 5-25 所示。这种方法可以显著减小淬火应力和变形，使工件具有较高的强度、耐磨性和较好的塑性、韧性，适用于截面尺寸小、形状复杂、尺寸精确及综合力学性能要求较高的工件，如模具、成型刀具等。

（5）局部淬火。有些工件按其工作条件，如果只是局部要求高硬度，则可进行局部加热淬火的方法，以避免工件其他部位产生变形和开裂。图 5-26 所示为卡规的局部淬火。

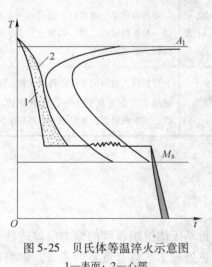

图 5-25　贝氏体等温淬火示意图
1—表面；2—心部

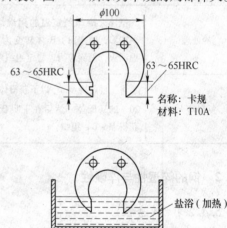

图 5-26　卡规及其局部淬火法

（6）冷处理。为了尽量减少钢中的残留奥氏体，以获得最大数量的马氏体，可以进行冷处理，即把淬火冷却到室温的钢继续冷却到 $-80 \sim -70℃$（也可冷到更低的温度），保持一段时间，使残留奥氏体在继续冷却过程中转变为马氏体，这样可提高钢的硬度和耐磨性，并稳定钢件的尺寸。采用此法时，必须防止冷处理时钢件产生裂纹，故可考虑先回火一次，然后进行冷处理，冷处理后再进行回火。

（7）复合淬火。将工件急冷至 M_s 以下获得体积分数为 10%~20% 的马氏体，然后在下贝氏体温度区等温，这种冷却方法可使较大截面的工件获得 $M + B_下$ 组织。预淬时形成的马氏体可促进下贝氏体转变，在等温时又使马氏体回火。复合淬火用于合金工具钢工件，可避免回火脆性，减少残留奥氏体量和变形开裂倾向。各种淬火方法的冷却方式、特点及应用见表5-4。

表 5-4 各种淬火方法的冷却方式、特点及应用

淬火方法	冷 却 方 式	特 点 和 应 用
单介质淬火	将奥氏体化的工件放入一种淬火介质中一直冷却到室温	操作简单,易实现机械化和自动化,适用于形状简单的钢件
双介质淬火	将奥氏体化的工件在水中冷却到接近 M_s 点时,立即取出放入油中冷却	防止马氏体转变时钢件发生裂纹,常用于形状复杂的合金钢
分级淬火	将奥氏体化的工件放入温度稍高于 M_s 点的盐浴中,使工件各部位与盐浴的温度一致后,取出空冷完成马氏体转变	可大大减少热应力和变形开裂倾向,但盐浴的冷却能力较低,故只适用于截面尺寸小于10mm的钢件,如刀具和量具等
等温淬火	将奥氏体化的工件放入温度稍高于 M_s 点的盐浴中,在该温度下保温,使过冷奥氏体转变为下贝氏体组织后,取出空冷	常用来处理形状复杂、尺寸要求精确、强韧性高的工具、模具和弹簧等
局部淬火	对工件局部要求硬化的部位进行加热淬火	主要用于对零件的局部有高硬度要求的工件
冷处理	把淬火冷却到室温的钢继续冷却到 $-80 \sim -70℃$,使残留奥氏体转变为马氏体,然后低温回火,消除应力,稳定组织	可提高硬度、耐磨性、稳定尺寸,适用于一些高精度的工件,如精密量具、精密丝杠、精密轴承等
复合淬火	将工件急冷至 M_s 以下获得体积分数为10%~20%的马氏体,然后在下贝氏体温度区等温,获得 $M + B_下$ 组织	可使较大截面的工件获得 $M + B_下$ 组织,适用于合金工具钢工件,可避免回火脆性,减少残留奥氏体量和变形开裂倾向

5.4.2 钢的淬透性与淬硬性

5.4.2.1 淬透性

淬透性是指在规定条件下,钢在淬火冷却时获得马氏体组织深度的能力。淬透性是钢的主要热处理性能指标,它对于钢材的选用及制定热处理工艺具有重要的意义。影响淬透性的因素是钢的临界冷却速度,凡是增加过冷奥氏体稳定性,降低临界冷却速度的因素(主要是钢的化学成分),均能提高钢的淬透性。图5-27所示为工件淬透层与淬火冷却速度的关系,图中马氏体区表示淬透层深度(或淬硬层深度)。

淬透性对钢的力学性能影响很大,如图5-28所示。实践证明,淬透性好的钢,淬火冷却后由表面到心部均获得马氏体组织,因此由表面到心部性能一致,具有良好的综合力学性能;而淬透性低的钢,心部的力学性能低,尤其是冲击韧度更低。因此,对于截面尺寸大、形状复杂、要求综合力学性能好的工件,如机床主轴、连杆、螺栓等,应选用淬透性良好的钢材。另外,淬透性好的钢可在较缓和的淬火冷却介质中冷却,以减小变形,防止开裂;而焊接件则应选用淬透性较差的钢,以避免在焊缝热影响区出现淬火组织,造成焊件开裂。

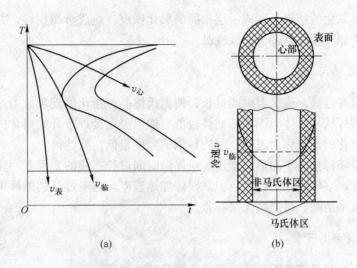

图 5-27　工件淬透层与淬火冷却速度的关系

（a）工件的连续冷却曲线；（b）工件淬火后的剖面图

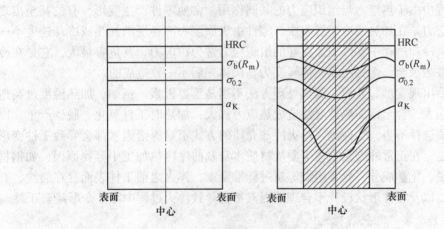

图 5-28　淬透性对调质后钢的力学性能的影响

5.4.2.2　淬硬性

淬硬性是指钢在理想、条件下进行淬火所能达到最高硬度的能力。淬硬性的主要影响因素是钢中碳的质量分数，碳的质量分数越高，淬硬性越高；反之，淬硬性越低。

淬透性和淬硬性是两个完全不同的概念，它们之间相互独立，互不相关。淬透性好的材料淬硬性不一定好，相反，淬硬性好的材料淬透性也不一定好。在实际应用的过程中一定要根据不同要求合理选材，不能盲目选取，所以应学会从根本上区分这两个概念，只有概念清晰，才能正确选用。

5.4.3　淬火缺陷

5.4.3.1　氧化与脱碳

氧化是指对工件加热时，介质中的氧、二氧化碳和水蒸气与钢件表面的铁起反应生成氧化物的过程。氧化的结果是形成一层松脆的氧化铁皮，造成金属损耗，并会使钢件表面硬度不均，丧失原有精度，甚至造成废品。

5.4.3.2　过热与过烧

由于加热温度过高，或保温时间过长，使奥氏体晶粒粗化的现象称为过热。过热钢淬火后具有粗大的针状马氏体组织，其韧性较低。加热温度接近于开始熔化的温度，沿晶界处产生熔化或氧化的现象称为过烧。过烧后钢的强度很低，脆性很大。

以上两种缺陷都是由于加热温度过高或保温时间过长造成的，因此一要正确制定淬火工艺，二要经常观察仪表和炉膛火色，掌握好加热温度。对于过热的钢件可以通过一次或两次正火或退火来消除，过烧则无法补救。

5.4.3.3　变形与开裂

淬火时的变形和开裂是零件热处理产生废品的主要原因之一。

A　引起变形和开裂的原因

在冷却过程中由于热应力与组织应力的共同作用，常使零件产生变形，有的甚至出现表面裂纹。热应力是在加热或冷却过程中，零件由表面至心部各层的加热或冷却速度不一致造成的。淬火冷却过程中零件表面存在的组织应力常为拉应力，其危害最大，它是在冷却过程中由零件表层至心部各层奥氏体转变为马氏体先后不一致造成的。

零件淬火后出现变形、开裂，其热处理方法不当是重要因素。例如，加热温度过高造成奥氏体晶粒粗大，合金钢加热速度快造成热应力加大，加热时工件氧化、脱碳严重，以及淬火冷却介质选择不当，工件进入淬火冷却介质的方式不对等诸因素都会导致工件变形甚至开裂。但是，在正常的淬火工艺下要从材质本身及前序冷热加工中寻找原因，如钢材内在夹杂物含量、化学成分、异常组织等超过标准要求，淬火之前工件表面存在裂纹、有深的加工刀痕，以及零件形状设计不合理等因素都会导致淬火过程中零件变形甚至开裂。

B　防止零件变形、开裂的措施

（1）正确选材和合理设计，对于形状复杂、截面变化大的零件，应选用淬透性好的钢材，以便采用较缓和的淬火冷却方式。在零件结构设计中，应注意热处理结构工艺性。

（2）淬火前进行相应的退火或正火，以细化晶粒并使组织均匀化，减少淬火内应力。

（3）严格控制淬火加热温度，防止过热缺陷，同时也可减少淬火时的热应力。

（4）采用适当的冷却方法，如双介质淬火、马氏体分级淬火或贝氏体等温淬火等。淬火时尽可能使零件均匀冷却，对于厚薄不均匀的零件，应先将厚大部分淬入介质中。对于薄件、细长杆件和复杂件，可采用夹具或专用淬火压床控制淬火时的变形。

（5）淬火后应立即回火，以消除应力，降低工件的脆性。

5.4.3.4　硬度不足和软点

淬火后零件硬度偏低和出现软点的主要原因是：

（1）亚共析钢加热温度低或保温时间不充分，淬火组织中有残留铁素体。

（2）加热过程中钢件表面发生氧化、脱碳、淬火后局部生成非马氏体组织。

（3）淬火时冷却速度不足或冷却不均匀，未全部得到马氏体组织。

（4）淬火介质不清洁，工件表面不干净，影响了工件的冷却速度，致使工件未能全部淬硬。

对出现硬度不足的钢件，可在正常的工艺规范下重新进行淬火，但在淬火前应先进行一次正火或退火处理，以消除内应力或其他组织缺陷。对留有大量残留奥氏体的钢件，可以采用冷处理来提高其硬度。

淬火零件出现的硬度不均匀称为软点，它与硬度不足的主要区别是在零件表面上硬度有明显的忽高忽低现象。出现软点的钢件，除了因脱碳和氧化造成的以外，仍可进行重新淬火，在重新淬火前将钢件进行一次正火或退火，然后再在较为强烈的淬火冷却介质中淬火，或采用将淬火温度比正常淬火温度提高 20~30℃ 等办法来补救。

任务 5.5　钢的回火

淬火后的零件必须进行回火，这是因为钢经淬火后虽然硬度提高了，但其塑性、韧性很差，淬火后组织是不稳定的，且零件处于内应力很高的状态，这种内应力必须及时予以消除，如不及时进行回火，会造成零件变形甚至开裂。回火是将淬火后的工件再加热到 A_{c1} 以下某一温度，保持一定时间，然后冷却到室温的热处理方法。通过选择不同的回火温度可以获得不同的组织，以达到调整性能的目的。回火是热处理的最后一道工序，而且对钢的性能影响很大，从这一意义上来讲，可以认为回火操作决定了零件的使用性能和寿命。回火的目的主要有以下几点：

（1）降低脆性，减小或消除淬火应力。工件经淬火后存在很大的内应力和脆性，如不及时回火往往会使钢件发生变形甚至开裂。

（2）获得工件所需要的力学性能。工件经淬火后，硬度高、脆性大，为了满足各种工件不同性能的要求，可以通过适当的回火来调整硬度，减小脆性，得到所需要的韧性、塑性。

（3）稳定组织和尺寸。淬火马氏体和残留奥氏体在淬火钢中都是不稳定的组织组成物，它们会自发地向稳定的铁素体和渗碳体或碳化物的两相混合物的组织进行转变，从而引起工件尺寸和形状的继续改变。利用回火处理可以使组织转变为稳定组织，从而保证工件在使用过程中不再发生尺寸和形状的改变。

（4）对于退火难以软化的某些合金钢，在淬火（或正火）后常采用高温回火，使钢中碳化物适当聚集，将硬度降低，以利切削加工。

5.5.1　钢在回火时组织和性能的变化

以共析钢为例，淬火后钢的组织由马氏体和残留奥氏体组成，它们都是不稳定的，有自发转变为铁素体和渗碳体平衡组织的趋势，但在室温下原子的活动能力很差，这种转变速度很慢。淬火钢的回火正是促使这种转变易于进行，这种转变称为回火转变。

在淬火钢中马氏体是比体积最大的组织，而奥氏体是比体积最小的组织。在发生回火转变时，必然会伴随明显的体积变化。当马氏体发生转变时，钢的体积将减小；当残留奥氏体发生转变时，钢的体积将增大。因此，根据淬火钢在回火时的体积变化，就可以了解回火时的相变情况。根据转变情况不同，回火过程一般有以下四个阶段的变化。

（1）马氏体的分解。在温度低于 100℃ 回火时，钢的体积没有发生变化，表明降火钢中没有明显的转变发生，此时只发生马氏体中碳原子的偏聚，而没有开始分解。

在 100 ~ 200℃ 回火时，钢的体积发生收缩，即发生回火的第一次转变。在此温度下，马氏体开始分解，马氏体中的过饱和碳原子以极细小碳化物形式析出，使马氏体中碳的质量分数降低，过饱和程度下降，它的正方度减小，晶格畸变程度减弱，内应力有所降低。此过程形成由过饱和程度降低的马氏体和细小碳化物组成的组织。虽然马氏体中碳的过饱和程度降低，硬度有所下降，但析出的碳化物对基体又起到强化作用。所以，此阶段仍保持淬火钢的高硬度和高耐磨性，但内应力下降，韧性有所提高。

（2）残留奥氏体的分解。当温度升至 200 ~ 300℃ 时，马氏体继续分解，同时残留奥氏体也开始分解，转变为下贝氏体组织。由于钢中最小比体积的残留奥氏体发生分解，使钢的体积发生膨胀，此阶段虽然马氏体继续分解会降低钢的硬度，但是由于同时出现软的残留奥氏体分解为较硬的下贝氏体，所以使钢的硬度没有明显降低，内应力进一步减小。

（3）渗碳体的形成。当回火温度加热到 300 ~ 400℃ 时，钢的体积又发生收缩，这表明，从过饱和固溶体中继续析出碳化物并逐渐转变为细小颗粒状渗碳体，到达 400℃ 时，$\alpha\text{-Fe}$ 中的过饱和碳基本析出，$\alpha\text{-Fe}$ 的晶格恢复正常，内应力基本消除。此时形成由铁素体和细粒状渗碳体组成的混合物。

（4）渗碳体的聚集长大。碳钢淬火后在回火过程中发生的组织转变主要有马氏体和残留奥氏体的分解，碳化物的形成和聚集长大，以及 $\alpha\text{-Fe}$ 的回复与再结晶等，随回火温度的不同可得到三种类型的回火组织：

1）回火马氏体。高碳钢淬火后在 150 ~ 250℃ 低温回火时所获得的组织在显微镜下观察时，可看到回火马氏体保持着片状形态；中碳钢淬火后得到板条状马氏体和片状马氏体的混合组织，低温回火后所得到的回火马氏体仍然保持板条状和片状形态；低碳钢淬火后得到低碳板条状马氏体组织，经低温回火后只有碳原子的偏聚，没有碳化物的析出，其形态保持不变。

2）回火托氏体。在 350 ~ 500℃ 范围内回火所得到的组织为回火托氏体，它的渗碳体是颗粒状的。

3）回火索氏体。在 500 ~ 650℃ 范围内回火所得到的组织为回火索氏体，它的渗碳体颗粒比回火托氏体粗，弥散度较小。图 5-29 所示为 45 钢的回火显微组织。

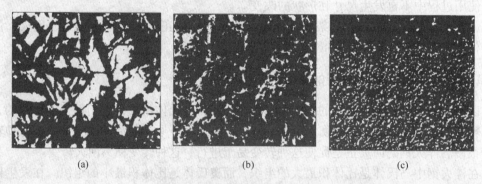

　　（a）　　　　　　　　　　（b）　　　　　　　　　　（c）

图 5-29　45 钢的回火显微组织

（a）回火马氏体；（b）回火托氏体；（c）回火索氏体

5.5.2 回火的方法及其应用

通过不同温度的回火，可以获得不同的组织与性能，从而满足不同使用性能的要求。回火属于最终热处理，根据回火温度范围不同，可将回火分为低温回火、中温回火及高温回火三种类型。

（1）低温回火（低于250℃）。低温回火得到回火马氏体组织，保持了淬火钢高的硬度和耐磨性，降低了内应力，减小了脆性。低温回火硬度一般为58～64HRC，主要用于高碳钢及合金工具钢制造的刃具、量具、冷作模具、滚动轴承及渗碳件、表面淬火件等。

（2）中温回火（350～500℃）。中温回火得到回火托氏体组织，使工件获得高的弹性极限、屈服强度和一定的韧性。中温回火的硬度一般为35～50HRC，主要用于弹性件及热锻模等。

（3）高温回火（500～650℃）。高温回火得到回火索氏体组织，有较高的强度、良好的塑性和韧性，即具有良好的综合力学性能。高温回火的硬度一般为200～330HBW，生产上常把淬火加高温回火的复合热处理称为调质处理。调质处理广泛应用于各种重要的结构零件，特别是那些在交变载荷下工作的轴类、连杆、螺栓、齿轮等零件。

钢件经调质处理后的组织为回火索氏体，其中渗碳体呈颗粒状，不仅强度、硬度比正火钢高，而且塑性和韧性也远高于正火钢。因此，一些重要零件一般都用调质处理而不采用正火。

5.5.3 回火脆性

一般情况下，随着回火温度的升高，淬火钢回火后的冲击韧度要连续提高。在400℃以上回火时，冲击韧度提高尤为显著，至600～650℃时达最大值，随后冲击韧度反而降低，如图5-30所示。

但在有些结构钢中发现，在250～350℃回火后冲击韧度显著降低，甚至比在150～200℃低温回火时的冲击韧度还要低，这种现象称为回火脆性；对某些

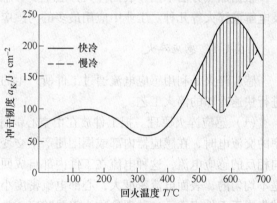

图 5-30 钢的冲击韧度与回火温度的关系

合金结构钢在450～550℃长时间回火或更高温度回火后缓冷，又出现冲击韧度值降低的现象，而在这一温度回火后快冷则没有上述现象，这也是一种回火脆性。前者称为不可逆回火脆性，后者称为可逆回火脆性。

任务 5.6 钢的表面热处理

在扭转和弯曲等交变载荷及冲击载荷的作用下工作的机械零件，如各种齿轮、凸轮、曲轴、活塞销及传动轴等工件（图5-31），它们的表面层承受着比心部高的应力，在有摩擦的场合，表面层还不断地被磨损。因此，对零件的表面层提出了强化的要求，使它的表面具有高的强度、硬度、耐磨性和疲劳极限，心部仍保持足够的塑性和韧性，即达到零件

"外硬内韧"的性能要求。通过选择不同的材料或普通热处理的方法都难以满足零件要求，为了达到这样的性能要求，就需要进行表面热处理，即表面淬火或化学热处理。

图 5-31　表面和心部性能要求不同的零件

5.6.1　表面淬火处理

钢的表面淬火是仅对工件表面进行淬火以改善表层组织和性能的热处理方法。表面淬火是强化钢件表面的重要手段，由于它具有工艺简单、热处理变形小和生产率高等优点，在生产上应用极为广泛。表面淬火主要是通过快速加热与立即淬火冷却相结合的方法来实现的，即利用快速加热使钢件表面很快地达到淬火温度，而不等热量传至中心，即迅速予以冷却，如此便可以只使表层被淬硬为马氏体，而中心仍为未淬火组织，即原来塑性和韧性较好的退火、正火或调质状态的组织。实践证明，表面淬火用钢碳的质量分数以 0.40% ~ 0.50% 为宜。如果提高含碳量，则会增加淬硬层脆性，降低心部塑性和韧性，并增加淬火开裂倾向。相反，如果降低含碳量，则会降低零件表面淬硬层的硬度和耐磨性。

根据加热方法不同，表面淬火方法主要有感应淬火、火焰淬火、接触电阻加热淬火以及电解液淬火等几种。工业中应用最多的为感应淬火和火焰淬火，下面分别进行叙述。

5.6.1.1　感应淬火

感应淬火是利用感应电流通过工件所产生的热量，使工件表面、局部或整体加热，并进行快速冷却的淬火工艺。

（1）感应淬火原理。把工件放在由空心铜管绕成的感应器中，当感应器中通入一定频率的交流电时，在感应器内部或周围便产生交变磁场，在工件内部就会产生频率相同、方向相反的感应电流，这种电流在工件内部自成回路，称为涡流。由于涡流在工件内部分布是不均匀的，表面电流密度大，心部电流密度小，通入感应器中的电流频率越高，涡流就越集中于工件表面，这种现象称为趋肤效应。由于钢件本身具有电阻，因而集中于工件表面的电流可使表层迅速被加热，在几秒钟内即可使温度上升至 800 ~ 1000℃，而心部温度仍接近于室温。图 5-32 所示为工件与感应器的工作位置以及工件截面上电流密度的分布。一旦工件表层上升至淬火加热温度时即迅速冷却，就可达到表面淬火的目的。

感应淬火一般用于中碳钢（40 钢、45 钢）和中碳合金钢（40Cr 钢、40MnB 钢）制作的齿轮、轴、销等零件，也可用于高碳工具钢及铸铁件。

（2）感应加热的频率。选用感应电流透入工件表层的深度（mm）主要取决于电流频率（Hz），频率越高，电流透入深度越浅，即淬透层越薄。因此，可选用不同频率来达到不同要求的淬透层深度。

（3）感应淬火的特点。感应淬火具有以下特点：

1）加热速度极快，加热时间短（几秒到几十秒）。

2）感应淬火件的晶粒细、硬度高（比普通淬火高 2 ~ 3HRC），且淬火质量好。

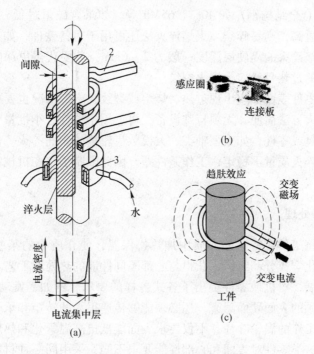

图 5-32　感应淬火示意图

(a) 工件与感应器的位置及电流分布；(b) 感应器示意图；(c) 原理示意图

3）淬硬层深度易于控制，通过控制交流电频率来控制淬硬层深度。

4）生产效率高，易实现机械化和自动化，适于大批量生产，感应淬火是表面淬火方法中比较好的一种，因此受到普遍的重视和广泛应用。

（4）感应淬火的应用。对于需要感应淬火的工件，其设计技术条件一般应注明表面淬火层硬度、淬火后的表面硬度和心部硬度、强度及韧性，一般用中碳钢和中碳合金钢，如 40、45、40Cr、40MnB 等，这些钢需经预备热处理（正火或调质处理），以保证工件表面在淬火后得到均匀细小的马氏体，并改善工件，心部硬度、强度以及可加工性，以减少淬火变形。工件在感应淬火后需要进行低温回火（180～200℃），以降低内应力和脆性，获得回火马氏体组织，使表面具有较高的硬度和耐磨性，心部有较高的综合力学性能。另外，铸铁件也适合用感应淬火的方法来强化。

5.6.1.2　火焰淬火

火焰淬火是应用可燃气体（如氧-乙炔火焰）对工件表面进行加热，随即快速冷却以获得表面硬化效果的淬火工艺，如图 5-33 所示。火焰加热温度很高（约 3000℃以上），能将工件迅速加热到淬火温度，通过调节烧嘴的位置和移动速度，可以获得不同厚度的淬硬层。

火焰淬火零件材料常采用中碳钢，如 35

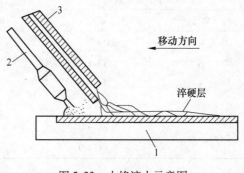

图 5-33　火焰淬火示意图

1—工件；2—烧嘴；3—喷水管

钢、45 钢以及中碳合金结构钢，如 40Cr、65Mn 等。如果含碳量过低，淬火后硬度较低；碳和合金元素含量过高，则易碎裂。火焰淬火法还可用于对铸铁件，如灰铸铁、合金铸铁进行表面淬火。火焰淬火的淬硬层深度一般为 2～6mm，若要获得更深的淬硬层，往往会引起零件表面严重的过热且易产生淬火裂纹。

火焰淬火后，零件表面不应出现过热、烧熔或裂纹，变形情况也要在规定的技术要求之内。由于火焰淬火方法简便，无须特殊设备，可适用于单件、小批量生产的大型工件和需要局部淬火的工具或零件，如大型轴类、大模数齿轮等的表面淬火。但加热温度和淬硬层深度不易控制，淬火质量不稳定，工作条件差，因此限制了它在机械制造工业中的广泛应用。

5.6.2　钢的化学热处理

化学热处理是将工件在特定的介质中加热、保温，使介质中的某些元素渗入工件表层，以改变其表层化学成分和组织，获得与心部不同性能的热处理工艺。

工业技术的发展，对机械零件提出了各式各样的要求。例如，发动机上的齿轮和轴，不仅要求齿面和轴颈的表面硬而耐磨，还必须能够传递很大的转矩和承受相当大的冲击负荷；在高温燃气下工作的涡轮叶片，不仅要求表面能抵抗高温氧化和热腐蚀，还必须有足够的高温强度等。这类零件对表面和心部性能要求不同，采用同一种材料并经过同一种热处理是难以达到要求的。而通过改变表面化学成分和随后的热处理，就可以在同一种材料的工件上使表面和心部获得不同的性能，以满足上述的要求。

化学热处理与一般热处理的区别在于：前者有表面化学成分的改变，而后者没有表面化学成分的变化。化学热处理后渗层与金属基体之间无明显的分界面，由表面向内部其成分、组织与性能是连续过渡的。

5.6.2.1　化学热处理的分类

由表 5-5 可见，依据所渗入元素的不同，可将化学热处理分为渗碳、渗氮、渗硼、渗铝等。如果同时渗入两种以上的元素，则称之为共渗，如碳氮共渗、铬铝硅共渗等。渗入钢中的元素，可以溶入铁中形成固溶体，也可以与铁形成化合物。

表 5-5　按渗入元素分类的化学热处理

渗入非金属元素		渗入金属元素		渗入金属、非金属元素
单元	多元	单元	多元	
C	C + N	Al	Cr + Al	Ti + C
N	N + S	Cr	Cr + Si	Ti + N
S	N + O	Si	Si + Al	Cr + C
B	N + C + S	Ti	Cr + Si + Al	Ti + B
	N + C + O	V		
	N + C + B	Zn		

根据渗入元素对钢表面性能的作用，又可分为提高渗层硬度及耐磨性的化学热处理（如渗碳、渗氮、渗硼、渗钒、渗铬），改善零件间抗咬合性及提高抗擦伤性的化学热处理

（如渗硫、渗氮），使零件表面具有抗氧化、耐高温性能的化学热处理（如渗硅、渗铬、渗铝）等。表 5-6 列出了常用化学热处理的特征。

表 5-6 常用化学热处理的特征

化学热处理方法	表层状态	处理温度/℃	层深范围/mm	表层硬度（HRC）	适用金属
气体渗碳	碳的扩散层	820~980	0.075~1.5	50~63	低碳钢、低碳合金钢
气体渗氮	氮的扩散层	480~590	0.125~0.75	50~70	合金钢、氮化钢、不锈钢
气体碳氮共渗	扩散层，氮化物	760~870	0.075~0.75	50~65	低碳钢、低碳合金钢、不锈钢
软氮化	碳与氮的扩散层	565~675	0.0025~0.025	40~60	低碳钢
渗硼	硼的扩散层，硼化物	400~1150	0.0125~0.050	40~70	合金钢、工具钢
固体渗铝	铝的扩散层	870~980	0.025~1.0	<20	低碳钢

5.6.2.2 化学热处理的基本过程

化学热处理过程分为分解、吸收和扩散三个基本过程。

分解是指零件周围介质中的渗剂分子发生分解，形成渗入元素的活性原子。例如：$CH_4 \rightleftharpoons 2H_2 + [C]$，$2NH_3 \rightleftharpoons 3H_2 + 2[N]$，其中 $[C]$ 和 $[N]$ 分别为活性碳原子和活性氮原子。活性原子是指初生的、原子态（即未结合成分子）的原子，只有这种原子才能溶入金属中。

吸收是指活性原子被金属表面吸收的过程，其基本条件是渗入元素可与基体金属形成一定溶解度的固溶体，否则吸收过程不能进行。例如，碳不能溶入铜中，如果在钢件表面镀一层铜，便可阻断钢对碳的吸收过程，防止钢件表面渗碳。

扩散是指渗入原子在金属基体中由表面向内部的扩散，这是化学热处理得以不断进行并获得一定深度渗层的保证。从扩散的一般规律可知，要使扩散进行得快，必须要有大的驱动力（浓度梯度）和足够高的温度。渗入元素的原子被金属表面吸收、富集，造成表面与心部间的浓度梯度，在一定温度下，渗入原子就能在浓度梯度的驱动下向内部扩散。

在化学热处理中，分解、吸收和扩散这三个基本过程是相互联系和相互制约的。分解提供的活性原子太少，吸收后表面浓度不高，浓度梯度小，扩散速度低；分解的活性原子过多，吸收不了而形成分子态附着在金属表面，阻碍进一步吸收和扩散。金属表面吸收活性原子过多，原子来不及扩散，则造成浓度梯度陡峭，影响渗层性能。因此，保证三个基本过程的协调进行是成功实施化学热处理的关键。

5.6.2.3 钢的渗碳

渗碳是将低碳钢件置于具有足够碳势的介质中加热到奥氏体状态并保温，使其表层形成富碳层的热处理工艺，是目前机械制造工业中应用最广的化学热处理。碳势是指渗碳气氛与钢件表面达到动态平衡时钢表面的含碳量。碳势高低反映了炉气渗碳能力的强弱。

渗碳的主要目的是在保持工件心部良好韧性的同时，提高其表面的硬度、耐磨性和疲劳强度。与表面淬火相比，渗碳主要用于那些对表面耐磨性要求较高，并承受较大冲击载荷的零件。

　　根据所用介质物理状态的不同，可将渗碳分为气体渗碳、液体渗碳和固体渗碳三类。气体渗碳具有碳势可控、生产率高、劳动条件好和便于渗后直接淬火等优点，应用最广。

　　A　渗碳的基本原理

　　气体渗碳是将工件放入密封的渗碳炉内，在高温（一般为 900～950℃）气体介质中的渗碳。根据所用渗碳气体的产生方法与种类，气体渗碳可分为吸热式气氛渗碳、滴注式气氛渗碳与氮基气氛渗碳等。

　　吸热式气氛渗碳是将原料气（例如丙烷）和一定量的空气混合，在外部加热及催化剂作用下，经不完全燃烧而生成的气氛中进行渗碳。这种气氛的碳势很低。因此，吸热式气氛渗碳是向炉中通入吸热式气氛作为载气，另外再加入某种碳氢化合物气体（如甲烷、丙烷、天然气等）作为富化气，以提高和调节气氛的碳势进行渗碳。

　　滴注式气氛渗碳是将含碳有机液体（如煤油、苯、丙酮、甲醇等）直接滴入渗碳炉，使其在高温下裂解成渗碳气氛，对工件进行渗碳。

　　氮基气氛渗碳则是以纯氮气为载气，添加碳氢化合物，使其分解，进行渗碳。

　　（1）炉气反应与碳势控制。不论是哪种渗碳气体，气氛中的主要组成物都是 CO、H_2、N_2、CO_2、CH_4、H_2O、O_2 等。气氛中的 N_2 为中性气体，对渗碳不起作用，CO 和 CH_4 起渗碳作用，其余的起脱碳作用。整个气氛的渗碳能力取决于这些组分的综合作用，而不只是哪一个单组分的作用。在渗碳炉中可能同时发生的反应很多，但与渗碳有关的最主要的反应只有下列几个：

$$2CO \rightleftharpoons [C] + CO_2 \tag{5-1}$$

$$CH_4 \rightleftharpoons [C] + 2H_2 \tag{5-2}$$

$$CO + H_2 \rightleftharpoons [C] + H_2O \tag{5-3}$$

$$2CO \rightleftharpoons 2[C] + O_2 \tag{5-4}$$

　　当气氛中的 CO 和 CH_4 增加时，反应将向右进行，分解出来的活性碳原子增多，使气氛碳势增高；反之，当 CO_2、H_2O 或 O_2 增加时，则分解出的活性碳原子减少，使气氛碳势下降。

　　（2）碳原子的吸收。要使分解反应产生的活性碳原子被钢件表面吸收，必须保证工件表面清洁，为此工件进入前必须将表面清理干净。活性碳原子被吸收后，须将剩下的 CO_2、H_2、H_2O 及时驱散，这就要求炉气有良好的循环。控制好分解和吸收两个阶段的速度，使两者适当配合，以保证碳原子的吸收。活性碳原子太少，影响吸收；如供给碳原子的速度（分解速度）大于吸收速度，工件表面便会积炭，形成炭黑，反而会影响碳原子的进一步吸收。

　　（3）碳原子的扩散。碳原子由工件表面向心部的扩散是渗碳得以进行并获得一定渗层深度所必需的。根据 Fick 第一定律，单位时间通过垂直于扩散方向的单位横截面的扩散物质流量为：

$$J = -D\frac{dC}{dx} \tag{5-5}$$

式中，D 为扩散系数；C 为体积浓度。

　　可见，单位时间内碳的扩散流量取决于扩散系数和浓度梯度。碳在 γ-Fe 中以间隙扩散方式进行扩散，其扩散系数为

$$D = (0.04 + 0.08 \times C)\exp\left(\frac{-31350}{RT}\right) \tag{5-6}$$

或

$$D = (0.07 + 0.06 \times C)\exp\left(\frac{-32000}{RT}\right) \tag{5-7}$$

式中，R 为摩尔气体常数；T 为热力学温度，K。

可见，温度和碳浓度都影响碳的扩散系数。

由扩散方程可知，在表面和内部的碳浓度为一定值的情况下，如果渗碳温度一定，则渗碳层深度 d 与渗碳时间 τ 服从抛物线规律 $d = \Phi\tau^{\frac{1}{2}}$。图 5-34 为 0.15Cl.8Ni0.2Mo 钢在不同温度下渗碳时间对渗碳层深度的影响。Φ 是一个比例系数，也称为渗层深度因子。在低碳钢和一些低碳合金钢中，Φ 与渗碳温度之间的关系可用式（5-8）及图 5-35 表示：

$$\Phi = 802.6\exp\left(\frac{-8566}{T}\right) \tag{5-8}$$

可以看出，当渗碳时间相同时，渗碳温度提高 100℃，渗层深度约增加一倍；如果渗碳温度提高 55℃，则得到相同渗层深度的时间可缩短一半。

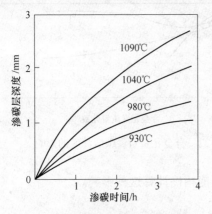

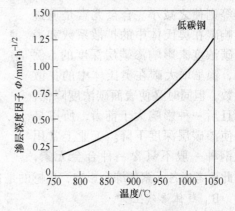

图 5-34　在不同温度下渗碳层深度与
　　　　　测碳时间的关系
　　　　　（0.15Cl.8Ni0.2Mo 钢）

图 5-35　渗层深度因子 Φ 随渗碳温度的变化

扩散还将影响渗层碳浓度梯度。原则上，希望碳浓度从表面到心部连续而平缓地降低，如图 5-36 中曲线 1 所示。实际生产中为了提高渗碳速度，往往采用二阶段渗碳的工艺，即第一阶段用高碳势快速渗碳，第二阶段将碳势调到预定值进行扩散。如果这种工艺控制不当，则有可能得到图 5-36 中曲线 2 所示的浓度曲线，其特点是最表层的碳含量低于次表层。这种浓度曲线，不仅会使

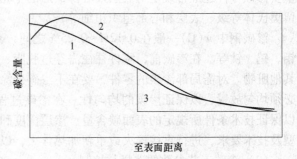

图 5-36　渗碳层碳浓度梯度的比较
1—希望的；2—不希望的；3—不合理的

表面硬度降低，而且会产生不合理的残余应力分布，因为钢的马氏体点 M_s 随碳含量升高而降低，所以在渗碳后淬火时，表层比次表层先发生马氏体转变，且次表层的马氏体比体积更大，因此在表层造成不希望的残余拉应力。显然，这种浓度曲线是不希望出现的。图

中曲线 3 所示的碳浓度曲线是在渗碳温度低于 A_{c3} 时形成的，这种在渗层与心部之间的浓度突降，必然引起组织的突变，从而引起额外的残余应力，削弱渗层与心部的结合。因此，这种浓度曲线也是不合理的。

（4）合金元素对渗碳过程的影响。合金钢渗碳时，钢中的合金元素影响表面碳浓度及碳在奥氏体中的扩散系数，从而影响渗层深度。

碳化物形成元素如钛、铬、钼、钨及质量分数大于 1% 的钒、铌等，都提高渗层表面碳浓度；非碳化物形成元素如硅、镍、铝等都降低渗层表面碳浓度。但是当合金元素含量不大时，这种影响可以忽略。此外，一般钢中都同时含有这两类元素，它们的作用在一定程度上互相抵消。

碳化物形成元素铬、钼、钨等降低碳的扩散系数，而非碳化物形成元素钴、镍等则提高碳的扩散系数；锰几乎没有影响，而硅却降低碳的扩散系数。但随着温度的变化和合金元素含量的不同，其影响是比较复杂的。

如图 5-37 所示，锰、铬、钼能略微增加渗碳层深度，而钨、镍、硅等则使之减小。合金元素是通过影响碳在奥氏体中的扩散系数和表面碳浓度来影响渗碳层深度的。例如，镍虽增大碳在奥氏体中的扩散系数，但同时又使表面碳浓度降低，而且后一种影响大于前者，所以最终使渗碳层深度下降。工业上常用的钢种一般不只含一种合金元素，

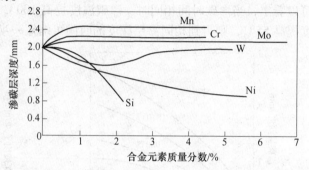

图 5-37　合金元素对渗碳层深度的影响

因此要考虑各元素的综合影响，遗憾的是目前还不能精确计算这种影响。

B　气体渗碳工艺

（1）渗碳的技术要求与工艺过程。对钢件渗碳层的技术要求主要是渗层表面含碳量、渗层深度、由表层含碳量和渗层深度决定的碳浓度梯度、渗碳淬火回火后的表面硬度，对重要渗碳零件还经常规定对表层及心部最后的金相组织要求（包括碳化物分布的级别、残留奥氏体等级、表层和心部组织粗细等）。

渗碳钢中 $w(C)$ 一般在 0.12%~0.25% 之间，其所含主要合金元素一般是铬、锰、镍、钼、钨、钛等。在渗碳前，零件往往需经过脱脂、清洗或喷砂，以除去表面油污、锈迹或其他脏物。对需局部渗碳的零件，要在不渗碳处涂防渗膏或镀铜加以防护。零件在料盘内必须均匀放置，以保证渗碳的均匀性。在渗碳过程中，必须控制气氛碳势、温度和时间，以保证技术条件所规定的表面碳含量、渗层深度和较平缓的碳浓度梯度。渗碳后，根据炉型及技术要求，进行直接淬火或重新加热淬火，以获得预期的组织和性能。

（2）渗碳工艺参数的选择与控制。

1）气氛碳势渗碳件的最佳表面碳含量通常是为了保证淬火后获得最高表面硬度。最高表面硬度与钢的成分密切相关。图 5-38 所示是不同成分钢渗碳淬火后最高表面硬度与表面含碳量的关系。由图可见，随着钢中镍、铬含量的提高，最高硬度对应的表面碳含量下降，其原因与合金元素可降低 M_s 和 M_f 点，使残留奥氏体量增多有关。此外，最佳表面碳含量应保证渗层具有较高的耐磨性和抗接触疲劳性能等。一般认为，渗碳层中有适量的

碳化物存在才能有高的耐磨性。国内外的研究表明，对于一般低合金渗碳钢，表面 w（C）为 0.8%~1.0% 时性能最佳。对于铬、镍含量较高的钢，相应的碳含量比上述值略有降低。

2）渗碳温度。温度高低对渗碳质量影响极大。首先，温度影响分解反应的平衡，从而影响碳势。例如，由图 5-38 可见，如果气氛中 CO_2 含量不变，则温度每降低 10%，将使气氛碳势增大约 0.04%~0.08%（质量分数）。其次，温度也影响碳的扩散速度和渗层深度。如前所述，在相同的气氛碳势和渗碳时间下，温度每提高 100℃ 可使渗层深度增加 1 倍。第三，温度还影响钢中的组织，温度过高会使钢的晶粒粗大。目前，生

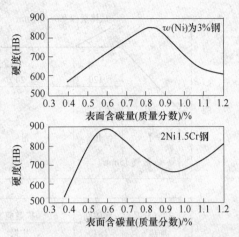

图 5-38 不同成分钢渗碳淬火后表面硬度与表面含碳量的关系（925℃渗碳后直接淬火）

产中的渗碳温度一般为 920~930℃。对于薄层渗碳，温度可降低到 880~900℃，这主要是为了便于控制渗层深度；而对于深层渗碳（大于 5 mm），温度往往提高到 980~1000℃，这主要是为了缩短渗碳时间。

3）渗碳时间。渗碳时间主要取决于渗层的深度要求。渗层深度确定之后，可根据气氛碳势、渗碳温度、渗碳钢成分等确定所需渗碳时间。渗碳时间，与渗层深度 d 的关系可根据式（5-8）及 $d = \Phi\tau^{\frac{1}{2}}$ 关系来确定。除渗层深度外，渗碳时间对碳的浓度梯度也有一定影响。

（3）分段渗碳工艺参数。为了缩短渗碳的总时间，节省能源，降低消耗，通常在生产中将渗碳过程分为不同阶段，而在不同阶段中对各参数进行综合调节。最典型的做法是将整个渗碳过程分为四个阶段。

第一阶段升温排气阶段。是工件达到渗碳温度前的一段时间，用较低碳势。第二阶段强渗阶段。在正常温度或更高温度下，用高于所需表面碳含量的碳势，时间较长。第三阶段扩散阶段。工件降到（或维持在）正常渗碳温度，碳势降到所需表面碳含量，时间较短。第四阶段降温预冷阶段。使温度降到淬火温度，便于直接淬火。

这种分阶段的渗碳可使整个渗碳时间比不分阶段的渗碳缩短 20%~60%，还可使碳浓度在近表面处变化平缓，从而得到理想的渗层。

图 5-39 为使用煤油滴注式气氛进行分阶段渗碳的工艺曲线实例。用计算机对渗碳过程进行动态监测与控制，是有效地实现渗碳工艺多参数综合控制的保证，是今后渗碳热处理生产发展的方向，目前已在我国部分企业得到了应用。

5.6.2.4 钢的渗氮

渗氮（又称氮化）是将氮渗入钢件表面，以提高其硬度、耐磨性、疲劳强度和耐蚀性能的一种化学热处理方法。它的发展虽比渗碳晚，但如今却已获得十分广泛的应用，不但应用于传统的渗氮钢，还应用于不锈钢、工具钢和铸铁等。渗氮主要包括普通渗氮和离子渗氮两大类。普通渗氮又可分为气体渗氮、液体渗氮和固体渗氮三种。这里仅介绍气体渗氮和离子渗氮。

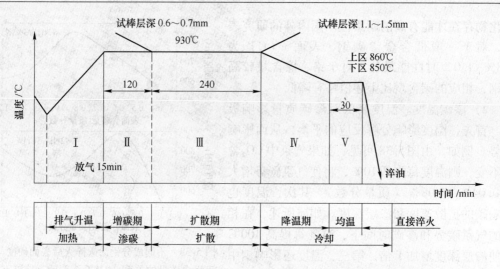

图 5-39　20CFMnTi 钢拖拉机油泵齿轮在 RJJ-90 炉中气体渗碳的工艺曲线

Ⅰ—煤油 125 ± 5 滴；Ⅱ—煤油 50 ~ 55 滴；Ⅲ ~ Ⅴ—煤油 20 ~ 25 滴

A　渗氮的特点

钢的渗氮具有下列优点：

（1）高硬度和高耐磨性。当采用含铬、钼、铝的渗氮钢时，渗氮后的硬度可达 1000 ~ 1200HV，相当于 70HRC 以上，且渗氮层的硬度可以保持到 500℃ 左右；而渗碳淬火后的硬度只有 60 ~ 62HRC，且渗碳层的硬度在 200℃ 以上便会急剧下降。由于渗氮层硬度高，因而其耐磨性也高。

（2）高的疲劳强度。渗氮层内的残余压应力比渗碳层大，故渗氮后可获得较高的疲劳强度，一般可提高 25% ~ 30% 。

（3）变形小而规律性强。渗氮一般在铁素体状态下进行，渗氮温度低，渗氮过程中零件心部无相变，渗氮后一般随炉冷却，不再需要任何热处理，故变形很小；而引起渗氮零件变形的基本原因只是渗氮层的体积膨胀，故变形规律也较强。

（4）较好的抗咬合性能。咬合是由于短时间缺乏润滑并过热，在相对运动的两表面间产生的卡死、擦伤或焊合现象。渗氮层的高硬度和高温硬度，使之具有较好的抗咬合性能。

（5）较高的抗蚀性能。钢件渗氮表面能形成化学稳定性高而致密的 ε 化合物层，因而在大气、水分及某些介质中具有较高的抗蚀性能。

渗氮的主要缺点是处理时间长（一般需要几十小时甚至上百小时），生产成本高，渗氮层较薄（一般在 0.5mm 左右），渗氮件不能承受太高的接触应力和冲击载荷，且脆性较大。

B　渗氮原理

现以气体渗氮为例，讨论渗氮原理。与其他化学热处理一样，气体渗氮过程也可分为三个基本过程，即渗氮介质分解形成活性氮原子、活性氮原子被钢件表面吸收及氮原子由表面向内部的扩散。

（1）渗氮介质的分解。气体渗氮时一般使用无水氨气（或氨 + 氢，或氨 + 氮）作为渗氮介质。氨气在加热时很不稳定，将按下式发生分解形成活性氮原子：

$$2NH_3 \Longleftrightarrow 2[N] + 3H_2 \tag{5-9}$$

　　研究表明，在常用渗氮温度（500～540℃）下，如果时间足够，氨气的分解可以达到接近完全的程度。

　　图 5-40 给出了用（$NH_3 + H_2$）混合气对纯铁渗氮时表面形成的各种相与 NH_3 含量的关系，此图可作为控制气体渗氮过程的基本依据。

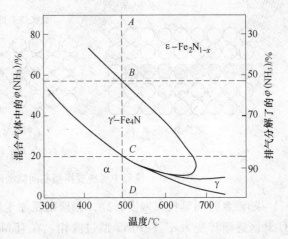

图 5-40　纯铁渗氮时表面形成的各种相与（$NH_3 + H_2$）混合气平衡的条件

　　（2）活性氮原子的吸收。氨气在渗氮温度下分解形成的活性氮原子，将被钢件表面吸收并向内部扩散。但是氨气按照式（5-9）分解形成的活性氮原子只有一部分能立即被钢件表面吸收，而多数活性氮原子则很快地互相结合形成氮分子。为了源源不断地提供活性氮原子，气氛必须有良好的循环，或者说，气氛中要保持较高浓度的未分解氨。

　　（3）氮原子的扩散。氮在铁中也以间隙方式扩散，其扩散系数可表示为

$$D_N^\alpha = D_0 \exp\left(\frac{-Q}{RT}\right) \tag{5-10}$$

式中，D_N^α 为氮在 α-Fe 中的扩散系数；D_0 为扩散常数（0.3mm^2/s）；R 为摩尔气体常数；Q 为扩散激活能（76.12 kJ/mol）。

　　由于氮的原子半径（0.071nm）比碳的（0.077nm）小，故氮的扩散系数要比碳的大。与渗碳时相似，渗氮层的深度也随时间呈抛物线关系增加，即符合 $d = \Phi\tau^{\frac{1}{2}}$ 的关系。

　　C　渗氮用钢及渗氮强化机理

　　由上述可知，纯铁渗氮后硬度并不高。普通碳钢渗氮也无法获得高硬度和高耐磨性，且碳钢中所形成的氮化物很不稳定，加热到高温时将发生分解和聚集粗化。

　　为提高渗氮工件的表面硬度、耐磨性和疲劳强度，必须选用渗氮钢，这些钢中含有 Cr、Mo、Al 等合金元素，渗氮时形成硬度很高、弥散分布的合金氮化物，可使钢的表面硬度达到 1100HV 左右，且这些合金氮化物热稳定性很高，加热到 500℃ 仍能保持高硬度。其中历史最久、应用最普遍的渗氮钢是 38CrMoAlA 钢。但使用中发现，38CrMoAlA 钢的可加工性较差、淬火温度较高、易于脱碳，渗氮后的脆性也较大。为此，逐渐发展了无铝渗氮钢。目前渗氮钢包括多种 $w(C)$ 为 0.15%～0.45% 的合金结构钢，如 38CrMoAlA、20CrNiWA、40Cr、40CrV、42CrMo、38CrNi3MoA 等。此外，一些冷作模具钢、热作模具钢及高速钢等也适于渗氮处理。

　　Al、Cr、Mo 等合金元素之所以能显著提高渗氮层硬度，是因为氮原子向心部扩散时，在渗层中依次发生下述转变：（1）氮和合金元素原子在 α 相中的偏聚，形成混合 G-P 区（即原子偏聚区）；（2）α''-Fe16N2 型过渡氮化物的析出等组织变化。这些共格的偏聚区和过渡氮化物析出，会引起硬度的大幅提高。这一过程与固溶-时效过程非常相似。

　　图 5-41 是渗氮过程中形成混合 G-P 区的示意图。G-P 区呈盘状，与基体共格，并引起较大的点阵畸变，从而使硬度显著提高。

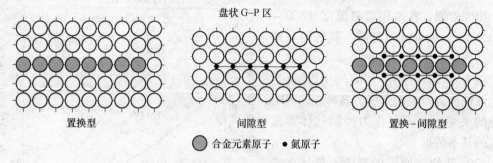

图 5-41　渗氮中形成置换型和间隙型两种原子的混合 G-P 区示意图

随渗氮时间延长或温度升高，偏聚区氮原子数量将发生变化，并进行有序化过程，使 G-P 区逐渐转变为 α″-Fe16N2 型过渡相。在有 Mo、W 等合金元素存在的情况下，析出物可以表示为 (Fe, Mo) 16N2 或 (Fe, W) 16N2 等。

由 α″ 向 γ′ 的转变是一种原位转变，即不需重新形核，而只作成分调整（提高氮含量）。当含有合金元素（如 Mo）时，γ′ 相可以表示为 γ′-(Fe, Mo) 4N 等。

由 γ′ 向更稳定的合金氮化物转变时，必须重新在晶界等部位形核并以不连续沉淀的方式进行。稳定的合金氮化物的尺寸较大，与基体相没有共格关系，其强化效果比过渡相要小。所以，它们的出现相当于过时效阶段。

D　气体渗氮工艺

（1）渗氮前的热处理。渗氮与渗碳的强化机理不同，前者实质上是一种弥散强化，弥散相是在渗氮过程中形成的，所以渗氮后不需进行热处理；而后者是依靠马氏体相变强化，所以渗碳后必须淬火。渗碳后的淬火也同时改变心部的性能，而渗氮零件的心部性能是由渗氮前的热处理决定的。可见，渗氮前的热处理十分重要。

渗氮前的热处理一般都是调质处理。在确定调质工艺时，淬火温度根据钢的 A_{c3} 决定；淬火介质由钢的淬透性决定；回火温度的选择不仅要考虑心部的硬度，而且还必须考虑其对渗氮层性能的影响。一般说来，回火温度低，不仅心部硬度高，而且渗氮后氮化层硬度也高，因而有效渗层深度也会有所提高。另外，为了保证心部组织的稳定性，避免渗氮时心部性能发生变化，一般回火温度应比渗氮温度高 50℃ 左右。

（2）气体渗氮工艺参数。正确制定渗氮工艺，就是要选择好气氛氮势、渗氮温度、渗氮时间三个工艺参数。

1）渗氮温度。渗氮温度影响渗氮层深度和渗氮层硬度。图 5-42 表示渗氮温度对钢渗氮层深度和硬度梯度的影响。由图可见，在给定的渗氮温度范围内，温度越低，表面硬度越高，硬度梯度越陡，渗层深度越小；而且硬度梯度曲线上接近表面处有一个极大值，即最表面有一低硬度层。这一低硬度层估计是由于表面出现白层造成的。分析表明，渗氮层表面的白层是由 γ′-Fe$_4$N 和 ε-Fe$_2$N$_1$-X 组成的，而且 ε/γ′ 比值随至表面距离的增大而降低，到一定深度后便只由单相 γ′ 组成。这两种化合物的硬度都不如过渡合金氮化物时效强化所引起的硬度高，而脆性却很大，因此表面的硬度较低。

渗氮温度的选择主要应根据对零件表面硬度的要求而定，硬度高者，渗氮温度应适当降低。在此前提下，要考虑照顾渗氮前的回火温度，即照顾零件心部的性能要求，使渗氮温度低于回火温度 50℃ 左右。此外，还要考虑对层深（渗氮层较深者，渗氮温度不宜过

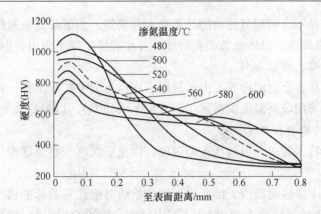

图 5-42　温度对 0.42C1.0Al1.65Cr0.32Mo 钢渗氮层硬度和深度的影响（渗氮 60h）

低）及对金相组织的要求（渗氮温度越高，越容易出现白层和网状或波纹状氮化物）等。

2）渗氮时间。渗氮时间主要影响层深。图 5-43 表示渗氮时间对渗层深度和硬度的影响。因此，渗氮时间主要依据所需的渗层深度而定。

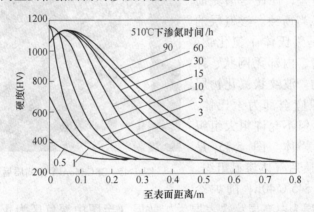

图 5-43　渗氮时间对 0.42C1.0Al1.65Cr0.32Mo 钢渗氮层硬度和深度的影响

在同一渗氮温度下长时间保温进行的渗氮称为等温渗氮。等温渗氮温度低、周期长，适用于渗氮层浅的工件。

为了加快渗氮速度，并保证硬度要求，目前发展了二段渗氮、三段渗氮等分阶段渗氮的方法。图 5-44 示出某种 38CrMoAlA 钢件的二段渗氮工艺曲线：第一阶段取低温（510～520℃、15～20h）、用高氮势（低分解率，18%～25%），目的是使表面迅速吸收大量氮原子，形成大的浓度梯度以加大扩散驱动力，并使工件表面形成弥散度大、硬度高的合金氮化物；第二阶段取高温（550～560℃、25～30h）、用低氮势（高

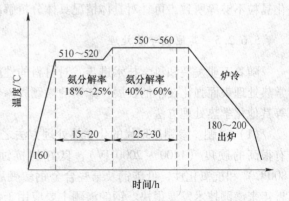

图 5-44　38CrMoAlA 钢二段渗氮工艺曲线

分解率，30%～40%），以加快扩散和调整表面氮含量。由于第一阶段形成的氮化物稳定

性高，在第二阶段并不会引起氮化物的显著长大和聚集。为了降低渗氮层的脂性，在渗氮结束前 2h 进行退氮处理，以降低表面氮浓度，并使表层氮原子向内扩散，增加渗层深度，可用较高的氨分解率，例如 80%。

至于不锈钢等高合金钢的渗氮，由于氮原子在这类钢中扩散困难，往往不易得到较深的渗层，故一般都采用较高温度的渗氮工艺（550～650℃），以提高渗氮速度。

E　渗氮工件的检验和常见缺陷

对渗氮工件的技术要求一般包括表面硬度、渗氮层深度、心部硬度、金相组织和变形量等。

如前所述，由于渗氮层较浅，因此表面硬度检验时应注意载荷的选择，以防止压穿渗氮层。通常选用 HV10（试验力为 98N）或 HR15N（表面洛氏硬度，试验力为 147N）。表面硬度偏低，可能是表面氮浓度不足或渗前处理时回火温度偏高所致。渗氮层深度的检验也可采用测渗碳层所用的各种方法，但仍以硬度法最为精确。例如规定硬度大于 550HV 的层深为有效层深，或以 400HV 来分界等。

心部硬度的超差，往往是渗氮前的回火温度选择不当所致。渗氮层的正常金相组织应是索氏体＋氮化物，无白层或白层很薄，内部无网状、针状和鱼骨状氮化物，波纹状氮化物层不太厚。心部组织应全部为索氏体，允许少量铁素体，但不允许粗大组织与大块自由铁素体。图 5-45 是38CrMoAlA 钢经调质后气体渗氮组织。渗氮：525℃ 25h，545℃ 40h，随炉冷

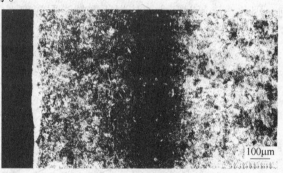

图 5-45　38CrMoAlA 钢调质后气体渗氮组织

却。从左至右，表层为白亮层；次表层为扩散层（至图中深色区为止），为氮化物（脉状）和含氮索氏体的混合物；右侧浅色区为心部组织，为索氏体和少量沿晶界分布的白色铁素体。渗氮层深度为 0.65mm。它可代表渗氮层的一般组织特点。渗氮时产生金相组织不合格的原因，主要是气氛氮势过高、渗氮温度过高、渗氮前热处理时发生表面脱碳或细化晶粒不够等所致，可针对具体情况具体分析解决。

5.6.2.5　其他化学热处理

随着工业发展和科学技术进步，对材料的性能提出了更多的特殊性能要求，促进了化学热处理表面强化技术的发展，如钢的渗硼和渗金属等。下面简单介绍渗硼、渗铬和渗铝等其他化学热处理方法。

（1）渗硼。渗硼是现代的化学热处理方法之一。渗硼后工件表面形成铁的硼化物，具有很高的硬度（1400～2000HV）、良好的抗蚀性、热硬性（高硬度值可保持到接近800℃）和抗氧化性，低碳钢及某些合金钢渗硼后可代替镍铬不锈钢制作机器零件，因此近年来渗硼技术发展很快。钢的渗硼主要应用于各类冷、热作模具，也应用于各种磨损零件，如工艺装备中的钻模、靠模、夹头，精密零件中的活塞、柱塞，微粒磨损中的石油钻头，以及各种在中温腐蚀介质中工作的阀门零件等。在所有这些应用中，渗硼都能使寿命

成倍，甚至成 10 倍地提高，并可以用普通碳素钢代替高合金钢，显示了巨大的技术、经济效益。

根据渗硼剂不同，渗硼分为盐浴渗硼、固体渗硼、气体渗硼、膏剂渗硼等。其中盐浴渗硼渗剂价格便宜，设备操作简单，质量较好；缺点是盐浴流动性较差，工件表面残盐清洗困难。目前我国大多采用盐浴渗硼。

（2）渗铬。渗铬就是将工件放在渗铬介质中加热，使介质中析出活性的原子铬为工件所吸收，在工件表面形成一层与基体不可分割的铬、铁、碳合金层。

随着生产与科学技术的发展，渗铬处理的应用也日益广泛。不同钢种的工件经渗铬处理后能获得各种优良性能，以满足不同用途的要求。如低碳钢渗铬后能获得耐酸、耐蚀、耐热等性能，可用于油泵、化学泵上的零件，化工器械零件，各种阀门以及其他要求耐蚀、耐热的元件。

目前生产上应用的渗铬方法有固体、液体、气体渗铬法，其中以固体渗铬法（又称为粉末渗铬法）应用较广。

（3）渗铝。渗铝可以在钢件表面形成一层铝含量约为 50%（质量分数）的铝铁化合物，这层化合物，在氧化时可以在钢件表面形成一层致密的 Al_2O_3 膜，从而使钢件得到保护，大大提高其抗高温氧化和抗热蚀能力。渗铝层在大气、硫化氢、碱和海水等介质中也有良好的耐蚀性能。实践表明，渗铝后可以使零件的抗氧化工作温度提高到 950~1000℃。因此，常用普通低碳钢、中碳钢渗铝作为高合金耐热钢及耐热合金的代用品，如热处理炉用的炉底板、炉罐、渗碳箱、热电偶套管、盐浴坩埚、辐射管、叶片等，节约昂贵的镍铬元素。

零件经过渗铝后，其抗高温氧化性能和抗蚀性能都有明显提高，但渗铝层较厚时，强度、塑性、疲劳强度却有所下降。

任务 5.7　钢的热处理操作

5.7.1　实训目的

（1）了解碳钢的基本热处理（退火、正火、淬火及回火）工艺方法。
（2）研究冷却条件与钢性能的关系。
（3）分析淬火及回火温度对钢性能的影响。

5.7.2　试验原理

5.7.2.1　钢的退火和正火

钢的退火通常是把钢加热到临界温度 A_{c1} 或 A_{c3} 以上，保温一段时间，然后缓慢地随炉冷却。此时奥氏体在高温区发生分解而得到比较接近平衡状态的组织。一般中碳钢（如40，45 钢）经退火后组织稳定，硬度较低（HB180~220）有利于下一步进行切削加工。

正火则是将钢加热到 A_{c3} 或 A_{ccm} 以上 30~50℃，保温后进行空冷。由于冷却速度稍快，与退火组织相比，组织中的珠光体相对量较多，且片层较细密，所以性能有所改善。对低碳钢来说，正火后提高硬度可改善切削加工性。提高零件表面光洁度；对高碳钢则正火可消除网状渗碳体，为下一步球化退火及淬火作准备。不同含碳量的碳钢在退火及正火状态下的强度和硬度值见表 5-7。

表 5-7　碳钢在退火及正火状态下的力学性能

性　能	热处理状态	含碳量（质量分数）/%		
		≤0.1	0.2 ~ 0.3	0.4 ~ 0.5
硬度（HB）	退火	~ 120	150 ~ 160	180 ~ 230
	正火	130 ~ 140	160 ~ 180	220 ~ 250
强度 σ_b/MN·m^{-2}	退火	300 ~ 330	420 ~ 500	560 ~ 670
	正火	340 ~ 360	480 ~ 550	660 ~ 760

5.7.2.2　钢的淬火

淬火就是将钢加热到 A_{c3}（亚共析钢）或 A_{c1}（过共析钢）以上 30 ~ 50℃，保温后放入各种不同的冷却介质中快速冷却（$v_{冷}$ 应大于 $v_{临}$），以获得马氏体组织。碳钢经淬火后的组织由马氏体及一定数量的残余奥氏体所组成。为了正确地进行钢的淬火，必须考虑下列三个重要因素：淬火加热温度、保温时间和冷却速度。

（1）淬火温度的选择。正确选定加热温度是保证淬火质量的重要一环。淬火时的具体加热温度主要取决于钢的碳量，可根据 Fe-Fe$_3$C 相图确定。对亚共析钢，其加热温度为 A_{c3} 以上 30 ~ 50℃，若加热温度不足（低于 A_{c3}），则淬火组织中将出现铁素体而造成强度及硬度的降低。对过共析钢，加热温度为 A_{c1} 以上 30 ~ 50℃，淬火后可得到细小的马氏体与粒状渗碳体。后者的存在可提高钢的硬度和耐磨性。过高的加热温度（如超过 A_{cm}）不仅无助于强度、硬度的增加，反而会由于产生过多的残余奥氏体而导致硬度和耐磨性的下降。

需要指出，不论在退火、正火及淬火时，均不能任意提高加热温度。温度过高晶粒容易长大，而且增加氧化脱碳和变形的倾向。各种不同成分碳钢的临界温度列于表 5-8 中。

表 5-8　各种碳钢的临界温度

类　别	钢　号	临界温度/℃			
		A_{c1}	A_{c3} 或 A_{ccm}	A_{r1}	A_{r3}
碳素结构钢	20	735	855	680	835
	30	732	813	677	835
	40	724	790	680	796
	45	724	780	682	760
	50	725	760	690	750
	60	727	766	695	721
碳素工具钢	T7	730	770	700	743
	T8	730	—	700	—
	T10	730	800	700	—
	T12	730	820	700	—
	T13	730	830	700	—

（2）保温时间的确定。淬火加热时间实际上是将试样加热到淬火温度所需的时间及在淬火温度停留所需时间的总和。加热时间与钢的成分，工件的形状尺寸，所用的加热介质、加热方法等因素有关，一般按照经验公式加以估算，碳钢在电炉中加热时间的计算列于表 5-9。

表 5-9　碳钢在箱式电炉中加热时间的确定

加热温度/℃	工 件 形 状		
	圆柱形	方 形	板 形
	保温时间/min·mm⁻¹		
	直　径	厚　度	厚　度
700	1.5	2.2	3
800	1.0	1.5	2
900	0.8	1.2	1.6
1000	0.4	0.6	0.8

（3）冷却速度的影响。冷却是淬火的关键工序，它直接影响到钢淬火后的组织和性能。冷却时应使冷却速度大于临界冷却速度。以保证获得马氏体组织；在这个前提下又应尽量缓慢冷却，以减小内应力，防止变形和开裂。为此，可根据 C 曲线图，使淬火工件在过冷奥氏体最不稳定的温度范围（550～650℃）进行快冷（即与 C 曲线的"鼻尖"相切），而在较低温度（100～300℃）时的冷却速度则尽可能小些。

为了保证淬火效果，应选用适当的冷却介质（如水、油等）和冷却方法（如采用双液淬火、分级淬火等）不同的冷却介质在不同的温度范围内的冷却能力有所差别。各种冷却介质的特性见表 5-10。

表 5-10　几种常用淬火介质的冷却能力

冷 却 介 质	在下列温度范围内的冷却速度/℃·s⁻¹	
	550～650	200～300
18℃的水	600	270
50℃的水	100	270
质量分数为 10% 的 NaOH 水溶液（18℃）	1200	300
质量分数为 10% 的 NaCl 水溶液（18℃）	1100	300
矿物机器油（50℃）	150	30
变压器油（50℃）	120	25

5.7.2.3　钢的回火

钢经淬火后得到的马氏体组织质硬而脆，并且工件内部存在很大的内应力。如果直接进行磨削加工往往会出现龟裂；一些精密的零件在使用过程中将会引起尺寸变化而失去精度，甚至开裂。因此，淬火钢必须进行回火处理。不同的回火工艺可以使钢获得所需的各种不同性能，见表 5-11。

表 5-11　45 钢淬火后经不同温度回火后的组织及性能

类　型	回火温度/℃	回火后的组织	回火后的硬度（HRC）	性能特点
低温回火	150 ~ 250	回火马氏体 + 残余奥氏体 + 碳化物	57 ~ 60	高硬度，内应力减小
中温回火	350 ~ 500	回火屈氏体	35 ~ 50	硬度适中，有高的弹性极限
高温回火	500 ~ 650	回火索氏体	20 ~ 33	良好综合性能

对碳钢来说，回火工艺的选择主要是考虑回火温度和保温时间这两个因素。

（1）回火温度。在实际生产中通常以图纸上所要求的硬度要求作为选择回火温度的依据。各种钢材的回火温度与硬度之间的关系曲线可从有关手册中查阅。现将几种常用的碳钢（45、T8、T10 和 T12 钢）回火温度与硬度的关系列于表 5-12。

表 5-12　各种不同回火温度的硬度值（HRC）

回火温度/℃	45 钢	T8	T10	T12
150 ~ 200	60 ~ 54	64 ~ 60	64 ~ 62	65 ~ 62
200 ~ 300	54 ~ 50	60 ~ 55	62 ~ 56	62 ~ 57
300 ~ 400	50 ~ 40	55 ~ 45	56 ~ 47	57 ~ 49
400 ~ 500	40 ~ 33	45 ~ 35	47 ~ 38	47 ~ 38
500 ~ 600	33 ~ 24	35 ~ 27	38 ~ 27	38 ~ 28

注：由于具体条件不同，上述数据仅供参考。

也可以采用经验公式近似地估算回火温度。例如 45 钢的回火温度经验公式为

$$T \approx 200 + K(60 - x)$$

式中，K 为系数，当回火后要求的硬度值大于 30HRC 时 $K = 11$，小于 30HRC 时 $K = 12$。x 为所要求的硬度值，HRC。

（2）保温时间。回火保温时间与工件材料及尺寸、工艺条件等因素有关，通常采用 1 ~ 3h。由于实验所用试样较小。故回火保温时间可为 30min。回火后在空气中冷却。

5.7.3　实验方法指导

5.7.3.1　实验内容及步骤

（1）淬火部分的内容及具体步骤：

1）根据淬火条件不同，分五个小组进行，见表 5-13。

表 5-13　淬火实验

组　别	淬火加热温度/℃	冷却方式	20 钢		45 钢		T12 钢	
			处理前硬度	处理后硬度	处理前硬度	处理后硬度	处理前硬度	处理后硬度
1	1000	水冷						
2	750	水冷						
3	860	空冷						
4	860	油冷						
5	860	水冷						

注：1 ~ 4 组每种钢号各一块；5 组除 20、T12 钢各一块外，45 钢取五块，以供回火用。

2）加热前先将全部试样测定硬度。为便于比较，一律用洛氏硬度测定。

3）根据试样钢号，按照 Fe-Fe$_3$C 相图确定淬火加热温度及保温时间（可按 1min/mm 计算）。

4）各组将淬火及正火后的试样表面用砂纸（或砂轮）磨平，并测出硬度值（HRC）填入表 5-13 中。

（2）回火部分的内容及具体步骤：

1）根据回火温度不同，分五个小组进行。见表 5-14，各小组将已经正常淬火并测定过硬度的 45 钢试样分别放入指定温度的炉内加热，保温 30min，然后取出空冷。

2）用砂纸磨光表面，分别在洛氏硬度机上测定硬度值。

3）将测定的硬度值分别填入表 5-14 中。

表 5-14　回火实验

组　别	1	2	3	4	5
回火温度/℃	200	300	400	500	600
回火前硬度					
回火后硬度					

5.7.3.2　实验设备及材料

箱式电炉及控温仪表；水银温度计；洛氏硬度机；冷却剂：水，油（使用温度约 20℃）；试样：20 钢，45 钢，T12 钢。

5.7.3.3　注意事项

（1）本实验加热所用都为电炉，由于炉内电阻丝距离炉膛较近，容易漏电，所以电炉一定要接地再放，取试样时必须先切断电源。

（2）往炉中放、取试样必须使用夹钳，夹钳必须擦干，不得沾有油和水。开关炉门要迅速，炉门打开时间不宜过长。

（3）试样由炉中取出淬火时，动作要迅速，以免温度下降，影响淬火质量。

（4）试样在淬火液中应不断搅动，否则试样表面会由于冷却不均而出现软点。

（5）淬火时水温应保持 20~30℃ 左右，水温过高要及时换水。

（6）淬火或回火后的试样均要用砂纸打磨表面，去掉氧化皮后再测定硬度值。

5.7.3.4　实验报告要求

（1）明确本次实验目的。

（2）分析加热温度与冷却速度对钢性能的影响。

（3）绘制出 45 钢回火温度与硬度的关系曲线图。

（4）分析实验中存在的问题。

 **复习思考题**

5-1　单选题

(1) 耐磨性不仅取决于高的硬度，而且与（　　）的性质、数量、大小、形状及分布等都有关。
　　A. 碳化物　　　　　B. 晶粒　　　　　　C. 夹杂物　　　　　D. 合金元素

(2) 与40钢相比，40Cr钢的特点是奥氏体等温转变（　　）。
　　A. 曲线左移，M_s点上升　　　　　　B. 曲线左移，M_s点下降
　　C. 曲线右移，M_s点上升　　　　　　D. 曲线右移，M_s点下降

(3) 工具的使用寿命与其（　　）质量有着极其密切的关系，因此必须掌握其热处理特点，根据不同的
　　性能要求采用不同的热处理方法。
　　A. 热处理　　　　　B. 热加工　　　　　C. 冷加工　　　　　D. 表面

(4) 用高碳钢和某些合金钢制锻坯件，加工时发现硬度过高，为使其容易加工，可进行（　　）。
　　A. 淬火　　　　　　B. 正火　　　　　　C. 退火　　　　　　D. 淬火后低温回火

(5) 某些特殊专用钢如滚动轴承钢，钢号首位以"G"表示，例如"GCr15"，其$w(Cr)=$（　　）。
　　A. 0.15%　　　　　B. 1.5%　　　　　　C. 15%　　　　　　D. 难以确定

(6) 低合金高强度钢具有良好的塑性、韧性、耐蚀性和焊接性，它们大多在（　　）状态下使用。
　　A. 退火　　　　　　B. 热轧或正火　　　C. 淬火　　　　　　D. 回火

(7) 硬质合金的热硬性好，其高硬度可保持到（　　），且其耐磨性优良。
　　A. 600℃　　　　　B. 800℃　　　　　　C. 900~1000℃　　　D. 1200℃

(8) ZSnSb8Cu4表示铸造（　　）基轴承合金，主加元素Sb的质量分数为8%，辅加元素Cu的质量分
　　数为4%，其余合金元素为锡。
　　A. 锑　　　　　　　B. 锡　　　　　　　C. 铝　　　　　　　D. 铜

(9) 在切削加工前应安排预备热处理以降低硬度，高碳钢及合金钢必须采用（　　）。
　　A. 正火　　　　　　B. 球化退火　　　　C. 完全退火　　　　D. 调质

(10) 热处理中的保温时间、冷却方式、冷却介质以及化学热处理中的碳势、氮势以及活性介质的流量
　　 等统称为热处理（　　）。
　　 A. 工艺路线　　　　B. 技术要求　　　　C. 工艺参数　　　　D. 工艺方案

(11) 制定热处理工艺的经济性原则是：在保证产品质量的前提下，工序简单、操作容易、原材料消耗
　　 少、生产效率高、生产成本低，并能合理选用设备，充分发挥现有设备的（　　）。
　　 A. 作用　　　　　　B. 性能　　　　　　C. 能力　　　　　　D. 潜力

(12) 在保证质量的前提下，工艺规程的水平越高，其所控制的工艺参数应（　　）。
　　 A. 越多　　　　　　B. 越少　　　　　　C. 中等　　　　　　D. 无影响

(13) 由于热处理工件的质量是加热温度和时间的（　　），因此，在编制热处理工艺时，加热时间是十
　　 分重要的。
　　 A. 分数　　　　　　B. 正数　　　　　　C. 倍数　　　　　　D. 函数

(14) 热处理临时工艺是因生产条件临时变更或针对特殊订货、材料代用和新产品、新工艺批量试验等
　　 采取的（　　）工艺。
　　 A. 长期有效　　　　B. 中期有效　　　　C. 短期有效　　　　D. 中、长期有效

(15) 原始记录是企业管理的一项重要内容，必须按本企业的规定表格认真填写并负责地（　　）。
　　 A. 记录好　　　　　B. 保持清洁　　　　C. 公示　　　　　　D. 保管好

(16) 过冷奥氏体稳定性的大小是用（　　）来衡量的。

A. M_s 点高低　　　　　　　　　　B. M_f 点高低

C. 等温转变图中"鼻尖"温度高低　　D. 孕育期的长短

(17) 一般根据（　　）来制定合理的热处理工艺，选择等温热处理（等温退火、等温淬火及分级淬火）和形变热处理的温度与等温时间。

A. Fe-FeC₃ 相图　　　　　　　　　B. Fe-FeC 相图

C. 奥氏体连续冷却转变图　　　　　D. 奥氏体等温转变图

(18) 根据（　　）和工件尺寸及工件在某一介质中冷却时截面上各部分的冷却速度，可以估计冷却后工件截面上各部分所得到的组织和性能。

A. Fe-FeC₃ 相图　　　　　　　　　B. Fe-FeC 相图

C. 奥氏体连续冷却转变图　　　　　D. 奥氏体等温转变图

(19) 在正常淬火温度下，确定工件的淬火加热时间的原则是（　　）。

A. 取钢的相变时间作为加热时间　　　　B. 工件表面无明显的氧化脱碳

C. 即使碳化物溶解，又不使奥氏体晶粒粗化　　D. 工件不过热

(20) 生产上所说的水淬油冷实际上是属于（　　）淬火。

A. 分级　　　B. 双液　　　C. 等温　　　D. 预冷

(21) 将钢材奥氏体化，随之将其浸入温度稍高或稍低于钢的上马氏体点的液态介质（盐浴或碱浴）中，保持适当时间，待钢件的内、外层都达到介质温度后取出空冷，以获得马氏体组织的淬火工艺称为（　　）淬火。

A. 双液　　　B. 分级　　　C. 预冷　　　D. 等温

(22) 为了减少淬火冷却残留应力和畸变，将钢件奥氏体化后先较缓慢地（一般在空气中）冷却到略高于 A_{r3}（或 A_{rcm}）点，然后进行淬火冷却的热处理工艺称为（　　）淬火。

A. 双液　　　B. 分级　　　C. 等温　　　D. 预冷

(23) 一般来说，（　　）淬火适用于变形要求严格和要求具有良好强韧性的精密工件和工模具。

A. 双液　　　B. 单液　　　C. 等温　　　D. 分级

(24) 分级淬火分级的目的是（　　）。

A. 使工件在介质中停留期间完成组织转变

B. 使奥氏体成分均匀

C. 节约能源

D. 使工件内外温差均匀，减少工件和介质的温差

(25) 淬火时，对长轴类（包括丝锥、钻头、铰刀等长形工具）、圆筒类工件，应轴向垂直淬入。淬入后，工件可（　　）。

A. 上、下垂直运动　　　　　　　　B. 前后、左右搅动

C. 伸入水中静止不动　　　　　　　D. 伸入水中、拉出水面来回晃动

(26) 在实际生产中，冷处理应在淬火后（　　）进行。

A. 4h 内　　　B. 2h 内　　　C. 0.5h 内　　　D. 立即

(27) 局部加热适用于（　　）加热时的工件。

A. 盐浴炉　　　B. 箱式电阻炉　　　C. 井式电阻炉　　　D. 油炉

(28) 在实际淬火操作中，对有凹面或不通孔的工件，应使凹面和孔（　　）淬入，以利排除孔内的气泡。

A. 朝下　　　B. 朝上　　　C. 朝向侧面　　　D. 随意

(29) 在圆盘形工件淬火时，应使其轴向与淬火冷却介质液面保持（　　）淬入。

A. 倾斜　　　B. 垂直　　　C. 水平　　　D. 任意姿势

(30) 碳素钢残留奥氏体的转变（分解）温度在（　　）。

　　A. 100～150℃　　　B. 200～300℃　　　C. 350～400℃　　　D. 400℃以上

(31) 马氏体的分解，是指当回火温度到（　　）时，马氏体内过饱和的碳原子脱溶，沉淀析出亚稳相 ε 碳化物，使 α 固溶体趋于平衡成分。

　　A. 100～150℃　　　B. 200～300℃　　　C. 350～400℃　　　D. 400℃以上

(32) （　　）中由于有较多的残留奥氏体，在200～250℃温度区间，它们将转变成回火马氏体，所以其回火组织硬度变化不大。

　　A. 碳素钢　　　　　B. 低碳钢　　　　C. 中碳钢　　　　D. 高碳钢

(33) 二次硬化现象，（　　）表现得尤为突出。

　　A. 碳素钢　　　　　B. 铸铁　　　　　C. 不锈钢　　　　D. 高速钢

(34) 钢淬火后在（　　）左右回火时所产生的回火脆性称为第一类回火脆性或不可逆回火脆性。

　　A. 100℃　　　　　B. 200℃　　　　　C. 300℃　　　　　D. 400℃

(35) 对上贝氏体和下贝氏体力学性能的描述正确的是（　　）。

　　A. 两者强度、硬度较高　　　　　　　　B. 两者强度、硬度较低

　　C. 上贝氏体强度、硬度较高　　　　　　D. 下贝氏体强度、硬度较高

(36) （　　）是指在规定条件下，决定钢材淬硬深度和硬度分布的特性，即钢淬火时得到淬硬层深度大小的能力，它表示钢接受淬火的能力。

　　A. 淬硬层深度　　　B. 淬硬性　　　　C. 淬透性　　　　D. 临界直径

(37) （　　）是不能提高淬透性的合金元素。

　　A. 铬　　　　　　　B. 锰　　　　　　C. 钴　　　　　　D. 硅

(38) 完全退火是目前广泛应用于（　　）的铸、焊、轧制件等的退火工艺。

　　A. 低碳钢和低碳合金钢　　　　　　　　B. 中碳钢和中碳合金钢

　　C. 高碳钢和高碳合金钢　　　　　　　　D. 碳素钢

(39) 第一类回火脆性的特点是（　　）。

　　A. 具有可逆性　　　　　　　　　　　　B. 出现脆性时，不影响其他性能

　　C. 含碳量越高，脆化程度越严重　　　　D. 采取适当措施可以避免

(40) 第二类回火脆性的特点是（　　）。

　　A. 主要出现在含铬、镍合金钢中　　　　B. 与回火后冷速无关

　　C. 具有不可逆性　　　　　　　　　　　D. 主要在碳素钢中出现

(41) 去应力退火是将工件加热到（　　）温度，保温一定时间后缓慢冷却的工艺方法。

　　A. A_1 以下　　　B. A_1 以上　　　C. A_{c3} 以上　　　D. A_{c3} 以下

(42) 由于大型铸件常常有枝晶偏析出现，所以其预备热处理应采用（　　）。

　　A. 正火　　　　　　　　　　　　　　　B. 完全退火或球化退火

　　C. 高温回火　　　　　　　　　　　　　D. 均匀化退火

(43) 对于需要渗氮或高频感应淬火的小型锻件以及合金元素含量较高的钢种（如18Cr2Ni4WA等），可采用（　　）作为预备热处理。

　　A. 正火　　　　　　B. 调质　　　　　C. 球化退火　　　D. 完全退火

(44) 影响白点敏感性的主要因素是钢中碳及（　　）的含量，它们的含量越高，白点敏感性越大。

　　A. 硫　　　　　　　B. 磷　　　　　　C. 氧　　　　　　D. 氢

(45) 当金属或合金的加热温度达到其固相线附近时，晶界氧化和开始部分熔化的现象称为（　　）。

　　A. 过热　　　　　　B. 过烧　　　　　C. 氧化　　　　　D. 脱碳

(46) 在（　　）中，由于 M_s 点较低，残留奥氏体较多，故淬火变形主要是热应力变形。

　　A. 低碳钢　　　　　B. 中碳钢　　　　C. 高碳钢　　　　D. 中、低碳钢

(47) 高速钢锻造后退火的目的是降低硬度，消除（　　）以利于切削加工，为热处理做好组织准备。

　　A. 白点　　　　　　B. 应力　　　　　　C. 粗大组织　　　　D. 网状碳化物

(48) 钢材中某些冶金缺陷，如结构钢中的带状组织、高碳合金钢中的碳化物偏析等，会加剧淬火变形并降低钢的性能，需通过（　　）来改善此类冶金缺陷。

　　A. 退火　　　　　　B. 正火　　　　　　C. 调质　　　　　　D. 锻造

(49) 一般来说，淬火钢中的残留奥氏体量与 M_s 点的位置密切相关，（　　）。

　　A. M_s 点越低，淬火后残余奥氏体量越多

　　B. M_s 点越低，淬火后残余奥氏体量越少

　　C. M_s 点越高，淬火后残余奥氏体量越多

　　D. M_s 点略微升高，淬火后残余奥氏体量急剧增加

(50) 为了充分发挥合金元素的作用，合金钢淬火加热温度应比碳素钢高，有时淬火加热温度要大大超过临界温度，如高速钢 W18Cr4V 的淬火加热温度为 $1280 \sim 1300℃$，比其临界温度约高（　　）。

　　A. 100℃　　　　　B. 200℃　　　　　C. 300℃　　　　　D. 400℃

(51) 用合金元素强化铁素体是提高（　　）的一种方法，在一些不需要热处理的低碳合金钢中获得广泛应用。

　　A. 钢的强度　　　　B. 钢的弹性　　　　C. 钢的塑性　　　　D. 钢的韧性

(52) 除弹性元件等特殊情况外，合金钢一般不采用中温回火的原因是在此温度范围回火（　　）。

　　A. 不能充分发挥合金元素的作用　　　　B. 会产生明显的第二类回火脆性

　　C. 会产生明显的第一类回火脆性　　　　D. 综合力学性能差

(53) 对焊接性能影响最大的是钢中（　　）。

　　A. 碳的质量分数　　　　　　　　　　　B. 合金元素含量

　　C. 晶粒度大小　　　　　　　　　　　　D. S、P 含量

(54) $w(C)$ 为（　　）的调质钢，调质处理后具有高的强度、韧性和塑性等综合力学性能。

　　A. 0.1%~0.2%　　　　　　　　　　　B. 0.25%~0.5%

　　C. 0.6%~1.0%　　　　　　　　　　　D. 1.0%~1.2%

(55) 中淬透性调质钢的油淬火临界直径为（　　）mm。

　　A. 40~60　　　　　B. 60~80　　　　　C. 80~100　　　　　D. 大于100

(56) 由于合金元素使共析点左移，故合金弹簧钢的 $w(C)$ 为（　　）。

　　A. 0.2%~0.4%　　B. 0.45%~0.7%　　C. 0.8%~1.1%　　D. 1.2%以上

(57) 弹簧的热处理是淬火加中温回火，硬度一般在 40~45HRC 之间，热处理后的弹簧往往要进行（　　）处理。

　　A. 时效　　　　　　B. 渗氮　　　　　　C. 冷处理　　　　　D. 喷丸

(58) 线径或厚度在 10mm 以下的小型弹簧经冷绕成型后，只需作（　　）的去应力退火。

　　A. 100~200℃　　B. 200~240℃　　C. 250~300℃　　D. 300~350℃

(59) 热处理过程中要求弹簧钢具有良好的淬透性，并且不易（　　）。

　　A. 脱氧　　　　　　B. 氧化　　　　　　C. 增碳　　　　　　D. 脱碳

(60) 有些淬透性较差的弹簧钢可采用水淬油冷，但要注意严格控制水冷时间，防止（　　）。

　　A. 变形　　　　　　B. 淬裂　　　　　　C. 脱碳　　　　　　D. 氧化

(61) 滚动轴承钢中铬的质量分数若超过（　　），则会使淬火后残留奥氏体量增加，使硬度和尺寸稳定性降低。

　　A. 0.45%　　　　　B. 0.7%　　　　　　C. 1.2%　　　　　　D. 1.65%

(62) 滚动轴承钢的最终热处理包括淬火、（　　）和回火。

　　A. 强化处理　　　　B. 松弛处理　　　　C. 冷处理　　　　　D. 时效处理

（63）对于精密轴承零件，为减少淬火后组织中的奥氏体含量，稳定尺寸，淬火后应立即进行 -80 ~ -60℃左右的冷处理，保温时间为（　　　）。

A. 1h　　　　　　　B. 2h　　　　　　　C. 3h　　　　　　　D. 4h

（64）过冷奥氏体稳定性的大小是用（　　　）来衡量的。

A. M_s 点高低　　　　　　　　　　　B. M_f 点高低

C. 等温转变图中"鼻尖"温度高低　　　D. 孕育期的长短

（65）只有用（　　　）才能消除低合金刃具钢中存在的较严重的网状碳化物。

A. 球化退火　　　　B. 调质处理　　　　C. 反复锻造　　　　D. 正火

（66）为保证高速钢淬火后的残留奥氏体转变为马氏体，产生二次硬化，其回火次数一般为（　　　）。

A. 一次　　　　　　B. 两次　　　　　　C. 三次　　　　　　D. 不超过两次

（67）高速钢由于钼和钨的加入降低了相变的温度和临界冷却速度，提高了淬透性，所以可以在（　　　）淬硬。

A. 油中　　　　　　B. 空气中　　　　　C. 硝盐中　　　　　D. 水中

（68）为了形成奥氏体，并使足够量的碳和合金元素溶入奥氏体，高速钢的淬火温度要超过 A_{c1} 点（　　　）。

A. 30 ~ 50℃　　　　B. 50 ~ 100℃　　　C. 100 ~ 300℃　　　D. 400℃以上

（69）实际生产中高速钢的回火温度与二次硬化的峰值温度范围是一致的，均在（　　　）之间，含钴高速钢取上限温度，钨系高速钢取中限温度，钨-钼系取下限温度。

A. 340 ~ 380℃　　　B. 440 ~ 480℃　　　C. 540 ~ 580℃　　　D. 600 ~ 650℃

（70）凡是在（　　　）基体成分上添加少量其他元素，适当增减碳含量，以改善钢的性能，适应某些用途的钢种，目前均称为基体钢。

A. 高铬钢　　　　　B. 硬质合金　　　　C. 高速钢　　　　　D. 高碳钢

（71）在回火过程中，高速钢中高度弥散的碳化物从马氏体中析出，产生（　　　）和残留奥氏体转变成马氏体的二次淬火，产生了二次硬化效应。

A. 弥散强化　　　　B. 淬火硬化　　　　C. 固溶强化　　　　D. 加工硬化

（72）Cr12MoV 钢应用二次硬化法进行热处理时，其淬火温度为（　　　）；回火温度为500 ~ 520℃，回火次数为 3 ~ 4 次，每次 1h。

A. 930 ~ 980℃　　　B. 980 ~ 1030℃　　C. 1080 ~ 1120℃　　D. 1200℃

（73）（　　　）是常用的热锻模具钢。

A. Cr12MoV　　　　B. 5CrNiMo　　　　C. Cr6WV　　　　　D. 6W6Mo5CrV

（74）GCr15 钢技术要求：硬度大于 64HRC，热处理后要求变形量小，尺寸稳定。其热处理工序为（　　　）。

A. 球化退火、淬火、冷处理、低温回火、人工时效

B. 球化退火、淬火、低温回火、冷处理、人工时效

C. 球化退火、淬火、低温回火、人工时效、冷处理

D. 球化退火、淬火、冷处理、人工时效、低温回火

（75）量具热处理时要尽量减少残留奥氏体量。在不影响（　　　）前提下，要采用淬火温度下限。

A. 强度　　　　　　B. 硬度　　　　　　C. 塑性　　　　　　D. 韧性

（76）用一个或几个固定火焰喷嘴对旋转（转速为 100 ~ 200r/min）工件表面进行加热，使其表面加热到淬火温度，然后进行冷却的火焰淬火方法称为（　　　）。

A. 回定法　　　　　B. 旋转法　　　　　C. 前进法　　　　　D. 联合法

（77）在使用氧-乙炔火焰混合气体进行火焰淬火后，应（　　　）。

A. 先关氧气，再关乙炔，等熄灭后开氧气吹出剩余气体，再关氧气

  B. 先关乙炔，再关氧气，等熄灭后开氧气吹出剩余气体，再关氧气

  C. 先关氧气，再关乙炔，等熄灭后开乙炔吹出剩余气体，再关乙炔

  D. 先关乙炔，再关氧气，等熄灭后开乙炔吹出剩余气体，再关乙炔

（78）当淬硬层深度为工件厚度的（   ）左右时，可以得到良好的综合力学性能。

  A. 5%~10%   B. 10%~20%   C. 20%~30%   D. 30%~35%

（79）连续加热淬火时的工件与感应器之间的（   ）是重要参数，一般用图表查取。

  A. 相互位置   B. 相互关系   C. 相互影响   D. 相对移动速度

（80）某钢件要求有效淬硬深度为 1.0mm，应选用的感应加热设备是（   ）。

  A. 工频设备   B. 高频设备   C. 中频设备   D. 低频设备

5-2 判断题

（1）等温球化退火是主要适用于共析钢和过共析钢的退火工艺。（   ）

（2）去应力退火一般在油浴中进行；低温时效多采用箱式或井式电阻炉。（   ）

（3）去应力退火的温度通常比最后一次回火高 $20\sim30\,^{\circ}\!C$，以免降低硬度及力学性能。（   ）

（4）正火可以消除网状碳化物，为球化退火作组织准备。（   ）

（5）同一工件的正火保温时间可参照淬火保温时间计算。（   ）

（6）正火工件出炉后，可以堆积和放在潮湿处空冷。（   ）

（7）低碳钢铸件应选用正火处理，以获得均匀的铁素体加细片状珠光体组织。（   ）

（8）中碳钢及合金钢一般采用完全退火或等温球化退火处理，以获得铁素体加片状（或球状）珠光体组织。（   ）

（9）影响白点敏感性的主要因素之一是钢中的氢含量，氢含量越高，白点敏感性越小。（   ）

（10）18Cr2Ni4WA 钢等退火不易软化的高合金钢种，可采用调质处理作为预备热处理。（   ）

（11）对于过烧的工件，可用正火或退火的返修方法来消除过烧组织。（   ）

（12）保护气氛加热、真空加热以及用工件表面涂料包装加热及盐浴加热等方法均可有效防止工件在加热过程中的氧化与脱碳。（   ）

（13）螺旋圆柱弹簧不宜水平放置加热，长轴最好水平放置加热，薄壁工件应堆放加热。（   ）

（14）高碳高合金钢由于碳含量高而增大马氏体的量，故增加了钢的相变应力。（   ）

（15）热处理后组织中的马氏体量越多，或者马氏体中碳含量越高，其体积膨胀就越多。（   ）

（16）合金钢由于合金元素的加入，提高了钢的屈服强度，因此和碳素钢相比显著地减少了淬火应力引起的变形。（   ）

（17）淬火时在 M_s 点以下的快冷是造成淬火裂纹的最主要原因。（   ）

（18）淬火硬度不足和软点一类的质量问题，可在返修前进行一次退火、正火或高温回火以消除淬火应力，防止重新淬火时发生过量变形或开裂。（   ）

（19）工件淬火后若硬度偏低，则应通过降低回火温度的办法来保证硬度。（   ）

（20）对于因回火温度过高而造成回火硬度不足的工件，可在较低温度下重新回火进行补救。（   ）

（21）二元合金系中的两组元只要在液态和固态下能够相互溶解，并能在固态下形成固溶体，其相图就属于匀晶相图。（   ）

（22）凡合金中两组元能满足形成无限固溶体条件的都能形成匀晶相图。（   ）

（23）共晶转变是指一定成分的液态合金，在一定的温度下同时结晶出两种不同固相的转变。（   ）

（24）共晶合金的特点是在结晶过程中有某一固相先析出，最后剩余的液相成分在一定的温度下都达到共晶点成分，并发生共晶转变。（   ）

（25）由一种成分的固溶体，在一恒定的温度下同时析出两个一定成分的新的不同固相的过程，称为共析转变。（   ）

（26）共晶转变虽然是液态金属在恒温下转变成另外两种固相的过程，但是和结晶有本质的不同，因此不是一个结晶过程。（　　）

（27）由于共析转变前后相的晶体构造、晶格的致密度不同，所以转变时常伴随着体积的变化，从而引起内应力。（　　）

（28）包晶转变是指在一定的温度下，已结晶的一定成分的固相与剩余的一定成分的液相一起，生成另一新的固相的转变。（　　）

（29）两个单相区之间必定有一个由这两个相所组成的两相区隔开。（　　）

（30）相图虽然能够表明合金可能进行热处理的种类，但是并不能为制定热处理工艺参数提供参考数据。（　　）

（31）合金固溶体的性能与组成元素的性质和溶质的溶入量有关，当溶剂和溶质确定时，溶入的溶质量越少，合金固溶体的强度和硬度就越高。（　　）

（32）杠杆定律不仅适用于匀晶相图两相区中两平衡相的相对质量计算，对其他类型的二元合金相图两相区中两平衡相的相对质量计算也同样适用。（　　）

（33）随着碳质量分数由小到大，钢中的渗碳体量逐渐增多，铁素体量逐渐减少，铁碳合金的硬度越来越高，而塑性、韧性越来越低。（　　）

（34）靠近共晶成分的铁碳合金不仅熔点低，而且凝固温度区间也较小，故具有良好的铸造性，适宜于铸造。（　　）

（35）由于奥氏体组织具有强度低、塑性好，便于塑性变形加工的特点，因此，钢材轧制和锻造多选用在单一奥氏体组织温度范围内。（　　）

（36）由于多晶体是晶体，符合晶体的力学特征，所以它呈各向异性。（　　）

（37）晶体缺陷会使正常的晶格发生扭曲，造成晶格畸变。（　　）

（38）晶界处原子排列不规则，因此对金属的塑性变形起着阻碍作用，并且晶界越多，其作用就越明显。（　　）

（39）金属和合金中的晶体缺陷会使力学性能变坏，故必须加以消除。（　　）

（40）硫和磷都是钢中的有害杂质，硫能导致钢的冷脆性，而磷能导致钢的热脆性。（　　）

5-3　简答题

（1）什么是钢的热处理？钢的热处理操作有哪些基本类型？试说明热处理同其他工艺过程的关系及其在机械制造中的地位和作用。

（2）解释下列名词：

　　1）奥氏体的起始晶粒度、实际晶粒度、本质晶粒度；

　　2）珠光体、索氏体、屈氏体、贝氏体、马氏体；

　　3）奥氏体、过冷奥氏体、残余奥氏体；

　　4）退火、正火、淬火、回火、冷处理、时效处理；

　　5）淬火临界冷却速度，淬透性，淬硬性；

　　6）调质处理、变质处理。

（3）指出 A_1、A_3、A_{cm}、A_{c1}、A_{c3}、A_{ccm}、A_{r1}、A_{r3}、A_{rcm} 各临界点的意义。

（4）什么是本质细晶粒钢？本质细晶粒钢的奥氏体晶粒是否一定比本质粗晶粒钢的细？

（5）珠光体类型组织有哪几种？它们在形成条件、组织形态和性能方面有何特点？

（6）贝氏体类型组织有哪几种？它们在形成条件、组织形态和性能方面有何特点？

（7）马氏体组织有哪几种基本类型？它们在形成条件、晶体结构、组织形态、性能有何特点？马氏体的硬度与含碳量关系如何？

（8）什么是等温冷却及连续冷却？试绘出奥氏体这两种冷却方式的示意图。

（9）淬火临界冷却速度 v_k 的大小受哪些因素影响？它与钢的淬透性有何关系？

（10）退火的主要目的是什么？生产上常用的退火操作有哪几种？指出退火操作的应用范围。

（11）什么是球化退火？为什么过共析钢必须采用球化退火而不采用完全退火？

（12）正火与退火的主要区别是什么？生产中应如何选择正火及退火？

（13）常用的淬火方法有哪几种？说明它们的主要特点及其应用范围。

（14）为什么工件经淬火后往往会产生变形，有的甚至开裂？减小变形及防止开裂有哪些途径？

（15）淬透性与淬硬层深度两者有何联系和区别？影响钢淬透性的因素有哪些？影响钢制零件淬硬层深度的因素有哪些？

（16）回火的目的是什么？常用的回火操作有哪几种？指出各种回火操作得到的组织、性能及其应用范围。

（17）表面淬火的目的是什么？常用的表面淬火方法有哪几种？比较它们的优缺点及应用范围，并说明表面淬火前应采用何种预先热处理。

（18）化学热处理包括哪几个基本过程？常用的化学热处理方法有哪几种？

（19）试述一般渗碳件的工艺路线，并说明其技术条件的标注方法。

（20）试说明表面淬火、渗碳、氮化热处理工艺在用钢、性能、应用范围等方面的差别。

5-4 分析题

（1）指出下列零件的锻造毛坯进行正火的主要目的及正火后的显微组织：20 钢齿轮、45 钢小轴、T12 钢锉刀。

（2）淬火的目的是什么？亚共析碳钢及过共析碳钢淬火加热温度应如何选择？试从获得的组织及性能等方面加以说明。

（3）一批 45 钢试样（尺寸 $\phi 15 mm \times 10 mm$），因其组织、晶粒大小不均匀，需采用退火处理。拟采用以下几种退火工艺：1）缓慢加热至 700℃，保温足够时间，随炉冷却至室温；2）缓慢加热至 840℃，保温足够时间，随炉冷却至室温；3）缓慢加热至 1100℃，保温足够时间，随炉冷却至室温。问上述三种工艺各得到何种组织？若要得到大小均匀的细小晶粒，选何种工艺最合适？

（4）有两个含碳量为 1.2% 的碳钢薄试样，分别加热到 780℃ 和 860℃ 并保温相同时间，使之达到平衡状态，然后以大于 v_k 的冷却速度至室温。试问：

1）哪个温度加热淬火后马氏体晶粒较粗大？

2）哪个温度加热淬火后马氏体含碳量较多？

3）哪个温度加热淬火后残余奥氏体较多？

4）哪个温度加热淬火后未溶碳化物较少？

5）你认为哪个温度加热淬火后合适？为什么？

（5）将 $\phi 5 mm$ 的 T8 钢加热至 760℃ 并保温足够时间，采用什么样的冷却工艺可得到如下组织：珠光体，索氏体，屈氏体，上贝氏体，下贝氏体，屈氏体＋马氏体，马氏体＋少量残余奥氏体？在 C 曲线上描出工艺曲线示意图。

（6）拟用 T10 制造形状简单的车刀，工艺路线为锻造—热处理—机加工—热处理—磨加工。

1）试写出各热处理工序的名称并指出各热处理工序的作用；

2）指出最终热处理后的显微组织及大致硬度；

3）制定最终热处理工艺规定（温度、冷却介质）。

（7）车床主轴常采用 40Cr 生产，要求有良好的综合力学性能，而且轴颈处要求有很好的耐磨性，因此表面必须要有高硬度，生产工序如下：下料→锻造→热处理①→机械粗加工→热处理②→精加工→热处理③→磨削→入库。请说出①②③处热处理工艺的名称、目的及热处理后的组织。

（8）根据铁碳合金相图（图 5-46），回答以下问题：

1）说出 E 点、S 点、ECF 线和 PSK 线的意义；

2）分析含碳 0.4% 和 1.2%（质量分数）的铁碳合金的平衡结晶过程及室温平衡组织。

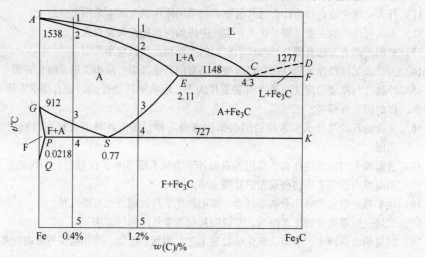

图 5-46　题 5-4（8）图

情景 6　工程机械用金属材料

【知识目标】

(1) 掌握钢中杂质元素对钢性能的影响及碳素钢常用的分类方法。

(2) 掌握合金元素对钢性能的影响及合金钢常用的分类方法。

(3) 了解铸铁的分类，灰铸铁、可锻铸铁、球墨铸铁和蠕墨铸铁的牌号表示方法。

(4) 了解灰铸铁、可锻铸铁、球墨铸铁和蠕墨铸铁的组织及性能。

【技能目标】

(1) 掌握碳素钢牌号的表示方法，根据用途正确选用碳素钢牌号。

(2) 能快速识别合金钢及铸铁的牌号。

(3) 根据用途正确选用合金钢牌号。

(4) 根据用途正确选用灰铸铁、可锻铸铁、球墨铸铁和蠕墨铸铁的牌号。

任务 6.1　碳素钢分类及编号

碳素钢，简称碳钢，是指碳的质量分数为 0.0218%~2.11%，且不含有特意加入合金元素的铁碳合金。碳素钢冶炼容易，价格便宜，工艺性能好，其力学性能可满足一般工程构件、普通机械零件和工具的使用要求，故在机械制造、建筑、交通运输等许多行业中得到广泛的应用，其产量和用量占钢总产量的 80% 以上。

6.1.1　杂质元素对碳素钢性能的影响

碳素钢中除了铁和碳两种元素外，还含有少量的硅、锰、硫、磷、氧、氮、氢等杂质元素。这些元素有的是从炉料中带来的，有的是在冶炼过程中不可避免地带入的，它们的存在必然会对碳素钢的性能和质量产生一定的影响。

(1) 硅（Si）。硅是钢中的有益元素，它来源于炼钢时使用的生铁和硅铁脱氧剂。炼钢后期以硅铁作脱氧剂进行脱氧反应时，硅元素不可避免地残留在钢中。硅的脱氧作用比锰要强，可有效地清除 FeO，改善钢的质量。大部分硅能溶于铁素体中，形成含硅铁素体并使之强化，从而提高钢的强度、硬度和弹性，但会降低钢的塑性和韧性；少量的硅以硅酸盐夹杂物的形式存在于钢中，仅作为少量杂质元素，对钢的性能影响并不显著。总的来说，硅可以提高钢的强度、硬度和弹性，是钢中的有益元素。由于硅的含量低，故其强化作用不大。钢中硅的质量分数通常不大于 0.5%，在碳素镇静钢中硅的质量分数一般控制在 0.17%~0.37% 之间。

（2）锰（Mn）。锰是钢中的有益元素，它是炼钢时由生铁和组铁脱氧剂带入而残留在钢中的杂质元素。锰具有较好的脱氧能力，能清除钢中的 FeO，把 FeO 还原成铁，降低钢的脆性，改善钢的质量。锰能与硫形成高熔点的 MnS，从而减轻硫对钢的危害，改善钢的热加工性能。锰与 FeO、硫的反应产物大部分进入炉渣被除去，而小部分残留在钢中形成非金属夹杂物。锰大部分溶于铁素体中，形成置换固溶体，使铁素体强化，其余部分的锰溶于 Fe_3C 中形成合金渗碳体。锰能使钢中珠光体的相对量增加并使之细化，从而使钢的强度和硬度提高。因此，一般认为锰适量时是一种有益元素。钢中锰的质量分数一般在 0.25%~0.80% 之间。

（3）硫（S）。硫是钢中的有害元素，它是在炼钢时由生铁和燃料带入钢中的杂质元素。在固态下，硫在铁中的溶解度极小，主要以化合物 FeS 的形式存在于钢中。FeS 能与铁形成低熔点共晶体（Fe + FeS），其熔点约为 985℃，并分布在奥氏体晶界上。当钢材加热到 1000~1200℃ 进行轧制或锻造等热加工时，晶界上的 Fe + FeS 共晶体已经熔化，晶粒间的结合被破坏，导致钢材在加工过程中沿晶界开裂，这种现象称为热脆性。硫不仅使钢产生热脆性，而且还会降低钢的强度和韧性。适当增加钢中锰的含量，可减轻硫的有害作用，因为硫和锰的亲和力较硫和铁的亲和力强，锰能从 FeS 中夺走硫而形成高熔点的 MnS（熔点 1620℃）。MnS 呈粒状分布在奥氏体晶粒内，它在高温下不熔化且具有一定塑性，故在轧制钢材时能有效地避免钢的热脆性。因此，钢中锰、硫含量常有定比。MnS 是非金属夹杂物，在轧制时会形成热加工纤维，使钢的性能具有方向性，但在易切削钢中可适当提高硫的含量，其目的在于提高钢材的切削加工性能。此外，硫对钢的焊接性能有不良的影响，容易导致焊缝产生热裂、气孔和疏松。因此，通常情况下硫是有害杂质元素，应严格控制其含量，一般硫的质量分数不超过 0.05%。

（4）磷（P）。磷是由生铁带入的有害元素。磷能溶解于铁素体中形成固溶体，使铁素体强化，从而使钢的强度、硬度有所提高。但是，在结晶时磷也可形成脆性很大的化合物（Fe_3P），使钢在室温下（一般为 100℃ 以下）的塑性和韧性急剧下降，这种脆化现象在低温时更为严重，称为冷脆性。磷在结晶时还容易偏析，从而在局部地方发生冷脆。通常希望脆性转变温度低于工件的工作温度，以免发生脆化。一般钢中磷的质量分数达到 0.10% 时，冷脆性就很严重了。因此，磷是一种有害杂质元素，应严格控制它的含量，一般钢中磷的质量分数小于 0.04%。

钢中的硫和磷是有害元素，应严格控制它们的含量。但是，在易切削钢中，常适当地提高硫、磷的含量，以增加钢的脆性，有利于在切削时形成断裂切屑，改善钢的切削加工性能，从而提高切削效率和延长刀具寿命。这种易切削钢主要用于在自动机床上加工生产量大、受力不大的零件。此外，钢中加入适量的磷还可以提高钢材的耐大气腐蚀性。

（5）非金属夹杂物。在炼钢过程中，少量炉渣、耐火材料及冶炼中的反应物可能进入钢液中，从而在钢中形成非金属夹杂物，如氧化物、硫化物、硅酸盐、氮化物等。它们都会降低钢的力学性能，特别是降低塑性、韧性及疲劳强度，严重时还会使钢在热加工与热处理时产生裂纹，或使用时造成钢的突然脆断。非金属夹杂物也促使钢形成热加工纤维组织与带状组织，使钢材具有各向异性，严重时横向塑性仅为纵向的一半，并使钢的冲击韧度大为降低。因此，对重要用途的钢，如弹簧钢、滚动轴承钢、渗碳钢等，需要检查非金属夹杂物的数量、形状、大小与分布情况，并按相应的等级标准进行评定。

（6）氮、氧、氢。氮、氧、氢等气体存在于钢中，对钢的性能会造成严重危害。氮存在于钢中，会导致钢硬度和强度的提高而塑性和韧性降低，使钢产生时效而变脆。为了防止氮在钢中的有害影响，在炼钢时常采用铝和铁脱氮，生成 AlN 和 TiN，从而减轻钢的时效倾向（即固氮处理），消除氮的脆化效应。

氧存在于钢中，会使钢的强度和塑性降低，特别是氧化物（Fe_3O_4、FeO、MnO、SiO_2 和 Al_2O_3）等夹杂存在于钢中，加剧了钢的热脆现象，降低了钢的疲劳强度，因此，氧是有害杂质元素。

微量的氢在钢中会使钢的塑性剧烈下降，出现氢脆，造成局部显微裂纹（在显微镜下可观察到白色圆痕），称为白点，白点是一种使钢产生突然断裂的根源。减少钢中含氢量的最有效方法是在炼钢时对钢进行真空处理。

总之，钢中的气体元素一般都是有害的，对钢的性能和质量影响很大，因此，必须严格控制其含量。

6.1.2　碳素钢的分类

碳素钢的分类方法有很多，现将主要的几种分类方法介绍如下：

（1）按钢的含碳量分类。低碳钢：$w(C) \leqslant 0.25\%$。中碳钢：$w(C) \leqslant 0.25\% \sim 0.60\%$。高碳钢：$w(C) \leqslant 0.60\%$。

（2）按钢的质量分类。根据钢中有害元素硫、磷含量不同可分为 4 种。普通钢：$w(S) \leqslant 0.050\%$，$w(P) \leqslant 0.045\%$。优质钢：$w(S) \leqslant 0.035\%$，$w(P) \leqslant 0.035\%$。高级优质钢：$w(S) \leqslant 0.030\%$，$w(P) \leqslant 0.030\%$。特级优质钢：$w(S) \leqslant 0.020\%$，$w(P) \leqslant 0.025\%$。

（3）按钢的用途分类。碳素结构钢：用于制造各种机械零件和工程构件，多为低碳钢和中碳钢（$w(C) \leqslant 0.70\%$）。碳素工具钢：用于制造各种刀具、模具和量具等，多为高碳钢且为优质钢或高级优质钢（$w(C) > 0.70\%$）。铸造碳钢：用于制造形状复杂、力学性能要求较高的机械零件（$w(C) = 0.2\% \sim 0.6\%$）。

（4）按冶炼时脱氧程度的不同分类。沸腾钢：脱氧程度不完全的钢，浇注时产生沸腾现象，其特点是材料利用率高，成本低，组织不致密，力学性能较低。镇静钢：脱氧程度完全的钢，浇注时钢液镇静，没有沸腾现象，其特点是组织致密，力学性能较高，质量均匀，但成本较高，材料利用率低。半镇静钢：脱氧程度介于沸腾钢和镇静钢之间的钢，其生产过程较难控制，故使用量不大。特殊镇静钢：采用特殊脱氧工艺冶炼的脱氧完全的钢，其脱氧程度、质量及性能比镇静钢高。

6.1.3　碳素钢的牌号、性能及用途

碳素钢的牌号采用化学元素符号、汉语拼音字母和阿拉伯数字相结合的方法来表示。

6.1.3.1　碳素结构钢（GB/T 700—2006）

（1）成分、性能特点及用途。碳素结构钢碳的质量分数在 $0.12\% \sim 0.24\%$ 之间，其有害元素和非金属夹杂物较多，按质量等级分为 A、B、C 和 D 四级。这类钢的强度和硬度不高，但冶炼容易，价格便宜，产量大，且具有良好的塑性和焊接性，在性能上能满足一般工程结构件及普通零件的要求，因而应用普遍。碳素结构钢通常以热轧空冷状态供应，制

成钢板和各种型材（圆钢、方钢、扁钢、角钢、槽钢、工字钢、钢筋等），适用于一般工程结构、桥梁、船舶和厂房等建筑结构或一些受力不大的机械零件（如螺钉、螺母、铆钉等）。

（2）牌号与应用。碳素结构钢的牌号由代表屈服强度的汉语拼音首位字母"Q"、屈服强度数值、质量等级符号和脱氧方法符号四个部分按顺序组成。质量等级按硫、磷含量的多少分为 A、B、C、D 四级，其中 A 级的硫、磷含量最高，D 级的硫、磷含量最低。脱氧方法符号用 F、b、Z、TZ 表示，F 是沸腾钢，b 是半镇静钢，Z 是镇静钢，TZ 是特殊镇静钢。Z 与 TZ 这两个符号在牌号组成表示方法中予以省略，例如，Q235-A. F 表示屈服强度为 235MPa 的 A 级沸腾钢。碳素结构钢的牌号、化学成分、力学性能及应用见表 6-1。

表 6-1　碳素结构钢的牌号、化学成分、力学性能及应用

牌号	等级	化学成分（质量分数）/%					脱氧方法	力学性能			应用
		C	Mn	Si	S	P		σ_s /MPa	σ_b /MPa	δ/%	
Q195		≤0.12	≤0.50	≤0.30	≤0.040	≤0.035	F、Z	≥195	315 ~ 430	≥33	用于制作开口销、铆钉、垫片及载荷较小的冲压件等
Q215	A	≤0.15	≤1.20	≤0.35	≤0.050	≤0.045	F、Z	≥215	335 ~ 450	≥31	
	B				≤0.045						
Q235	A	≤0.22	≤1.40	≤0.35	≤0.050	≤0.045	F、Z	≥235	370 ~ 500	≥26	用于制作后桥壳盖、内燃机支架、制动器底板、发电机机架、曲轴前挡油盘等
	B	≤0.20			≤0.045						
	C	≤0.17			≤0.040	≤0.040	Z				
	D				≤0.035	≤0.035	TZ				
Q275	A	≤0.24	≤1.50	≤0.35	≤0.050	≤0.045	F、Z	≥275	410 ~ 540	≥22	用于制作拉杆、心轴、转轴、小齿轮、销、键等
	B	≤0.21			≤0.045						
	C	≤0.22			≤0.040	≤0.040	Z				
	D	≤0.20			≤0.035	≤0.035	TZ				

6.1.3.2　优质碳素结构钢（GB/T 699—1999）

（1）成分及性能特点。优质碳素结构钢的化学成分和力学性能均有较严格的控制，其硫、磷的质量分数均少于 0.035%，有害元素含量少。根据钢中含锰量的不同，分为普通含锰量钢（$w(Mn) = 0.25\% \sim 0.80\%$）和较高含锰量钢（$w(Mn) = 0.7\% \sim 1.2\%$）。这类钢是一种应用极为广泛的机械制造用钢，经热处理后具有良好的综合力学性能。

（2）用途。优质碳素结构钢是按化学成分和力学性能供应的，钢中所含硫、磷及非金属夹杂物量较少，常用来制造各种重要的机械零件，如轴类、齿轮、弹簧等零件。使用前一般都要经过热处理来改善其力学性能。

（3）牌号与应用。优质碳素结构钢的牌号用两位数字表示，这两位数字表示该钢平均碳的质量分数的万分数。例如，45 钢表示平均碳的质量分数为 0.45% 的优质碳素结构钢；08 钢表示平均碳的质量分数为 0.08% 的优质碳素结构钢。含量较高的钢在牌号后面标出元素符号 Mn（或锰），如 20Mn（20 锰）、65Mn（65 锰）等。

优质碳素结构钢一般为镇静钢，但某些含碳量较低的钢也有沸腾钢，若为沸腾钢则在牌号后面加符号 F（或"沸"），如 10F（10 沸）表示平均碳的质量分数为 0.10% 的优质

碳素结构钢，为沸腾钢。用于各种专门用途的某些专用钢则在牌号后面标出规定的符号，如 20G 表示平均碳的质量分数为 0.20% 的优质碳素结构钢，为锅炉用钢。优质碳素结构钢的牌号、化学成分和力学性能见表 6-2。

表 6-2　优质碳素结构钢的牌号、化学成分和力学性能

牌号	化学成分（质量分数）/%			力 学 性 能						
	C	Si	Mn	σ_s/MPa	σ_b/MPa	δ/%	φ/%	a_K/J·cm^{-2}	HBW	
									热轧钢	退火钢
08F	0.05~0.11	≤0.03	0.25~0.50	≥175	≥295	≥35	≥60	—	≤131	—
08	0.05~0.12	0.17~0.37	0.35~0.65	≥195	≥325	≥33	≥60	—	≤131	—
10	0.07~0.14	0.17~0.37	0.35~0.65	≥205	≥335	≥31	≥55	—	≤137	—
15	0.12~0.19	0.17~0.37	0.35~0.65	≥225	≥375	≥27	≥55	—	≤143	—
20	0.17~0.24	0.17~0.37	0.35~0.65	≥245	≥410	≥25	≥55	—	≤156	—
30	0.27~0.35	0.17~0.37	0.50~0.80	≥295	≥490	≥21	≥50	≥78.5	≤179	—
40	0.37~0.45	0.17~0.37	0.50~0.80	≥335	≥570	≥19	≥45	≥58.8	≤217	≤187
45	0.42~0.50	0.17~0.37	0.50~0.80	≥355	≥600	≥16	≥40	≥49	≤241	≤197
50	0.47~0.55	0.17~0.37	0.50~0.85	≥375	≥630	≥14	≥40	≥39.2	≤241	≤207
60	0.47~0.65	0.17~0.37	0.50~0.80	≥400	≥675	≥12	≥35	—	≤255	≤229
70	0.67~0.75	0.17~0.37	0.50~0.80	≥420	≥715	≥9	≥30	—	≤269	≤229
80	0.77~0.85	0.17~0.37	0.50~0.80	≥930	≥1080	≥6	≥30	—	≤285	≤241
20Mn	0.17~0.24	0.17~0.37	0.70~1.00	≥275	≥450	≥24	≥50	—	≤197	—
30Mn	0.27~0.35	0.17~0.37	0.70~1.00	≥315	≥540	≥20	≥45	≥78.5	≤217	≤187
40Mn	0.37~0.45	0.17~0.37	0.70~1.00	≥355	≥590	≥17	≥45	≥58.8	≤229	≤207
60Mn	0.57~0.65	0.17~0.37	0.70~1.00	≥410	≥695	≥11	≥35	—	≤269	≤229
65Mn	0.57~0.65	0.17~0.37	0.90~1.20	≥430	≥735	≥9	≥30	—	≤285	≤229

08 钢、10 钢的含碳量低、塑性好、强度低、焊接性能好，主要用于制作薄板、冷冲压零件和焊接件，属于冷冲压钢。

15 钢、20 钢、25 钢属于渗碳钢。这类钢的强度较低，但塑性、韧性较高，冷冲压性能和焊接性能很好，可以用作各种受力不大，但要求高韧性的零件，如焊接容器、杆件、轴套等，还可用作冷冲压件和焊接件。这类钢经渗碳淬火后，表面硬度可达 60HRC 以上，耐磨性好，而心部具有一定的强度和韧性，可用于制造要求表面硬度高，耐磨，并承受冲击载荷的零件。

30 钢、35 钢、40 钢、45 钢、50 钢、55 钢属于调质钢，经过热处理后具有良好的综合力学性能，主要用于制作要求强度、塑性、韧性都较高的零件，如紧固件、齿轮、连杆、套筒、轴类零件及联轴器等零件。这类钢在机械制造中应用非常广泛，特别是 40 钢、45 钢在机械零件中应用更为广泛。

60 钢、65 钢、70 钢、75 钢、80 钢、85 钢属于弹簧钢，经热处理后可获得较高的强度、硬度和良好的弹性，但焊接性和冷变形塑性较差，切削性能也不太好，主要用于制作尺寸较小的弹簧、弹性零件及耐磨零件，如各种弹簧、弹簧垫圈等。

较高锰含量的优质碳素结构钢，其性能和用途与对应的普通锰含量的优质碳素结构钢相同，但淬透性较高。

6.1.3.3　碳素工具钢（GB/T 1298—2008）

（1）成分及性能特点。碳素工具钢用于制造刀具、模具和量具等，要求具有较高的硬度、耐磨性和一定的韧性，故碳素工具钢碳的质量分数在 0.65%~1.35% 之间，而且都是优质钢或高级优质钢。此类钢的含碳范围可保证钢在淬火后具有足够的硬度，虽然这类钢淬火后的硬度相近，但随着含碳量的增加，未溶渗碳体增多，钢的耐磨性提高，而韧性下降，故不同牌号的这类钢其用途也不同。高级优质碳素工具钢淬裂倾向小，适宜制作形状复杂的刀具。

（2）热处理特点及用途。预备热处理。碳素工具钢在锻造、轧制后进行的预备热处理为球化退火，其目的是降低硬度，改善切削加工性能，并为淬火做好组织准备。最终热处理。淬火 + 低温回火为碳素工具钢的最终热处理。淬火温度约为 780℃，回火温度约为 180℃，最终组织为回火马氏体 + 粒状渗碳体 + 少量残留奥氏体。

碳素工具钢的缺点是淬透性差、热硬性低，温度达到 200℃ 后硬度即明显降低，失去切削能力；此外，该类钢淬火加热易过热，导致钢的强度、塑性和韧性降低。因此，该类钢仅用于制造截面较小、形状简单、切削速度较低的刀具和不太重要的模具、量具等。

（3）牌号与应用。碳素工具钢的牌号以"碳"字的汉语拼音首个字母"T"及后面的阿拉伯数字表示，其数字表示钢中平均碳的质量分数的千分数，如 T8 表示平均碳的质量分数为 0.80% 的碳素工具钢。若为高级优质碳素工具钢，则在牌号后面标以字母 A，如 T12A 表示平均碳的质量分数为 1.2% 的高级优质碳素工具钢。若为含锰量较高的碳素工具钢，则在牌号后面标以符号 Mn（或锰），如 T8Mn（T8 锰）。

碳素工具钢的牌号、化学成分、力学性能和应用见表 6-3。

表 6-3　碳素工具钢的牌号、化学成分、力学性能表

牌号	化学成分（质量分数）/%			供应状态硬度（HBW）	淬火后硬度（HRC）	应　用
	C	Mn	Si			
T7 T7A	0.65~0.74	≤0.40	≤0.35	≤187	≥62	承受冲击载荷，韧性较好、硬度适当的工具，如扁铲、錾子、手钳、大锤、木工工具、旋具、冲头、压缩空气工具、钻头、模具等
T8 T8A	0.75~0.84					
T8Mn T8MnA	0.80~0.90	0.40~0.60				承受冲击载荷，较高硬度的工具，如冲头、压缩空气工具、木工工具等，淬透性较大，可制造较大截面的工具
T9 T9A	0.85~0.94	≤0.40		≤192		承受中等冲击载荷，韧性中等、硬度较高的工具，如冲头、木工工具、凿岩工具、车刀、刨刀、丝锥、板牙、手工锯条、卡尺等
T10 T10A	0.95~1.04			≤197		
T11 T11A	1.05~1.14			≤207		
T12 T12A	1.15~1.24					不受冲击载荷、要求高硬度的工具和耐磨机件，如钻头、锉刀、丝锥、刮刀、精车刀、量具等
T13 T13A	1.25~1.35			≤217		

6.1.3.4　铸造碳钢（GB/T 11352—2009）

（1）成分及性能特点。铸造碳钢是将钢液直接浇注成零件毛坯的碳钢，其碳的质量分数一般在 0.20%～0.60% 之间，如果含碳量过高，则塑性变差，铸造时易产生裂纹。铸造碳钢具有良好的力学性能和较好的焊接性能，但其铸造性能并不理想，铸钢件偏析严重，内应力大。因此，铸钢件应在铸造工艺上采取适当措施，并需要通过热处理来改善其组织和性能。

（2）牌号与应用。铸造碳钢的牌号是用"铸钢"两字的汉语拼音首个字母"ZG"加两组数字组成，第一组数字代表屈服强度值，第二组数字代表抗拉强度值。例如，ZG270-500 表示屈服强度不小于 270MPa、抗拉强度不小于 500MPa 的铸造碳钢。

铸造碳钢一般用于制造形状复杂、力学性能要求较高的机械零件。这些零件由于形状复杂，很难用锻造或机械加工的方法制造，且力学性能要求较高，用铸铁铸造难以满足其力学性能要求。因此，铸造碳钢广泛用于制造重型机械的某些零件，如减速器壳体、汽车轮载、轧钢机机架、水压机横梁、锻锤和砧座等。常用铸造碳钢的牌号、化学成分和力学性能见表 6-4。

表 6-4　铸造碳钢的牌号、化学成分和力学性能

牌号	化学成分（质量分数）/%					室温下力学性能					
	C	Si	Mn	P	S	σ_s/MPa	σ_b/MPa	δ/%	φ/%	A_{KV}/J	A_{KU}/J
ZG200-400	≤0.20		≤0.80			≥200	≥400	≥25	≥40	≥30	≥47
ZG230-450	≤0.30		≤0.90			≥230	≥450	≥22	≥32	≥25	≥35
ZG270-500	≤0.40	≤0.60	≤0.90	≤0.035		≥270	≥500	≥18	≥25	≥22	≥27
ZG310-570	≤0.50		≤0.90			≥310	≥570	≥15	≥21	≥15	≥24
ZG340-640	≤0.60		≤0.90			≥340	≥640	≥10	≥18	≥10	≥16

不同牌号的铸造碳钢用于不同使用要求的零件。ZG200-400 具有良好的塑性、韧性和焊接性，用于受力不大、要求具有一定韧性的零件，如机座、变速箱体等。ZG230-450 具有一定的强度和较好的塑性、韧性，焊接性良好，切削性能尚可，用于受力不大、要求具有一定韧性的零件，如底座、轴承盖、外壳、阀体、底板等。ZG270-500 具有较高的强度和较好的塑性，焊接性较差，切削性能良好，是用途较广的铸造碳钢，用作轧钢机机架、连杆、箱体、缸体、曲轴、轴承座、飞轮等。ZG310-570 强度和切削性能良好，塑性、韧性较差，用于负荷较高的零件，如大齿轮、缸体、制动轮、辊子等。ZG340-640 具有高的强度、硬度和耐磨性，切削性能中等，焊接性差，裂纹敏感性大，用作齿轮、棘轮等。

6.1.3.5　易切削结构钢（GB/T 8731—2008）

（1）成分及性能特点。易切削结构钢是在钢中加入一种或几种元素，利用其本身或与其他元素形成一种对切削加工有利的夹杂物，来改善钢材的可加工性。目前在易切削结构钢中常加入的元素是硫（S）、磷（P）、铅（Pb）、钙（Ca）、硒（Se）、碲（Te）等。易切削结构钢适合在自动机床上进行高速切削制作的通用机械零件，如 Y45 钢适合于高速切削加工，与 45 钢相比，其生产效率提高一倍以上，可节省工时，用来制造齿轮轴、花键

轴等热处理零件。这种钢材不仅应保证在高速切削条件下工件对刀具的磨损小，而且还要求零件切削后其表面的粗糙度值低。例如，为了提高可加工性，钢中加入硫（$w(S) = 0.15\% \sim 0.25\%$），同时加入锰（$w(Mn) = 0.70\% \sim 1.10\%$），使钢内形成大量的 MnS 夹杂物。在切削时，这些夹杂物可起断屑作用，从而减少动力损耗。另外，硫化物在切削过程中还有一定的润滑作用，可以减小刀具与工件表面的摩擦，延长刀具的使用寿命。适当提高磷的含量，可以使铁素体脆化，也能提高钢材的切削性能。

（2）牌号与应用。易切削结构钢的牌号以"Y + 数字"表示，Y 是"易"字汉语拼音的首位字母，数字为钢中平均碳的质量分数的万分数，如 Y12 钢表示平均碳的质量分数为 0.12%、锰的质量分数为 0.70% ~ 1.00% 的易切削结构钢。含锰的易切削结构钢应在牌号后加符号 Mn，如 Y40Mn 钢等。部分易切削结构钢的牌号、化学成分和力学性能见表 6-5。

表 6-5　部分易切削结构钢的牌号、化学成分和力学性能

牌　号	化学成分（质量分数）/%				力学性能（热轧状态）	
	C	Mn	S	P	σ_b/MPa	δ/%
Y12	0.08 ~ 0.16		0.10 ~ 0.20	0.08 ~ 0.15	390 ~ 540	22
Y20	0.17 ~ 0.25				450 ~ 600	20
Y30	0.27 ~ 0.35	0.70 ~ 1.00	0.08 ~ 0.15	≤0.06	510 ~ 655	15
Y35	0.32 ~ 0.40				510 ~ 655	14
Y40Mn	0.37 ~ 0.45	1.20 ~ 1.55	0.20 ~ 0.30	≤0.05	590 ~ 850	14

目前，易切削结构钢主要用于制造受力较小、不太重要的大批生产的标准件，如螺钉、螺母、垫圈、垫片，以及缝纫机、计算机和仪表的零件等。

任务 6.2　合金钢分类及编号

在冶炼时有意向碳素钢中加入一些合金元素，以改善钢的使用性能和工艺性能，这种钢就称为合金钢。合金钢具有碳素钢所不具备的优良性能和特殊性能，如在使用性能方面，合金钢在低温下有较高的韧性，在高温下有较高的硬度、强度以及抗氧化性和耐蚀性等；在工艺性能方面，合金钢的淬透性、焊接性、耐回火性和切削加工性都得到了改善。合金钢之所以具有这些优良性能，是由于各种合金元素的有意加入改变了钢的内部成分、结构、组织和性能。

一般加入钢中的合金元素有：铬（Cr）、镍（Ni）、钼（Mo）、钨（W）、锰（Mn）、硅（Si）、钒（V）、钴（Co）、硼（B）、铌（Nb）、锆（Zr）、铝（Al）、铜（Cu）、钛（Ti）、氮（N）以及稀土（RE）等合金元素。

6.2.1　合金元素对钢的影响

上述合金元素在钢中的作用很复杂，对钢的成分、结构、组织及性能有很大影响。

合金元素加入到钢中后，或是溶于钢中原有的相（铁素体、奥氏体或渗碳体）中，或是形成新的相，一般概括起来有以下几种形式：

（1）溶入钢中原有的相中（如铁素体、奥氏体、马氏体中）作为固溶体的溶质原子存在，它们存在的形式可以是间隙型固溶原子，也可以是置换型固溶原子，主要取决于合金元素的原子半径。

（2）形成强化相合金元素溶入渗碳体中，与铁和碳一起形成合金渗碳体；或与碳形成特殊碳化物。这些合金渗碳体和特殊碳化物形成了钢中的强化相。

（3）形成非金属夹杂物合金元素与氧、氮、硫等元素能形成氧化物、氮化物和硫化物，还可以形成成分复杂的硅酸盐类夹杂物。

（4）自由状态个别合金元素（如铜、铅等），当其含量超过相应溶解度后，合金元素将以游离状态存在于钢中，并呈细小分散的颗粒状。合金元素以哪种形式存在，主要取决于合金元素的种类、含量、冶炼方法以及热处理方法等，同时还和其他已存在的合金元素有关。

6.2.1.1　形成合金铁素体

大多数合金元素（除铅外）都可以或多或少地溶入铁素体中，形成合金铁素体。原子半径很小的合金元素（如硼）与铁形成间隙固溶体，原子半径较大的合金元素（如锰）则与铁形成置换固溶体。由于合金元素的加入，引起铁素体晶格畸变，产生固溶强化，使溶入合金元素的铁素体的强度、硬度明显增加，塑性和韧性略有下降。有些合金元素的含量（如 $w(Si) < 1.0\%$，$w(Mn) < 1.5\%$）在一定范围内时，铁素体的韧性没有明显下降；还有些合金元素的含量（如 $w(Cr) < 2.0\%$，$w(Ni) < 5\%$）在一定范围内时，铁素体的韧性可明显提高，也就是说某些合金元素的加入，在不降低韧性的同时还使钢得到了强化。

6.2.1.2　形成合金碳化物

与碳亲和力很弱的合金元素基本上都溶于铁素体内，以合金铁素体形式存在，而与碳亲和力较强的合金元素则溶于渗碳体内形成合金碳化物（包括合金渗碳体和特殊碳化物）。

（1）合金渗碳体。合金渗碳体是合金元素溶入渗碳体中置换其中的铁原子所形成的化合物，如铬、钨、锰等合金元素形成的 $(Fe, Cr)_3C$、$(Fe, W)_3C$、$(Fe, Mn)_3C$。形成合金渗碳体的合金元素与碳的亲和力相对较弱（比铁强），且晶格类型与渗碳体相同。合金渗碳体较渗碳体略为稳定，硬度也有所提高。稳定性高的合金渗碳体较难溶于奥氏体中，从而阻碍了加热时奥氏体晶粒的长大。

（2）特殊碳化物。某些合金元素（如钒、铌、钛等）与碳的亲和力较强，能形成特殊碳化物（如 VC、TiC 等），其晶格类型与渗碳体完全不同。特殊碳化物比合金渗碳体具有更高的稳定性、硬度、熔点和耐磨性，稳定性越高的碳化物越难溶于奥氏体中，同时也越难长大。当钢中的特殊碳化物呈弥散分布时，合金钢的强度、硬度和耐磨性明显提高，韧性不降低。

6.2.1.3　细化晶粒

由于合金元素（几乎所有元素）的加入，形成了合金铁素体和合金碳化物，降低了扩散速度，使合金钢晶格的稳定性明显增加，抑制了钢在加热时向奥氏体晶粒转变（包括奥氏体的形核与长大）的时间和速度，达到了细化晶粒的目的，使合金钢在热处理后能获得更细的晶粒。为了得到比较均匀、细小、含有足够数量合金元素的奥氏体，合金钢的热处理需要更高的加热温度和较长的保温时间。

6.2.1.4 提高钢的淬透性

合金元素（除钴外）溶入奥氏体后，可降低原子的扩散能力，增加过冷奥氏体的稳定性，推迟其向珠光体转变，使等温转变曲线右移，推迟了转变时间，降低了合金钢淬火的临界冷却速度，提高了合金钢的淬透性。提高钢的淬透性对生产十分有利，可以在冷却能力较弱的介质中进行淬火，减少工件变形与开裂的倾向；如果以相同的临界冷却速度冷却，可增大淬透层深度，从而提高零件的力学性能。

6.2.1.5 提高钢的耐回火性

淬火钢在回火时抵抗软化（强度、硬度下降）的能力称为钢的耐回火性。合金钢在回火过程中，由于合金元素的阻碍作用，马氏体、残留奥氏体不易分解，碳化物不易析出，即使析出后也不易长大，呈较大的弥散状分布，所以合金钢在回火过程中硬度下降较慢。某些合金钢（含钼、钒等）在回火时出现二次硬化现象，其硬度比淬火后还高，这是因为残留奥氏体在回火过程中转变为马氏体，马氏体在回火时析出高弥散度的特殊碳化物。

通过以上分析可以看出，在相同的回火温度条件下，合金钢的强度和硬度比同样含碳量的碳素钢更高；在相同的强度和硬度前提下，合金钢的回火温度比相同含碳量的碳素钢要高，从而使其韧性更好，内应力更小。

高的耐回火性也就是高的热硬性，具有高的耐回火性的合金钢，能在较高的温度下保持高硬度和高耐磨性，这对实际生产有益，可以提高某些工具钢的耐用度，从而提高生产效率。

6.2.1.6 合金元素对钢热处理的影响

（1）合金元素对铜加热转变的影响。合金钢的奥氏体化与碳钢相同，也包括形核与长大。由于绝大多数合金元素都降低了扩散速度，所以合金元素实际上减缓了奥氏体化的过程，因此在合金钢热处理时需要更高的加热温度和保温时间。合金元素中（除锰外），绝大多数都阻碍奥氏体晶粒长大，因此合金钢在加热的过程中不易产生过热。

（2）合金元素对过冷奥氏体转变的影响。在等温转变过程中，过冷奥氏体的转变属于扩散型转变，合金元素（除钴外）能使奥氏体稳定性增加，使等温转变曲线右移（合金元素溶入奥氏体后），从而增加钢的淬透性，减小工件变形开裂的倾向。

在马氏体转变过程中，合金元素（除钴、铝外）溶入奥氏体后，使马氏体转变开始温度和结束温度均降低（如铬、钒、钛等合金元素），降低后使钢中的残留奥氏体增多，影响到钢的硬度、变形和尺寸的稳定性。

在回火过程中，由于合金元素提高了淬火钢的耐回火性，使得合金钢的硬度、强度、塑性、韧性均比碳素钢要高。某些合金钢在回火时能够产生二次硬化现象，随着回火温度的升高，硬度不但不降低，反而在某个温度范围内提高。二次硬化的原因主要有两个，一是残留奥氏体在回火过程中转变为马氏体，二是马氏体在回火时析出高弥散度的特殊碳化物。

当合金元素中含有铬、镍、锰、硅等元素时，在淬火后进行高温回火，若缓慢冷却会产生高温回火脆性。

6.2.2　合金钢的分类和牌号

6.2.2.1　合金钢的分类

合金钢的分类方法有很多，现介绍最常用的两种分类方法。

A　按用途分类

合金钢按用途可分为合金结构钢、合金工具钢和特殊性能钢三种类型。

（1）合金结构钢。合金结构钢又可分为工程构件用钢和机械零件用钢。工程构件用钢主要用作桥梁、车辆、船舶、钢架等工程构件，其体积较大，一般需要进行焊接，通常不进行热处理。但是对于有特殊要求的结构钢，可以进行适当的正火、调质处理。一些要求可靠性高的焊接构件，焊接后在现场进行整体或局部去应力退火。这类钢材很大一部分以钢板和各类型钢进行供货，使用量较大，多采用碳素结构钢、低合金高强度结构钢和微合金钢。

机械零件用钢主要用作各种机器零件，包括轴、齿轮、弹簧、轴承等零件。这类钢材需要经过机械加工或其他形式的加工后使用，一般要通过热处理进行强韧化以充分发挥钢材的潜力。机械零件用钢又可以分为渗碳钢、调质钢、弹簧钢、滚动轴承钢等。

（2）合金工具钢。合金工具钢主要用作各种工具、模具等。按工具钢用途不同，可分为刃具钢、模具钢和量具钢。

（3）特殊性能钢。特殊性能钢是具有特殊的物理、化学性能的钢，可分为不锈钢、耐热钢、耐磨钢、无磁钢等。

B　按合金元素总含量分类

（1）低合金钢合金元素总的质量分数不大于5%的合金钢。

（2）中合金钢合金元素总的质量分数为5%~10%的合金钢。

（3）高合金钢合金元素总的质量分数大于10%的合金钢。

6.2.2.2　合金钢的牌号

钢材的种类繁多，需要进行编号予以标识。目前世界各国的牌号表示方法大体上有两种，一种是用数字与元素化学符号（或代号）混合编号，中国、俄罗斯、德国等采用此种方法；一种是按数字编排，美国、日本、英国等国家采用这种方法。

我国合金钢的牌号是根据国家标准 GB/T 221—2008《钢铁产品牌号表示方法》规定，采用汉语拼音、化学元素符号和阿拉伯数字相结合的原则（表6-6），具体是采用碳含量、合金元素的种类及含量、质量级别来编号的。

表 6-6　常用合金元素的化学符号

元素名称	化学符号	元素名称	化学符号	元素名称	化学符号
碳	C	钨	W	铝	Al
硅	Si	钒	V	铅	Pb
锰	Mn	钛	Ti	硼	B
磷	P	铌	Nb	氮	N
硫	S	镍	Ni	锆	Zr
铬	Cr	钴	Co	稀土	RE
钼	Mo	铜	Cu		

用汉语拼音的第一个字母表示钢的种类、用途、冶炼方法及质量，如果第一个字母发生重复则采用第二个字母。常用的字母参见表 6-7。

表 6-7　牌号中汉语拼音字母应用举例

字　母	汉　字	代表的钢种	应用举例	备　注
T	碳	碳素工具钢	T12	
G	滚	滚动轴承钢	GSiMnV	我国新钢种
A	高	高级优质钢	T12A	高级优质钢
F	沸	沸腾钢	10F	
Y	易	易切削钢	Y12	平均碳的质量分数为 0.12%

A　合金结构钢

合金结构钢的牌号由三部分组成，即两位数字 + 化学元素符号 + 数字。其中，两位数字表示钢的平均碳的质量分数的万分数；化学元素符号表示钢中含有的主要合金元素；数字表示该元素平均质量分数的百分数。合金元素平均质量分数小于 1.5% 时，编号中仅标元素一般不标含量。平均质量分数在 1.5%~2.5%，2.5%~3.5%，…，10.5%~11.5% 等时，相应地写为 2，3，…，11 等。此外，若合金结构钢为高级优质钢，则在牌号后加注 A；若为特级优质钢则加注 E。例如 40Cr、38CrMoAlA、60Si2Mn 等。具体符号的含义如图 6-1 所示。

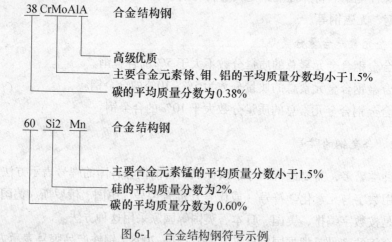

图 6-1　合金结构钢符号示例

B　合金工具钢

合金工具钢牌号的表示方法为一位数字 + 化学元素符号 + 数字。其中，一位数字表示钢的平均碳的质量分数的千分数，当平均碳的质量分数大于或等于 1% 时则不标注。合金元素及其含量的标注方法与合金结构钢相同，如 9SiCr、Cr12MoV 等。具体符号的含义如图 6-2 所示。

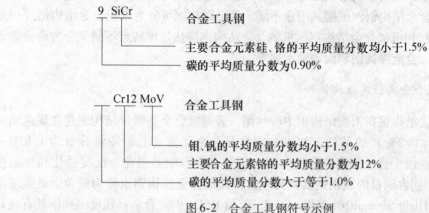

图 6-2　合金工具钢符号示例

高速钢牌号的表示方法略有不同，其含碳量一般不予标注，合金元素及其含量的标注方法与合金结构钢相同。例如，W18Cr4V 表示碳的平均质量分数为 0.7%~0.8%、钨的平均质量分数为 18%、铬的平均质量分数为 4%、钒的平均质量分数小于 1.5% 的高速钢。

C　特殊性能钢

特殊性能钢的牌号表示方法与合金工具钢的牌号表示方法基本相同。例如，40Cr13 表示碳的平均质量分数为 0.4%、铬的平均质量分数为 13% 的不锈钢；20Cr13 表示碳的平均质量分数为 0.20%、铬的平均质量分数为 13% 的不锈钢；06Cr19Ni10，表示碳的平均质量分数为 0.03%~0.10%，铬的平均质量分数为 19%，镍的平均质量分数为 10% 的耐热钢；008Cr30Mo2 表示碳的平均质量分数小于 0.08%，铬的平均质量分数为 30%，钼的平均质量分数为 2% 的不锈钢。具体符号的含义如图 6-3 所示。

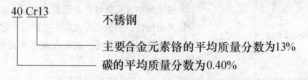

图 6-3　特殊性能钢符号示例

D　滚动轴承钢

滚动轴承钢牌号表示方法为 G + Cr + 数字。其中，G 为"滚"字的汉语拼音首个字母，其含碳量不予标注，Cr 表示铬元素，数字表示铬的平均质量分数的千分数，其他元素含量仍按百分数表示。如平均铬的质量分数为 1.5% 的滚动轴承钢，其牌号写为 GCr15、GCr15SiMn。具体符号的含义如图 6-4 所示。

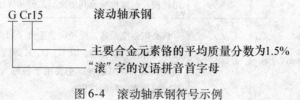

图 6-4　滚动轴承钢符号示例

6.2.3　合金结构钢

在工业生产中，凡用于制造机器零件及各种工程结构用的钢都称为结构钢。其中含有合金元素的称为合金结构钢。根据其用途不同，合金结构钢可分为工程合金结构钢（一般是低合金结构钢）和机械合金结构钢，机械合金结构钢按热处理特点不同又分为合金渗碳钢、合金调质钢、合金弹簧钢和滚动轴承钢等。

6.2.3.1　低合金高强度结构钢

低合金高强度结构钢在工程结构钢中较常用，普通低合金高强度结构钢是在碳素结构钢（一般 $w(C) \leqslant 0.2\%$）的基础上加入一定数量合金元素（总的质量分数为 $1.63\% \sim 3.35\%$）而制成。由于合金元素的强化作用（固溶强化、细晶强化、沉淀强化和弥散强化），其强度比相同含碳量的碳素钢要高得多，因此低合金结构钢也称为低合金高强度结构钢，国外称为 Hight Strength10w Alloy Steel，简称 HSLA 钢。合金高强度结构钢具有良好的低温韧性、塑性、耐蚀性、焊接性、成型工艺性等。常加入的合金元素主要有 Si、Mn 和微合金元素 V、Ti、Al、Nb 等。

低合金高强度结构钢的冶金生产比较简单，大部分用转炉冶炼，也可以用电炉熔炼，其轧钢工艺与碳素结构钢相似，但其屈服强度比碳素结构钢高 $50\% \sim 100\%$，可以减轻钢结构的质量，节约钢材。而合金元素，特别是价格高的合金元素用量少，价格便宜，因而在工农业生产中的应用越来越广泛。

常用低合金高强度结构钢的牌号、力学性能及应用分析见表 6-8，低合金高强度结构钢新旧牌号对照见表 6-9。

表 6-8　常用低合金高强度结构钢的牌号、力学性能及应用分析表

牌号	R_{eL}/MPa	R_m/MPa	$A/\%$	特 性 及 应 用
Q345	265 ~ 345	450 ~ 630	21	该类钢中含有微量合金元素，具有良好的塑性、冷弯性、焊接性及耐蚀性，但强度不太高。主要用于建筑结构、低压锅炉、低中压化学容器、管道、对强度要求不高的工程结构以及拖拉机、车辆等的机械构件
Q390	330 ~ 390	490 ~ 650	18	该类钢综合力学性能较好，冷热加工性、焊接性和耐蚀性均好，其 C、D、E 等级钢材具有良好的低温性能，主要用于桥梁、船舶、电站设备、锅炉、压力容器及其他承受较高载荷的工程和焊接构件
Q420	360 ~ 420	520 ~ 680	18	
Q460	400 ~ 460	550 ~ 720	16	该类钢强度高、焊接性能好，在正火或正火＋回火状态具有较高的综合力学性能，用于大型桥梁、船舶、电站设备、锅炉、矿山机械、起重机械及其他大型工程和焊接结构件
Q500	440 ~ 500	540 ~ 770	17	该类钢强度最高，经正火、正火＋回火、淬火＋回火处理后有很高的综合力学性能，其 C、D、E 等级钢材可保证良好的韧性。该类钢属于备用钢种，主要用于各种大型工程结构及要求强度高、载荷大的轻型结构

表 6-9　低合金高强度结构钢新旧牌号对照表

GB/T 1591—2008	GB/T 1591—1988
Q345	12MnV、14MnNb、16Mn、16MnRE、18Nb
Q390	15MnV、15MnTi、16MnNb
Q420	15MnVN、14MnVTiRE
Q460	14MnMoV、18MnMoNb

6.2.3.2　机械合金结构钢

A　合金渗碳钢

合金渗碳钢是一类重要的合金结构钢，这类钢的特点是通过改变钢的表面化学成分来获得特定的性能，以满足使用要求。工程机械发动机、仪表、汽车等使用的各种齿轮、轴、套等零件如图 6-5 所示，这些零件不仅要求有硬而耐磨的表面层，而且还要求有高强度和良好韧性的心部，表面渗碳和恰当的热处理是满足上述性能的一种良好的技术方法。合金渗碳钢通常加入的合金元素有 Cr、Ni、Mn、B、W、Mo、V、Ti 等，以强化铁素体，增加淬透性，细化晶粒。

(a)　　　　　　　　　　　　　　(b)

图 6-5　合金渗碳钢的应用
（a）凸轮轴；（b）齿轮

常用合金渗碳钢的牌号、热处理、力学性能及用途见表 6-10。

表 6-10　常用合金渗碳钢的牌号、热处理、力学性能及用途

类别	牌号	热处理温度/℃，冷却介质			力学性能			用　途
		渗碳	第一次淬火	回火	R_m/MPa	R_{eL}/MPa	$A/\%$	
低淬透性	20Cr	930	880，水-油冷	200，水-空冷	≥835	≥540	≥10	截面不大的机床变速器齿轮、凸轮、滑阀、活塞、活塞环、万向节等
	20Mn2	930	850，水-油冷	200，水-空冷	≥785	≥590	≥10	代替 20Cr 制造渗碳小齿轮、小轴、汽车变速器操纵杆
	20MnV	930	880，水-油冷	200，水-空冷	≥785	≥590	≥10	活塞销、齿轮、锅炉、高压容器等焊接结构件

续表 6-10

类别	牌号	热处理温度/℃，冷却介质			力学性能			用　途
		渗碳	第一次淬火	回火	R_m/MPa	R_{eL}/MPa	A/%	
中淬透性	20CrMn	930	850，油冷	200，水-空冷	≥930	≥735	≥10	截面不大、中高负荷的齿轮、轴、蜗杆、调速器的套
	20CrMnT	930	880，油冷	200，水-空冷	≥1080	≥835	≥10	截面直径在 30mm 以下的，承受调速、中等负荷或重负荷以及冲击、摩擦的渗碳零件，如齿轮等
	20MnTiB	930	860，油冷	200，水-油冷	≥1100	≥930	≥10	代替 20CrMnTi 制造汽车、拖拉机上的小截面及中等截面
	20SiMnVB	930	900，油冷	200，水-油冷	≥1175	≥980	≥10	可代替 20CrMnTi
高淬透性	12Cr2Ni4A	930	880，油冷	200，水-油冷	≥1175	≥1080	≥10	在高负荷下工作的齿轮、蜗杆、蜗轮、转向轴等
	18Cr2Ni4WA	930	950，空冷	200，水-油冷	≥1175	≥835	≥10	大齿轮、曲轴、花键轴、蜗轮等

B　合金调质钢

合金调质钢一般是指经调质处理（淬火＋高温回火）后使用的结构钢。淬火后得到的马氏体组织经高温回火后，得到的马氏体组织经高温回火后，得到在 α 相基体上分布有极细小颗粒状碳化物的回火托氏体或回火索氏体组织。这种组织的晶粒细小均匀，同时机体上均匀分布的粒状碳化物起弥散强化作用，溶于铁素体中的碳及合金元素起固溶强化作用，从而使钢具有较高的强度、良好的塑性和韧性。合金调质钢主要用于在重载荷作用下又受冲击载荷作用的零件，如轴类、齿轮、连杆等，如图 6-6 所示。

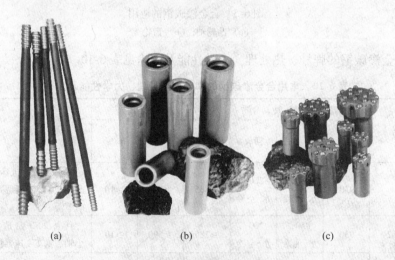

(a)　　　　　　　　　(b)　　　　　　　　　(c)

图 6-6　合金调质钢的应用

（a）重型钎杆；（b）螺纹连接套；（c）球齿钎头

合金调质钢碳的质量分数一般在 0.20%~0.50% 之间，属于中碳合金钢，以获得较高的综合力学性能，含碳量过低则强度、硬度不足，含碳量过高则塑性、韧性不足。常用合金调质钢的牌号、热处理、力学性能及用途见表 6-11。

表 6-11　常用合金调质钢的牌号、热处理、力学性能及用途

| 类别 | 牌号 | 热处理温度/℃，冷却介质 | | 力学性能 | | | 用　途 |
		淬火	回火	R_m/MPa	R_{eL}/MPa	A/%	
低淬透性	40Cr	850，油冷	520，水-油冷	≥980	≥785	≥9	内燃机车的多种齿轮、轴、螺栓
	40CrB	850，油冷	500，水-油冷	≥980	≥785	≥10	主要代替 40Cr 钢，如汽车的车轴、转向轴、花键轴及机床的主轴、齿轮等
	35SiMn	900，油冷	570，水-油冷	≥885	≥735	≥15	燃气轮机车的叶轮、传动齿轮、蜗杆等
中淬透性	40CrNi	820，油冷	500，水-油冷	≥980	≥785	≥10	制造截面较大、受载荷较重的零件，如曲轴、连杆、齿轮轴、螺栓等
	42CrMn	840，油冷	550，水-油冷	≥980	≥835	≥9	用于制作高速反复弯曲负荷下工作的轴、连杆等
	42CrMo	850，油冷	560，水-油冷	≥1080	≥930	≥12	主副连杆头螺栓、齿轮等
	38CrMoAl	940，油冷	740，水-油冷	≥980	≥835	≥14	缸套、喷油泵滚轮体、调速器主动轴、从动齿轮
高淬透性	40CrNiMo	850，油冷	600，水-油冷	≥980	≥835	≥12	轴、齿轮
	40CrMnMo	850，油冷	600，水-油冷	≥980	≥785	≥10	轴、齿轮、连杆

C　合金弹簧钢

弹簧钢就是指用于制造各种弹簧的钢。在各种设备中，弹簧的作用是存储吸收能量，缓冲和吸收振动，使机件完成规定的动作，如车辆上的板簧连接着车轴和车架，承受车厢质量的同时还承受冲击和振动，弹簧是利用本身的弹性变形来吸收和释放能量。因此，要求制造弹簧的材料具有较高的弹性极限；同时还应具有较高的屈强比、较高的疲劳强度和足够的塑性韧性；在某些工况下还要有较好的淬透性，低的脱碳敏感性和良好的导电性、耐高温性、耐蚀性等，常见的各种弹簧如图 6-7 所示。

常见合金弹簧钢的牌号、热处理、力学性能及用途见表 6-12。

6.2.4　合金工具钢

工具钢可分为碳素工具钢和合金工具钢两种。碳素工具钢容易加工，价格便宜，但淬透性差，容易变形和开裂，而且容易软化，热硬性仅有 200℃。因此，尺寸大、精度高和形状复杂的刀具、模具和量具均采用合金工具钢制造。

(a)　　　　　　　　　　　　　(b)

图 6-7　常见弹簧

（a）汽车悬挂簧；（b）工业机械用簧

表 6-12　常用合金弹簧钢的牌号、热处理、力学性能及用途

牌号	热处理温度/℃，冷却介质		力 学 性 能				用 途
	淬火	回火	R_m/MPa	R_{eL}/MPa	A/%	Z/%	
65Mn	840，油冷	540	≥1050	≥850	≥8	≥30	小于 ϕ12mm 的一般机器上的弹簧，或拉成钢丝制作的小型机械弹簧
55Si2Mn	870，油冷	480	≥1300	≥1200	≥6	≥30	ϕ（20~25）mm 弹簧，工作温度低于230℃
60Si2Mn	870，油冷	460	≥1300	≥1250	≥5	≥25	ϕ（20~30）mm 弹簧，工作温度低于230℃
50CrVA	850，油冷	520	≥1300	≥1100	≥10	≥45	ϕ（30~50）mm 弹簧，工作温度低于 210℃ 的气阀弹簧
60Si2CrVA	850，油冷	400	≥1900	≥1700	≥5	≥20	<ϕ50mm 弹簧，工作温度低于250℃
55SiMnMoV	850，油冷	540	≥1400	≥1300	≥7	≥35	<ϕ75mm 弹簧，重型汽车、越野车大截面板簧

　　大多数工具钢都要求具有高硬度和高耐磨性。工具钢与结构钢最大的区别是工具钢（除了热作模具钢外）含碳量较高，多属于过共析钢。在工具钢中加入的合金元素（如 Cr，W，Mo，V 等）能形成特殊碳化物（或合金渗碳体），不仅能提高淬透性，还可提高钢的硬度与耐磨性。工具钢对于杂质元素的控制也非常严格。合金工具钢按用途可分为合金刃具钢、合金模具钢和合金量具钢。

6.2.4.1　合金刃具钢

　　合金刃具钢主要用于制造金属切削刃具（如车刀、铣刀、刨刀、拉刀、钻头、丝锥、板牙、锯条、木工工具等，如图6-4所示）及测量工具（如卡尺、千分尺、量规、样板等）。

合金刃具钢在切削加工中受力复杂，摩擦磨损严重，切削温度高，因此要求刃具钢具有高的强度、硬度、耐磨性、热硬性和足够的韧性。合金刃具钢一般分为低合金刃具钢和高速钢两种。

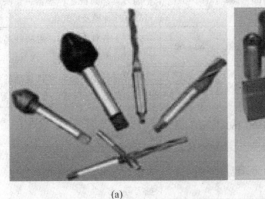

(a)　　　　　　　　　　　　　　　　(b)

图 6-8　合金刃具钢
（a）各种钻头；（b）量具

A　低合金刃具钢

碳素工具钢存在热稳定性差、淬透性低、耐磨性不高等弱点，对于形状复杂、性能要求严格的工具，选用碳素工具钢是不合适的。为了弥补碳素工具钢的不足，低合金刃具钢是在碳素工具钢的基础上加入了少量合金元素，如 Cr、Mn、Si、W、Mo、V 等，主要用于制作切削用量不大、形状复杂的刃具，一般工作温度低于 300℃，如丝锥、板牙等手动工具，也可用作冷作模具和量具。合金元素的加入可以提高钢的淬透性，同时还可以提高钢的强度、硬度和耐磨性，并防止加热时过热，保持晶粒细小。

与碳素工具钢相比，低合金刃具钢淬透性好，能制造尺寸较大的刃具，可以选择在冷却能力较慢的冷却介质（如油）中淬火，使变形减小。低合金刃具钢碳的质量分数为 0.75%~1.50%，以保证淬火后具有高的硬度，并可形成一定数量的合金碳化物，以提高耐磨性。加入的合金元素总的质量分数小于 5%，因此属于低合金钢，其作用主要是提高淬透性及耐回火性，强化基体，细化晶粒等。

低合金刃具钢的热处理与碳素工具钢基本相同，预备热处理是球化退火（得到粒状珠光体），最终热处理是淬火加低温回火。由于合金元素的加入使低合金刃具钢的导热性差，对于截面尺寸较大或形状复杂的刃具，为了减少淬火高温保温时间，应在 600 ~ 700℃进行预热。在选择淬火加热温度时，应保证碳化物不完全溶解，防止奥氏体晶粒粗大，以提高耐磨性，但淬火加热温度不能过低，否则会使碳化物溶解太少，降低了钢的淬透性。因此，淬火温度应根据工件具体的形状、尺寸及性能要求选定。淬火冷却时一般可以采用油淬、分级淬火或等温淬火。低合金刃具钢经过球化退火及淬火和低温回火后，组织应为细颗粒马氏体、粒状碳化物及少量的残留奥氏体，一般硬度为 60 ~ 65HRC。常用低合金刃具钢的牌号、热处理及用途见表 6-13。

表 6-13　常用低合金刃具钢的牌号、热处理及应用范围

牌号	淬　火			回　火		应　用　范　围
	温度/℃	冷却介质	硬度(HRC)	温度/℃	硬度(HRC)	
9SiCr	865~875	油	63~64	160~180	61~63	适用于耐磨性高、切削不剧烈且变形小的刃具,如板牙、丝锥、钻头等,还可用作冷冲模及冷轧辊
9Mn2V	780~820	油	≥62	130~160	60~62	适用于各种变形小、耐磨性高的精密丝杠、磨床主轴及丝锥、铰刀和板牙等
CrWM	820~840	油	63~65	170~200	60~62	用作变形小、长而形状复杂的切削工具,如拉刀、长丝锥、专用铣刀等
CrW5	820~840	水	65~66	150~160	64~65	用作慢速切削硬金属用的刀具,如铣刀、车刀、刨刀等
Cr2	830~850	油	62~65	150~170	60~62	用作低速、进给量小、加工材料不很硬的切削刀具,如车刀、铣刀、铰刀、插刀等
W	800~820	水	62~64	150~180	59~61	用作工作温度不高、切削速度不大的刀具,如丝锥、板牙、锯条、钻头等

　　B　高速钢

　　高速钢是一种具有高热硬性、高耐磨性、足够强度的合金工具钢,常用于制作切削速度较高、形状复杂、载荷较大的刀具,如车刀、镜刀、钻头、拉刀等,如图 6-9 所示。此外,高速钢还可用作冷挤压模及某些耐磨零件。高速钢切削时能长期保持刃口锋利,故又称为锋钢,它比低合金刃具钢的切削速度快,因此称为高速钢。高速钢在切削时,刀具刃部的温度可达 600℃,此时碳素刀具钢和低合金刀具钢已经不能进行切削。例如:9SiCr 钢工作温度高于 300℃时硬度迅速下降,而高速钢在 650℃时的硬度还高于 50HRC。高速钢刀具的切削速度比碳素工具钢和低合金工具钢快 1~3 倍,耐用性增加了 7~14 倍,因此被广泛采用。

图 6-9　高速钢刀具

　　高速钢的分类方法有很多种,一般按化学成分和性能来分。按化学成分可分为钨系高速钢、钼系高速钢和钨-钼系高速钢。钨系高速钢的代表是 W18Cr4V,其特征是钨的质量

分数为 17.5% ~ 19.00%，铬的质量分数为 3.80% ~ 4.40%；钼系高速钢的代表是 W2Mo8Cr4V，其特征是钼的质量分数为 4% ~ 10%，钨的质量分数不超过 2%；钨-钼系高速钢的代表是 W6Mo5Cr4V2，其特征是钨的质量分数为 3% ~ 12%，钼的质量分数为 3% ~ 8%。按性能可将高速钢分为两大类，一类是通用型，以钨系 W18Cr4V 和钨-钼系 W6Mo5Cr4V2 为代表；另一类称为高性能或特殊性能用途的高速钢，它又分为高碳高钒、一般含钴、高钒高钴和超硬型四类。

高速钢中碳的质量分数一般为 0.7% ~ 1.5%，高的含碳量一方面保证钢淬得马氏体后有高的硬度，另一方面与强碳化物形成元素生成极硬的合金碳化物，可提高钢的耐磨性和热硬性。但是，含碳量不能过高，否则容易产生碳化物偏析，降低钢的塑性和韧性。加入的合金元素有 W、Mo、Cr、V、Co 等，其总的质量分数大于 10%。W18Cr4V 钢的等温退火工艺曲线如图 6-10 所示。W18Cr4V 钢的淬火和回火工艺曲线如图 6-11 所示。

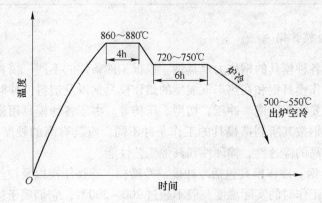

图 6-10　W18Cr4V 钢的等温退火工艺曲线

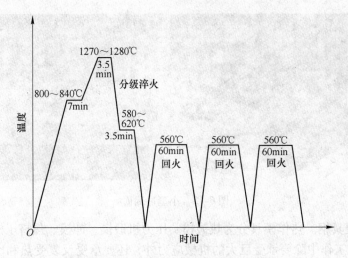

图 6-11　W18Cr4V 钢的淬火和回火曲线

为了进一步提高高速钢刀具的切削性能和使用寿命，在进行正常的热处理之后还可以进行某些化学热处理，如软氮化、硫氮共渗、蒸汽处理等，使刀具表层形成高硬度、高耐磨性及良好抗咬合性能的化合物层，提高其使用寿命。常用高速钢的牌号、淬火、回火工艺及淬火、回火后硬度见表 6-14。

表 6-14　常用高速钢的牌号、淬火、回火工艺及淬火、回火后硬度

牌　号	预热温度 /℃	淬火、回火工艺				淬火、回火后硬度（HRC）
		盐浴炉加热/℃	箱式炉加热/℃	淬火冷却介质	回火温度/℃	
W18Cr4V	820～870	1270～1285	1270～1285	油	550～570	≥63
W12Cr4V4Mo	850	1250～1270			550～570	≥62
W12Cr4V5Co5	820～870	1220～1240	1230～1250		530～550	≥65
W9Mo3Cr4V	820～870	1210～1230	1220～1240		540～560	≥63～64
W6Mo5Cr4V	730～840	1210～1230	1210～1230		540～560	≥63～64
W6Mo5Cr4V	730～840	1190～1210	1200～1220		540～560	≥64
W6Mo5Cr4V2Co5	730～840	1190～1210	1200～1220		540～560	≥64
W6Mo5Cr4V2Al	820～870	1230～1240	1220～1240		540～560	≥65

6.2.4.2　合金模具钢

主要用来制造各种模具的钢称为模具钢。根据工件条件的不同，模具钢又分为使金属在冷态下成型的冷作模具钢和在热态下成型的热作模具钢以及塑料模具钢。

合金模具钢主要用于锻造、冲压、切型、压铸等。由于各种模具用途不同，工作条件复杂，因此模具用钢按其所制造模具的工作条件不同，应具有高的硬度、强度、耐磨性、足够的韧性，以及高的淬透性、淬硬性和其他工艺性能。

（1）冷作模具钢。冷作模具包括冷冲模、冷镦模、冷挤压模以及拉丝模、滚丝模、搓丝板等，这类模具工作时的实际温度一般不超过 200～300℃，它们属于接近室温冷状态下对金属进行变形加工的一种模具，也称为冷变形模。常见的冷作模具如图 6-12 所示。

图 6-12　小型冲裁模

（2）热作模具钢。热作模具分为热锻模、压力机锻模、冲模、热挤压模和金属压铸模等。热作模具在工作中除要承受巨大的机械应力外，还要承受反复受热和冷却的作用，从而引起很大的热应力。热作模具钢除了应具有高的硬度、强度、热硬性、耐磨性和韧性外，还应具有良好的高温强度、热疲劳稳定性、导热性和耐蚀性，此外还要求具有较高的淬透性，以保证整个模具截面具有一致的力学性能。对于压铸模用钢，还应具有表面层经反复受热和冷却不产生裂纹，以及能够经受液态金属流冲击和侵蚀的性能。

由上述可知，热作模具用来使加热的金属或液态金属获得所需要的形状，这种模具是在反复受热和冷却的条件下进行工作的，工作时承受高温、高压、摩擦、冲击、反复受热应力和机械应力的作用。这类模具工作时型腔温度可达 600℃，如热锻模、压铸模、热挤压模等，它们是属于在受热状态下对金属进行变形加工的一种模具。

（3）塑料模具钢。塑料模具是指用来加工制造塑料制品的模具。塑料制品应用日益广泛，尤其在电器、工业仪表、电子仪表及日常生活用品中大量使用。塑料制品大多数采用模压成型，因此必须合理选择塑料模具钢，才能满足使用要求，其模具的结构和形式以及质量对塑料制品的质量和生产效率有直接的影响。

根据塑料模具的工作条件，对塑料模具钢提出以下性能要求和工艺要求：在使用性能方面，要耐磨，有一定的塑性和耐蚀性；在工艺性能方面，要求有良好的切削加工性和抛光性，良好的表面耐蚀性，较好的淬火性，较好的电火花加工性和焊接性，还需要热处理后变形小，以保证配合精度和互换性。其中良好的切削加工性和抛光性是为了获得好的表面质量，脱模性好，这常常还需要进行表面处理才能达到要求。

塑料模具在 950～1000℃加热并在油中进行淬火，然后在 200～220℃进行回火，热处理塑料模具的硬度为 45～50HRC，可直接抛光并装配使用，表面不需要进行镀铬处理。塑料模具在淬火加热时应注意保护，防止表面氧化脱碳。热处理后最好镀铬或进行表面涂镀层处理，使其表面具有优异的耐磨性和耐蚀性，且脱模性好，防止使用时的腐蚀和黏附。

6.2.5　特殊性能钢

具有特殊物理性能和化学性能的钢称为特殊性能钢。特殊性能钢的种类很多，机械制造行业主要使用的特殊性能钢有不锈钢、耐热钢、耐磨钢、低温钢和特殊物理性能钢等。

6.2.5.1　不锈钢

不锈钢包括不锈钢和耐酸钢，能抵抗大气腐蚀的钢称为不锈钢；在一些化学介质中（如酸类等）能抵抗腐蚀的钢称为耐酸钢。通常情况下把不锈钢和耐酸钢统称为不锈钢，即不锈钢是指在空气、水、盐水溶液、酸及其他腐蚀性介质中具有高度化学稳定性的钢。但是不锈钢不一定耐酸，而耐酸钢一般都具有良好的耐酸能力。

不锈钢的种类有很多，性能也不同，可大致分为以下几类：

（1）按钢中的组织结构分类，一般分为奥氏体不锈钢、铁素体不锈钢和马氏体不锈钢等。

（2）按钢中的化学成分分类，一般分为铬不锈钢、铬镍不锈钢、铬锰氮不锈钢以及超低碳不锈钢等。

（3）按钢的性能特点和用途分类，一般分为耐硝酸不锈钢、耐硫酸不锈钢、耐点蚀不锈钢、耐应力腐蚀不锈钢和高强度不锈钢等。

（4）按钢的功能特点分类，一般分为低温不锈钢、无磁不锈钢、易切削不锈钢和超塑性不锈钢等。

目前常用的是按照钢的组织结构特点或钢的化学成分特点来分类。不锈钢的应用如图6-13 所示。

图6-13　不锈钢的应用

A　奥氏体型不锈钢

奥氏体型不锈钢的成分特点是含碳量很低（$w(C) < 0.1\%$），含铬、镍等合金元素较多，典型的18.8型不锈钢中铬的质量分数为18%，镍的质量分数为9%，属于铬镍不锈钢的范畴。常用的奥氏体型不锈钢有12Cr18Ni9和06Cr19Ni10N等。

奥氏体型不锈钢可分为铬镍不锈钢和铬锰不锈钢两个系列。铬镍奥氏体不锈钢在多种腐蚀介质中具有良好的耐蚀性，综合力学性能良好，焊接性能好，因而在多种化学加工及食品机械领域获得了广泛的应用，但铬镍奥氏体不锈钢本身的强度、硬度不高，不能用于承受重载荷和对耐磨性要求高的场合。而铬锰奥氏体不锈钢中由于氮的固溶强化作用，用于能承受较重的载荷且耐蚀性要求不太高的场合。

由于合金元素镍的含量较高，采用固溶处理后（将钢加热到1050～1150℃，然后水冷），扩大了γ相区而获得单相奥氏体组织，具有良好的耐蚀性和耐热性，因此奥氏体型不锈钢的耐蚀性高于马氏体型不锈钢。奥氏体型不锈钢还具有高塑性，适合冷加工成型，同时它的焊接性能也好，不具有磁性，这些都是铁素体型不锈钢和马氏体型不锈钢所没有的宝贵性能，广泛应用于在强腐蚀性介质中工作的化工设备和抗磁仪表中。

B　马氏体型不锈钢

马氏体型不锈钢碳的质量分数为0.1%～1.2%，铬的质量分数为12%～18%，淬火后能得到马氏体组织，因此称为马氏体型不锈钢。马氏体型不锈钢锻造后需退火，以降低硬度，改善切削加工性。在冲压后也需要进行退火，来消除硬化，提高塑性，以便进一步加工。这类钢最后都要经过淬火、回火后才能使用。

马氏体型不锈钢的耐蚀性、塑性、焊接性均比奥氏体型不锈钢和铁素体型不锈钢低，不过它具有较好的力学性能，所以被广泛应用。典型的马氏体型不锈钢有12Cr13和95Cr18等。

含碳量较低的12Cr13、20Cr13用于力学性能较高而且有一定耐蚀性的零件，如汽轮机叶片、医疗器械等。含碳量较高的30Cr13、40Cr13等可用于制作医用手术器具、量具、弹簧及轴承等。

C　铁素体型不锈钢

铁素体型不锈钢中含碳量较低（$w(C) < 0.12\%$），$w(Cr) = 12\%～30\%$，属于铬不锈钢。合金元素铬是缩小奥氏体相区的元素，可使钢获得单相铁素体组织，即使从室温加热到960～1100℃的高温，其组织也不发生显著变化，所以铁素体型不锈钢无法用淬

火的方法强化。铁素体型不锈钢的耐蚀性、塑性、焊接性均优于马氏体型不锈钢，它具有良好的高温抗氧化性（700℃以下），特别是耐蚀性较好，但其强度较低，力学性能不如马氏体型不锈钢，塑性不及奥氏体型不锈钢，主要用于对力学性能要求不高，而对耐蚀性要求很高的零件及构件，如硝酸的吸收塔、酸槽管路等，也用于高温下抗氧化的器具，如不锈钢厨具、餐具等。常用的铁素体型不锈钢类型有三种，即 Cr13 型、Cr17 型和 Cr27-30 型。

常用不锈钢的牌号、化学成分、热处理、力学性能及用途见表 6-15。

表 6-15　常用不锈钢的牌号、化学成分、热处理、力学性能及用途

类别	牌号	化学成分（质量分数)/%			热处理温度/℃		用　途
		C	Cr	其他	淬火	回火	
奥氏体型	12Cr18Ni9	≤0.15	17～19	P≤0.045 S≤0.030 Ni=8.0～10.0	固溶处理，1010～1150，快冷		切削性能好，最适用于自动车床加工，制作螺栓、螺母等
	06Cr19Ni10	≤0.08	18～20	Ni=8.0～11.0	固溶处理，1010～1150，快冷		作为不锈耐热钢使用最广泛，用于食品设备、化工设备
	06Cr18Ni11Ti	≤0.08	17～19		固溶处理，920～1150，快冷		用作焊芯、抗磁仪表、医疗器械、耐酸容器和输送管道
马氏体型	12Cr13	≤0.15	11.5～13.5		950～1000，油冷	700～750，快冷	用作汽轮机叶片、水压机阀、螺栓、螺母等耐弱腐蚀介质并承受冲击的零件
	20Cr13	0.16～0.25	12.0～14.0		920～980，油冷	600～750，快冷	用作汽轮机叶片、水压机阀、螺栓、螺母等耐弱腐蚀介质并承受冲击的零件
	30Cr13	0.26～0.35	12.0～14.0		920～980，油冷	600～750，快冷	用作耐磨零件，如热油泵轴、阀门、刃具
	68Cr17	0.60～0.75	16.0～18.0		1010～1070，油冷	100～180，快冷	用作轴承、刃具、阀门、量具等
铁素体型	06Cr13Al	≤0.08	11.5～14.5	Al 0.10～0.30	780～830，空冷或缓冷		汽轮机材料，复合钢材，淬火用部件
	10Cr17	≤0.12	16.0～18.0		780～850，空冷		通用钢种，建筑类装饰用，家庭用具，家用电器等
	008Cr30Mo2	≤0.01	28.5～32.0	Mo1.5～2.5	900～1050，快冷		耐蚀性很好，用于制造苛性碱及有机酸设备

6.2.5.2　耐热钢

耐热钢是在高温下具有良好的化学稳定性和较高强度，能较好地适应高温条件的特殊性能钢。钢的耐热性包括以下两个指标，一是高温抗氧化性，二是高温强度。在高温下抵抗高温介质腐蚀并具有一定强度的钢称为抗氧化钢；在高温下仍然具有足够力学性能的钢称为热强钢。也就是说，耐热钢包括抗氧化钢和热强钢。金属的高温抗氧化性是保证零件在高温下能持续工作的重要条件，高温抗氧化能力的高低主要由材料成分来决定。钢中加入足够的 Cr、Si、Al 等元素，使钢在高温下与氧气接触，在钢的表面能生成致密的高熔点、高硬度的氧化膜，严密地覆盖在钢的表面，可以防护钢在高温下气体的继续腐蚀。例如，钢中含有铬的质量分数为 15% 时，其抗氧化温度可达 900℃，若 $w(\text{Cr})=20\%\sim25\%$，则抗氧化温度可达 1100℃。

金属的高温强度也是保证零件在高温下能持续工作的重要条件，金属在高温下所表现的力学性能与室温下是不相同的，当温度高于再结晶温度时，除了受机械力的作用产生塑性变形和加工硬化外，同时还可发生再结晶和软化的过程。在再结晶温度以上，当金属的工作应力超过在该温度下的弹性极限时，随着时间的延长，金属发生极其缓慢的变形，称为蠕变。

金属对蠕变抵抗能力越强，则表示该金属高温强度越高。通常加入能提升钢的再结晶温度的合金元素来提高钢的高温强度，如加入 Ti、W、V、Nb、Cr、Mo 等元素就能提高钢的高温强度。

典型的抗氧化钢有 42Cr9Si2、06Cr13Al 等，典型的热强钢有 45Cr14Ni14W2Mo 等，其应用如图 6-14 所示。

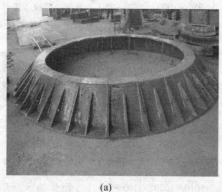
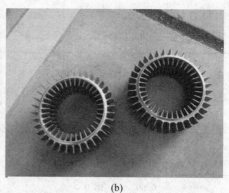

(a)　　　　　　　　　　　　　　　　(b)

图 6-14　耐热钢的应用
（a）高温炉炉口；（b）发动机叶片

A　抗氧化钢

抗氧化钢广泛用于工业炉中的构件、炉底板、料架、炉罐、辐射管等，它们的工作条件和热强钢不同，工作时所承受的负载不是很大，但是要抵抗各种介质的化学腐蚀。这种用途的抗氧化钢有两种类型，即铁素体抗氧化钢和奥氏体抗氧化钢。

实际应用的抗氧化钢大多数是在铬钢、铬镍钢、铬锰氮钢的基础上添加硅、铝配制成的。单纯的硅钢或铝钢因其力学性能和工艺性能欠佳而很少使用。常用抗氧化钢的牌号、化学成分、热处理及用途见表6-16。

表 6-16　常用抗氧化钢的牌号、化学成分、热处理及用途

类别	牌号	化学成分（质量分数）/%						热处理/℃	用途
		C	Mn	Si	Ni	Cr	其他		
铁素体钢	16Cr25N	≤0.20	≤2.00	≤1.50	≤0.60	23.0~27.0	N≤0.25	退火，780~880，快冷	耐高温腐蚀性强，1082℃以下不产生易剥落的氧化皮，用作1050℃以下炉用构件
	06Cr13Al	≤0.08	≤2.00	≤1.50	≤0.60	11.5~14.5	Al=0.10~0.30	退火，780~830，空冷	最高使用温度为900℃，用作各种承受应力不大的炉用构件
奥氏体钢	06Cr25Ni20	≤0.08	10.50~12.50	1.40~2.20	19.0~22.0	24.0~26.0		固溶处理，1030~1180，快冷	用作1035℃以下的炉用材料
	12Cr16Ni35	≤0.15	8.5~11.00	1.80~2.70	33.0~37.0	14.0~17.0		固溶处理，1030~1180，快冷	抗渗碳、抗渗氮性好，在1035℃以下可反复加热
	26Cr18Mn12Si2N	0.22~0.30	12.0~14.0			17.0~19.0	N=0.22~0.33	固溶处理，1100~1150，快冷	最高使用温度为1000℃，用作渗碳炉构件、加热炉传送带、料盘等
	22Cr20Mn10Ni2Si2N	0.17~0.20	16.0~18.0		2.0~3.0	18.0~21.0	N=0.20~0.30	固溶处理，1100~1150，快冷	最高使用温度为1050℃，用作渗碳炉构件、加热炉传送带、料盘等

B　热强钢

热强钢是在应力和高温下工作，不仅要具有良好的抗氧化性，而且还应该具有高温下抵抗塑性变形和断裂的能力，即热强性。汽轮机、燃气轮机的转子和叶片，锅炉过热器，高温工作时的螺栓和弹簧，内燃机进、排气阀用钢均属此类钢。

高温工作的零件不许产生过大的蠕变变形，必须严格控制在使用期间的变形量，这对于涡轮盘和叶片等尺寸精度要求高的零件尤为重要。对于在使用过程中不考虑变形量大小而只要求具有一定使用寿命的零部件，则规定另外一个指标，即持久强度，持久强度为试样在一定温度下经过一定时间发生断裂的应力值。组织稳定性也是热强钢所要求的一种高温指标，零件在高温下长期使用中不应该产生组织变化，否则可能软化而使强度降低或可能脆化而导致脆性破坏。

为了提高耐热钢的热强性，一般在钢中加入适量的合金元素，如 Cr、Mo、W、V、Nb 等。这些元素溶入固溶体中一方面产生固溶强化作用，另一方面又可提高再结晶温度。合金元素 Mo、W、V 还会形成特殊碳化物，如 Mo_2C 和 V_4C_3 等，起到沉淀强化的作用。

常用的热强钢有珠光体钢、马氏体钢、奥氏体钢。常用热强钢的牌号、化学成分、热处理及最高使用温度见表 6-17。

表 6-17 常用热强钢的牌号、化学成分、热处理及最高使用温度

类别	牌 号	化学成分（质量分数）/%						热处理温度/℃		最高使用温度/℃	
		C	Cr	Mo	Si	W	其他	淬火	回火	抗氧化性	热强性
珠光体钢	15CrMo	0.12 ~ 0.18	0.80 ~ 1.10	0.40 ~ 0.55				正火，930 ~ 960	680 ~ 730	< 560	
	35CrMoV	0.30 ~ 0.38	1.00 ~ 1.30	0.20 ~ 0.30				正火，980 ~ 1020	720 ~ 760	< 580	
马氏体钢	12Cr13	0.08 ~ 0.15	12.00 ~ 14.00					950 ~ 1000，油冷	700 ~ 750，快冷	800	480
	13Cr13Mo	0.16 ~ 0.24	12.00 ~ 14.00					970 ~ 1000，油冷	650 ~ 750，快冷	800	500
	14Cr11MoV	0.11 ~ 0.18	10.00 ~ 11.50	0.50 ~ 0.70			V0.25 ~ 0.40	1050 ~ 1100，空冷	720 ~ 740，空冷	750	540
	15Cr12WMoV	0.12 ~ 0.18	11.00 ~ 13.00	0.50 ~ 0.70		0.70 ~ 1.10	V0.18 ~ 0.30	1000 ~ 1050，油冷	680 ~ 700，空冷	750	580
	42Cr9Si2	0.35 ~ 0.50	8.00 ~ 10.00		2.00 ~ 3.00			1020 ~ 1040，油冷	700 ~ 780，油冷	800	650
	40Cr10Si2Mo	0.35 ~ 0.45	9.00 ~ 10.50	0.70 ~ 0.90	1.90 ~ 2.60			1020 ~ 1040，油-空冷	720 ~ 760，空冷	850	650
奥氏体钢	0Cr18Ni11	≤0.08	17.00 ~ 19.00		≤1.00		Ni = 9.00 ~ 13.00	920 ~ 1150，快冷		850	650
	45Cr14Ni14W2Mo	0.40 ~ 0.50	13.00 ~ 15.00	0.25 ~ 0.40	≤0.80	2.00 ~ 2.75	Ni = 13.00 ~ 15.00	固溶处理，1170 ~ 1200		850	750

6.2.5.3 耐磨钢

耐磨钢作为一种专用钢大约始于 19 世纪后半叶，1883 年英国人哈德菲尔德首先取得了高锰钢的专利，至今已有 100 多年的历史。高锰钢是一种含碳量和含锰量都较高的耐磨钢，由于它在大的冲击磨料磨损条件下使用具有很强的加工硬化能力，同时兼有良好的韧性和塑性，以及生产工艺易于掌握等优点，因此，这个具有百余年历史的钢种目前仍然是耐磨钢中用量最大的一种，尤其是在矿山等部门。

高锰钢较高的含碳量是为了提高其耐磨性，较高的含锰量是为了保证热处理后得到单相奥氏体组织。这种钢的铸态组织中存在较多碳化物，性质硬而脆，耐磨性也较差，故不能实际应用。实践证明，高锰钢只有全部获得奥氏体组织时才能呈现出最好的韧性和耐磨性。因此，把高锰钢加热到1100℃，使碳化物全部融入奥氏体中，水淬后获得单相奥氏体组织，这种热处理方法称为水韧处理。高锰钢铸件经过水韧处理后一般不进行回火处理。

另外，由于高锰钢是奥氏体单相组织，因此属于非铁磁性材料而且具有良好的耐蚀性，也常用于既需要耐磨又需要抗磁化的零件，如吸料器的电磁铁罩等。

常见高锰钢铸件的牌号、化学成分、热处理、力学性能及用途见表6-18。

表6-18 高锰钢铸件的牌号、化学成分、热处理、力学性能及用途

牌号	化学成分（质量分数）/%					热处理		用 途
	C	Si	Mn	S	P	淬火温度/℃	冷却介质	
ZGMn13-1	1.00~1.50	0.30~1.00	11.00~14.00	≤0.050	≤0.090	1060~1100	水	用于结构简单、要求以耐磨为主的低冲击铸件，如衬板、齿板、辊套、铲齿等
ZGMn13-2	1.00~1.40	0.30~1.00	11.00~14.00	≤0.050	≤0.090			
ZGMn13-3	0.90~1.30	0.30~0.80	11.00~14.00	≤0.050	≤0.080			用于结构复杂、要求以韧性为主的高冲击铸件，如履带板等
ZGMn13-4	0.90~1.20	0.30~0.80	11.00~14.00	≤0.050	≤0.070			

注：牌号、化学成分、热处理、力学性能摘自 GB/T 5680—2010《奥氏体锰钢铸件》。

任务6.3 铸 铁

铸铁是碳的质量分数大于2.11%的铁碳合金，工业上常用的铸铁碳的质量分数一般为2.5%~4.0%。铸铁与钢相比，具有优良的铸造性能和切削加工性能，生产成本低廉，且耐压、耐磨和减振等性能俱佳，在生产中广泛应用于机械制造、冶金、石油化工、交通、建筑和国防工业各部门。在各类机器制造中，如按质量百分比统计，铸铁占整个机器质量的45%~90%。

虽然铸铁有很多优点，但因铸铁的强度、塑性和韧性较差，不能通过锻造、轧制、拉丝等方法加工成型。

6.3.1 铸铁的基础知识

按铸铁中碳的存在形式不同，可将铸铁分为以下几种：

（1）白口铸铁。碳几乎全部以渗碳体（Fe_3C）的形式存在，并具有莱氏体组织，其断口呈银白色，所以称为白口铸铁。白口铸铁既硬又脆，很难进行切削加工，所以很少直接用它来制作机械零件，主要用于炼钢原料（又称为炼钢生铁）。

（2）灰铸铁。碳大部分或全部以石墨（G）的形式存在，其断口呈暗灰色，故称为灰

铸铁，是目前工业生产中应用最广泛的一种铸铁。

（3）麻口铸铁。碳大部分以渗碳体（Fe_3C）的形式存在，少量以石墨的形式存在，含有不同程度的莱氏体，断口呈灰白相间的麻点状。麻口铸铁具有较大的硬脆性，工业上很少应用。

按铸铁中石墨的形态不同，又可将铸铁分为以下几种：

（1）普通灰铸铁。石墨呈片状，简称灰铸铁。这类铸铁具有一定的强度，耐磨、耐压和减振性能良好。

（2）可锻铸铁。石墨呈团絮状，由一定成分的白口铸铁经石墨化退火获得。可锻铸铁强度较高，具有韧性和一定的塑性。应该注意，这类铸铁虽称为可锻铸铁，但实际上是不能锻造的。

（3）球墨铸铁。石墨大部分或全部呈球状，浇注前经球化处理获得。这类铸铁强度高，韧性好，力学性能比普通灰铸铁高很多，在生产中的应用日益广泛，简称球铁。

（4）蠕墨铸铁。石墨大部分呈蠕虫状，浇注前经蠕墨化处理获得，简称蠕铁。这类铸铁的抗拉强度、耐热冲击性能、耐压性能均比普通灰铸铁有明显改善，其力学性能介于灰铸铁和球墨铸铁之间。

6.3.2　灰铸铁

6.3.2.1　灰铸铁的化学成分、显微组织与性能

灰铸铁是一种价格便宜的结构材料，在工业生产中应用最为广泛。灰铸铁的化学成分一般为：$w(C) = 2.7\% \sim 3.6\%$、$w(Si) = 1.0\% \sim 2.2\%$、$w(Mn) = 0.4\% \sim 1.2\%$、$w(S) < 0.15\%$、$w(P) < 0.5\%$。

通过对灰铸铁的组织进行分析可知，铸铁是在钢的基体上分布着一些片状石墨。由于化学成分和冷却速度对石墨化的影响，灰铸铁可能出现三种不同的金属基体组织，即铁素体灰铸铁（铁素体 + 石墨）、铁素体珠光体灰铸铁（铁素体 + 珠光体 + 石墨）、珠光体灰铸铁（珠光体 + 石墨）。图 6-15 所示为三种灰铸铁的显微组织。

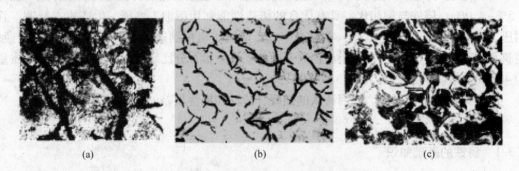

（a）　　　　　　　　　　（b）　　　　　　　　　　（c）

图 6-15　常见的灰铸铁显微组织
（a）珠光体灰铸铁；（b）铁素体灰铸铁；（c）铁素体珠光体灰铸铁

从图 6-15 中可以看出，灰铸铁实际上是在钢的基体组织上分布了大量的片状石墨，因而灰铸铁的力学性能主要取决于金属基体的组织及石墨的形态、数量、大小和分布状况。由于石墨的抗压强度很高，而抗拉强度和塑性几乎为零，因此石墨的存在就像在钢的

基体上分布着许多细小的裂纹和空洞。石墨对钢基体的这种割裂作用破坏了基体组织的连续性，减小了有效承载面积，并在石墨的尖角处容易产生应力集中，所以灰铸铁的抗拉强度、塑性和韧性远远低于钢，而且石墨的数量越多，尺寸越大，分布越不均匀，灰铸铁的力学性能就越差。但石墨本身具有密度小、比体积大和良好的润滑作用，使得灰铸铁凝固时收缩率小，铸造性能和切削加工性能优良，同时具有较高的耐磨性、减振性和低的缺口敏感性，加之灰铸铁生产方便，成品率高，成本低廉，使得灰铸铁成为应用最广泛的一种铸铁，占各类铸件总产量的 80%。

6.3.2.2 灰铸铁的孕育处理

为了提高灰铸铁的性能，生产中必须细化和减小石墨片。一方面要改变石墨片的数量、大小和分布状态，另一方面要增加基体中珠光体的数量。铸铁组织中石墨片越少、越细小，分布越均匀，灰铸铁的力学性能就越高。生产上常用孕育处理的工艺细化金属基体并增加珠光体的数量，改变石墨片的形态和数量。

孕育处理又称为变质处理，是在浇注前向铁液中投入少量硅铁、硅钙合金等孕育剂，使铁液中形成大量均匀分布的人工晶核，在防止白口化的同时，使石墨片和基体组织得到细化。

6.3.2.3 灰铸铁的牌号、力学性能和用途

灰铸铁的牌号由"灰铁"两字的汉语拼音首个字母"HT"及后面的一组数字组成，数字表示灰铸铁的最低抗拉强度值（MPa），如 HT200 表示抗拉强度不低于 200MPa 的灰铸铁。常用灰铸铁的牌号、力学性能及用途见表 6-19。

表 6-19 灰铸铁的牌号、力学性能及用途

牌号	最低抗拉强度/MPa	用 途
HT100	100	承受轻载荷、抗磨性要求不高的零件，如罩、盖、手轮、支架、重锤等，不需人工时效，铸造性能好
HT150	150	承受中等载荷、轻度磨损的零件，如机床支柱、底座、阀体、水泵壳等，不需人工时效，铸造性能好
HT200	200	承受较大载荷、气密性或轻腐蚀工作条件的零件，如齿轮，联轴器、凸轮、泵、阀体等
HT250	250	强度较高的铸铁，耐弱腐蚀介质，用于制造齿轮、联轴器、齿轮箱、气缸套、液压缸、泵体、机座等
HT300	300	高强度铸铁，具有良好的耐磨性和气密性，用于制造机床床身、导轨、齿轮、曲轴、凸轮、车床卡盘、高压液压缸、高压泵体、冲模等
HT350	350	

注：灰铸铁是根据强度分级的，一般采用 ϕ30mm 铸造试棒，切削加工后进行测定。

6.3.3 可锻铸铁

6.3.3.1 可锻铸铁的化学成分、显微组织与性能

可锻铸铁俗称玛钢、马铁，它是由白口铸铁通过石墨化退火或氧化脱碳处理得到的一

种高强度铸铁。由于石墨呈团絮状分布在金属基体上，与片状石墨相比，团絮状石墨对金属基体的破坏作用较小，也在一定程度上减小了应力集中，因此可锻铸铁比灰铸铁具有更高的抗拉强度、塑性和冲击韧度。应该指出，虽名称为可锻铸铁，但实际可锻铸铁是不能锻造的。为了保证可锻铸铁结晶时完全白口化，退火时渗碳体容易分解，要严格控制其化学成分。可锻铸铁的化学成分一般为：$w(C) = 2.2\% \sim 2.8\%$、$w(Si) = 1.2\% \sim 1.8\%$、$w(Mn) = 0.4\% \sim 0.6\%$、$w(S) < 0.25\%$、$w(P) < 0.1\%$。

可锻铸铁的显微组织为金属基体加团絮状石墨，其金属基体为铁素体、珠光体或铁素体＋珠光体，取决于石墨化退火的工艺。根据化学成分、石墨化退火工艺及组织性能的不同，可锻铸铁可分为黑心可锻铸铁（金相组织为铁素体基体＋团絮状石墨）、珠光体可锻铸铁（金相组织为珠光体基体＋团絮状石墨）和白心可锻铸铁（金相组织为铁素体＋珠光体基体＋团絮状石墨）。图 6-16 所示为可锻铸铁的显微组织。

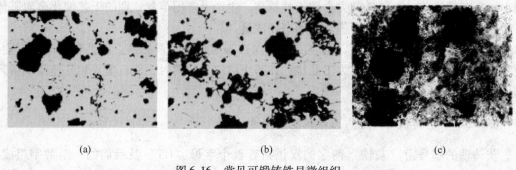

(a)　　　　　　　　　　　(b)　　　　　　　　　　　(c)

图 6-16　常见可锻铸铁显微组织
(a) 黑心可锻铸铁；(b) 白心可锻铸铁；(c) 珠光体可锻铸铁

6.3.3.2　可锻铸铁的生产工艺

可锻铸铁的生产过程包括两个步骤：首先浇注白口铸铁铸件，然后将其进行长时间的石墨化退火或氧化脱碳退火。如果在第一步浇注过程中得不到完全的白口组织，一旦有片状石墨形成，则在后续的石墨化退火过程中，由渗碳体分解出的石墨会沿原来的片状石墨结晶，得不到团絮状石墨。为了保证能在一般冷却条件下获得白口铸铁，又要在石墨化退火时使渗碳体容易分解，必须严格控制液态铁碳合金的成分。

将白口铸铁采用不同的退火方法处理，会得到不同组织的可锻铸铁。将白口铸铁在中性气氛中退火，使渗碳体完全分解为铁素体和团絮状石墨，得到的组织为铁素体＋团絮状石墨的可锻铸铁，这种铸铁的断口呈黑绒状，外圈呈灰色，故称为黑心可锻铸铁，具有较高的塑性和冲击韧性，其退火热处理工艺如图 6-17 曲线 1 所示。若在共析转变过程中冷却速度太快，只将白口铸铁中部分渗碳体石墨化，得到的组织为珠光体＋团絮状石墨的可锻铸铁，称为珠光

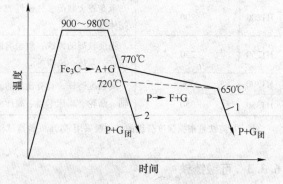

图 6-17　可锻铸铁石墨化退火热处理工艺曲线
1—黑心可锻铸铁；2—珠光体可锻铸铁

体可锻铸铁，这种铸铁具有较高的强度、硬度和耐磨性，其退火热处理工艺如图6-17曲线2所示。将白口铸铁在氧化性介质中长时间退火可得到白心可锻铸铁。在退火过程中，不仅发生石墨化转变，而且还伴随着强烈的氧化脱碳作用。退火后，铸件外层为铁素体，芯部为珠光体与极少量的团絮状石墨，其断口呈灰白色。白心可锻铸铁的塑韧性差，生产周期长，在生产中很少使用。

可锻铸铁的石墨化退火周期很长，一般需要70~80h。为了提高生产率，可采用低温时效、淬火等新工艺。低温时效工艺是在白口铸铁退火前先在300~500℃保温3~6h，以增加石墨核心的数量，然后再继续升温，这种方法可以使退火时间缩短为15~16h。淬火工艺是将白口铸铁在石墨化退火前先进行淬火，得到细晶粒的组织和高的内应力，形成大量的石墨核心，这种方法也可以大大加速石墨化进程，可以使退火时间缩短为10~15h。

6.3.3.3 可锻铸铁的牌号、力学性能及用途

可锻铸铁的牌号由三个字母加两组数字组成，前两个字母"KT"是"可铁"两字的汉语拼音首个字母，第三个字母代表可锻铸铁的类别，"H"代表黑心可锻铸铁，"Z"代表珠光体可锻铸铁，"B"代表白心可锻铸铁。两组数字则分别代表最低抗拉强度（MPa）和伸长率（%）。例如，KTH300-06表示黑心可锻铸铁，其最低抗拉强度为300MPa，最低伸长率为6%；KTZ450-06表示珠光体可锻铸铁，其最低抗拉强度为450MPa，最低伸长率为6%。

我国常用黑心可锻铸铁和珠光体可锻铸铁的牌号、力学性能及用途见表6-20。

表6-20 黑心可锻铸铁和珠光体可锻铸铁的牌号、力学性能及用途

牌 号		试样直径 d/mm	抗拉强度 /MPa	屈服强度 /MPa	伸长率 /%	硬度 (HBW)	用 途
A	B						
黑心可锻铸铁 KTH300-06		12 或 15	≥300		≥6	≤150	强度高，塑韧性好，抗冲击，有一定的耐蚀性。用于水管、高压锅炉、农机零件、车辆铸件、机床零件
	KTH330-08		≥330		≥8		
KTH350-10			≥350	≥200	≥10		强度高，塑韧性好，抗冲击，有一定的耐蚀性。用于汽车、拖拉机、机床、农机零件
	KTH370-12		≥370		≥12		
珠光体可锻铸铁 KTZ450-06			≥450	≥270	≥6	150~200	强度较高，韧性较差，耐磨性好，加工性能好，可代替中低碳钢、低合金钢及有色金属等制造耐磨性和强度要求高的零件。用于汽车前轮毂、传动箱体、拖拉机履带轨板、齿轮、连杆、活塞环、凸轮轴、曲轴、差速器壳、犁刀等
KTZ550-04			≥550	≥340	≥4	180~230	
KTZ650-02			≥650	≥430	≥2	210~260	
KTZ700-02			≥700	≥530	≥2	240~290	

注：B为过渡性牌号。

6.3.4　球墨铸铁

6.3.4.1　球墨铸铁的化学成分、显微组织与性能

一定成分的铁液在浇注前经球化处理，使石墨大部分或全部呈球状的铸铁称为球墨铸铁。

球墨铸铁采用高碳高硅、低硫低磷的铁液，其化学成分一般为：$w(C) = 3.6\% \sim 3.9\%$、$w(Si) = 2.0\% \sim 2.8\%$、$w(Mn) = 0.6\% \sim 0.8\%$、$w(S) < 0.07\%$、$w(P) < 0.10\%$。较高含量的碳、硅，有利于石墨球化。

球化处理是浇注前在铁液中加入少量的球化剂（通常为纯镁、镍镁合金、稀土硅铁镁合金等）及孕育剂，使石墨以球状析出。镁和稀土元素虽然具有很强的球化能力，但也强烈阻碍石墨化进程，所以加入球化剂的同时还应加入孕育剂以促进石墨化。

随着化学成分和冷却速度的不同，球墨铸铁可以得到不同的金属基体，由此可将其分为铁素体球墨铸铁、铁素体-珠光体球墨铸铁和珠光体球墨铸铁。图 6-18 所示为球墨铸铁的显微组织。

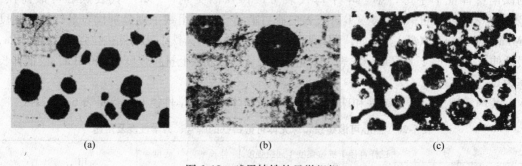

(a)　　　　　　　　　　　(b)　　　　　　　　　　　(c)

图 6-18　球墨铸铁的显微组织
（a）铁素体球墨铸铁；（b）珠光体球墨铸铁；（c）铁素体-珠光体球墨铸铁

球状石墨对金属基体的割裂作用比片状石墨要小很多，并且不存在片状石墨尖端产生的应力集中现象，故球状石墨对金属基体的破坏作用大为减小，基体的强度利用率可达 70%~90%。所以，球墨铸铁的抗拉强度和塑性已超过灰铸铁和可锻铸铁，与铸钢接近，而铸造性能和切削加工性能均优于铸钢，同时热处理的强化作用明显。

6.3.4.2　球墨铸铁的牌号、力学性能及用途

球墨铸铁的牌号由"球铁"两字的汉语拼音首个字母"QT"及后面的两组数字组成，两组数字分别表示球墨铸铁的最低抗拉强度（MPa）和伸长率（%）。常用球墨铸铁的牌号、力学性能及用途见表 6-21。

表 6-21　黑心可锻铸铁和珠光体可锻铸铁的牌号、力学性能及用途

牌号	抗拉强度/MPa	屈服强度/MPa	伸长率/%	硬度(HBW)	用途
QT400-18	≥400	≥250	≥18	130~180	韧性高，低温性能好，有一定的耐蚀性。用于制造汽车及拖拉机轮毂、驱动桥、离合器壳、差速器壳体、拨叉、阀体等
QT400-15	≥400	≥250	≥15	130~180	

续表 6-21

牌号	抗拉强度 /MPa	屈服强度 /MPa	伸长率 /%	硬度 (HBW)	用 途
QT450-10	≥450	≥310	≥10	160～210	强度和韧性中等。用于制造内燃机油泵齿轮，铁路车辆轴瓦飞轮，水轮机阀门体等
QT500-7	≥500	≥320	≥7	170～230	
QT600-3	≥600	≥370	≥3	190～270	高强度、高耐磨性，并具有一定的韧性。用于制造柴油机曲轴，轻型柴油机凸轮轴、连杆、气缸套、缸体，磨床主轴、铣床主轴、车床主轴，矿车车轮，农业机械小负荷齿轮
QT700-2	≥700	≥420	≥2	225～305	
QT800-2	≥800	≥480	≥2	245～335	
QT900-2	≥900	≥600	≥2	280～360	高强度、高耐磨性。用于制造内燃机曲轴、凸轮轴，汽车锥齿轮、万向节，拖拉机变速器齿轮，农业机械犁铧等

注：QT900-2 经等温淬火得到的金属基体组织为下贝氏体。

由于球墨铸铁具有比灰铸铁和可锻铸铁优良的力学性能和工艺性能，并能通过热处理使其性能在较大范围内变化，因此可以代替碳素铸钢、合金铸钢和可锻铸铁，用来制作一些受力复杂，强硬度，塑韧性和耐磨性要求较高的零件，如内燃机曲轴、凸轮轴、连杆、减速箱齿轮及轧钢机的轧辊等。

6.3.5 蠕墨铸铁

蠕墨铸铁是近年来迅速发展起来的一种新型结构材料，它是在高碳、低硫、低磷的铁液中加入蠕化剂，经蠕化处理后使石墨呈短蠕虫状的高强度铸铁。蠕墨铸铁的强度比灰铸铁高，兼具灰铸铁和球墨铸铁的某些优点，可用于代替高强度灰铸铁、合金铸铁、黑心可锻铸铁及铁素体球墨铸铁使用，日益引起人们的重视。

6.3.5.1 蠕墨铸铁的化学成分、显微组织与性能

蠕墨铸铁的化学成分与球墨铸铁相似，即高碳、低硫、低磷，一定的硅、锰含量。其化学成分一般为：$w(C)=3.5\%\sim3.9\%$、$w(Si)=2.1\%\sim2.8\%$、$w(Mn)=0.4\%\sim0.8\%$、$w(S)<0.06\%$、$w(P)<0.10\%$。蠕墨铸铁的显微组织是在金属基体上分布着蠕虫状石墨，在金相显微镜下看，其结构介于片状石墨与球状石墨之间，较短而厚，形貌卷曲，两端头部较圆，形似蠕虫，长宽比一般在 2～10 范围内。图 6-19 所示为蠕墨铸铁的显微组织。

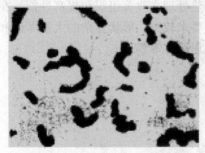

(a) (b)

图 6-19 蠕墨铸铁的显微组织

(a) 铁素体蠕墨铸铁；(b) 铁素体-珠光体蠕墨铸铁

　　蠕墨铸铁的力学性能取决于石墨的蠕化率、形状系数和石墨的均匀程度及基体组织等因素。基体组织根据蠕化剂和石墨化程度的不同而不同，分为珠光体、珠光体 + 铁素体和铁素体三种。蠕虫状石墨的组织中常伴有少量的球状石墨。蠕虫状石墨使周围的应力集中现象大为缓和，所以这类铸铁的抗拉强度、屈服强度、塑性和韧性都明显高于相同基体的灰铸铁，而减振性、导热性、耐磨性、切削加工性能和铸造性能近似于灰铸铁。

6.3.5.2　蠕墨铸铁的牌号、力学性能及用途

　　蠕墨铸铁的牌号用"蠕铁"两字的汉语拼音"RuT"及后面的数字组成，数字表示蠕墨铸铁的最低抗拉强度（MPa）。例如，RuT340 表示蠕墨铸铁，其最低抗拉强度为340MPa。常用蠕墨铸铁的牌号、力学性能及用途见表6-22。

表 6-22　蠕墨铸铁的牌号、力学性能及用途

牌号	抗拉强度/MPa	屈服强度/MPa	伸长率/%	硬度（HBW）	用　　途
RuT420	≥420	≥335	≥0.75	200～280	高强度、高耐磨性、高硬度及好的热导率，需正火处理。用于制造活塞、制动盘、玻璃模具、研磨盘、活塞环、制动鼓等
RuT380	≥380	≥300	≥0.75	193～274	
RuT340	≥340	≥270	≥1.00	170～249	较高的硬度、强度、耐磨性及热导率。用于制造要求较高强度、刚度和耐磨性的零件，如大齿轮箱体、盖、底座制动鼓、大型机床件、飞轮、起重机卷筒等
RuT300	≥300	≥240	≥1.50	140～217	良好的强度、硬度，一定的塑韧性，较高的热导率，致密性良好。用于制造强度较高及耐热疲劳的零件，如排气管、气缸盖、变速箱体、液压件、钢锭模等
RuT260	≥260	≥195	≥3.00	121～197	强度不高、硬度较低，有较高的塑性及热导率，需退火处理。用于制造受冲击载荷及热疲劳的零件，如汽车及拖拉机的底盘零件、增压机废气进气壳体等

　　由于蠕墨铸铁的性能介于灰铸铁和球墨铸铁之间，工艺简单，而且具有耐热冲击性好和抗热生长能力强等优点，必要时还可以通过热处理来改善组织和提高性能，在工业上广泛应用于承受循环载荷、组织要求细密、强度要求较高、形状复杂的大型零件和气密性零件，如气缸盖、飞轮、钢锭模、进排气管和液压阀体等零件。

 复习思考题

6-1　硅、锰对碳素钢的力学性能有哪些影响？

6-2　硫、磷对碳素钢的力学性能有哪些影响？

6-3　为什么易切削结构钢中硫、磷含量比一般碳素钢高？

6-4　低碳钢、中碳钢和高碳钢是怎样划分的？

6-5　钢的质量是根据什么划分的？

6-6　说明下列牌号属于哪类钢，并说明其符号及数字的含义，然后各举一实例，说明它们的主要用途。
Q235A、20、65Mn、T8、T12A、45、08F、Y30

6-7　碳素工具钢的含碳量不同，对其性能有什么影响？如何选用？

6-8　45 钢、T12A 钢按含碳量、按质量、按用途划分各属于哪一类钢？

6-9　铸造碳钢一般用在什么场合？ZG270-500 中的符号及数字各表示什么含义？

6-10　易切削结构钢在切削过程中表现出哪些优点？

6-11　为什么重要的大截面结构零件如重型运输机械和矿山机器的轴类、大型发电机转子等都必须用合金钢制造？与碳钢比较，合金钢有何优缺点？

6-12　什么是调质钢？为什么调质钢的含碳量均为中碳？合金调质钢中常含哪些合金元素？它们在调质钢中起什么作用？

6-13　白口铸铁、灰口铸铁和钢的成分、组织和性能有何主要区别？

6-14　什么是铸铁的石墨化？影响石墨化的主要因素有哪些？

6-15　灰铸铁能否通过热处理强化？它常用哪几种热处理方法？目的是什么？

6-16　可锻铸铁能不能锻造？它是如何获得的？

6-17　什么是球墨铸铁？为什么它的力学性能比其他铸铁都高？球墨铸铁可采用哪些热处理方法？目的是什么？

6-18　什么是蠕墨铸铁？它主要有哪些性能特点？适用于哪些场合？

6-19　试举例说明灰铸铁、可锻铸铁、球墨铸铁和蠕墨铸铁的牌号表示方法。

情景 7　金属材料塑性变形分析

+·

【知识目标】

（1）了解金属塑性成型的概念和种类，熟悉轧制、拉拔、锻造、挤压等塑性成型的方法。

（2）了解应力状态、应力状态图示、变形图示、变形力学图示的概念。

（3）掌握体积不变定律、最小阻力定律的含义与应用。

（4）掌握塑性、变形抗力的概念和影响因素。

（5）了解塑性加工中摩擦的分类及机理。

（6）掌握摩擦定律，熟悉影响外摩擦的影响因素。

（7）了解塑性加工工艺润滑的基本方式。

【能力目标】

（1）能识别典型的塑性成型方法，辨别典型的金属产品。

（2）会分析金属的典型塑性成型加工的变形力学图示，并利用 Mises 屈服条件判定金属是否发生塑性变形。

（3）能够分析不同条件下影响金属塑性和变形抗力的因素。

（4）能够根据不同的加工方式选择合理的润滑剂。

（5）能采取相应的措施减小轧制过程中的摩擦力。

+·

任务 7.1　金属塑性变形的力学基础认知

金属塑性加工是使金属在外力（通常是压力）作用下，产生塑性变形，获得所需形状、尺寸和组织、性能的制品的一种基本金属加工技术，以往常称压力加工。

金属塑性加工的种类很多，根据加工时工件的受力和变形方式，基本的塑性加工方法有锻造、轧制、挤压、拉拔、拉伸、弯曲、剪切等几类。其中锻造、轧制和挤压是依靠压力作用使金属发生塑性变形；拉拔和拉伸是依靠拉力作用发生塑性变形；弯曲是依靠弯矩作用使金属发生弯曲变形；剪切是依靠剪切力作用产生剪切变形或剪断。锻造、挤压和一部分轧制多半在热态下进行加工；拉拔、拉伸和一部分轧制，以及弯曲和剪切是在室温下进行的。

7.1.1　金属塑性加工概述

金属塑性加工是指金属在受到外力作用且不破坏自身完整性的条件下，稳定地发生塑性变形，从而得到所需的形状、尺寸、组织和性能的产品的加工方式。

金属塑性加工的种类很多，常按加工工件的温度以及加工时工件的受力和变形方式进行分类。

7.1.1.1　按照塑性变形温度分类

按照工件的塑性变形温度可将金属压力加工分为热加工、冷加工和温加工三类。

热加工是指在金属在再结晶温度以上的温度进行的加工，如热轧、热锻、热挤压等。热加工时金属同时产生加工硬化和再结晶软化两个过程。热加工是压力加工中应用最为广泛的一种加工方式。

冷加工是指在金属再结晶温度以下进行的加工，如冷轧、冷拔等。冷加工时金属只产生加工硬化而不发生再结晶软化，因此变形后金属的强度、硬度升高，而塑性、韧性下降。冷加工主要应用于生产厚度较小且表面质量较好的金属产品。

温加工介于冷、热变形之间，存在加工硬化现象，同时还有部分回复和再结晶，它同时具有冷热变形的优点，如温轧、温锻、温挤等。

冷、热加工不能简单按照加工变形温度来区分，关键要看金属材料在该温度下变形时是否发生了再结晶。如铅在室温下就能发生再结晶，因此铅不经过加热直接在室温下进行塑性变形的加工就属于热加工；而钨的再结晶温度是 1210℃，即便是在 1200℃ 的高温下进行塑性变形的加工也是冷加工。

7.1.1.2　按照塑性变形时工件的受力和变形方式分类

按照塑性变形时工件的受力和变形方式可将金属压力加工分为锻造、轧制、挤压、拉拔、冲压五种典型的塑性加工方法。其中锻造、轧制、挤压是靠压力使金属产生塑性变形的，拉拔和冲压是靠拉力使金属产生塑性变形的。

（1）锻造。用锻锤的往复冲击力或压力机的压力使金属进行塑性变形的过程。锻造通常可分为自由锻造和模锻两种，如图 7-1 所示。

自由锻造：即无模锻造，指金属在锻造过程的流动不受工具限制（摩擦力除外）的一种加工方法。

模锻：锻造过程中的金属流动受模具内腔轮廓或模具内壁严格控制的一种工艺方法。

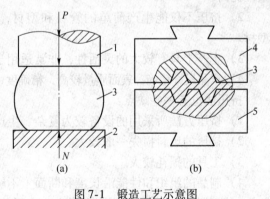

图 7-1　锻造工艺示意图
(a) 自由锻；(b) 模锻
1—锤头；2—下砧；3—锻件；4—上锻模；5—下锻模

（2）轧制。金属坯料通过旋转的轧辊缝隙进行塑性变形。轧制通常可分为纵轧、斜轧、横轧三种，如图 7-2 所示。

纵轧：金属在相互平行且旋转方向相反的轧辊缝隙间进行塑性变形，而金属的行进方向与轧辊轴线垂直。

斜轧：金属在同向旋转且中心线相互成一定角度的轧辊缝隙间进行塑性变形。

横轧：金属在同向旋转且中心线相互平行的轧辊缝隙间进行塑性变形。

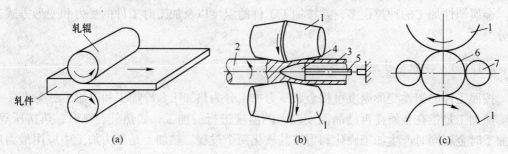

图 7-2　金属轧制示意图

（a）纵轧；（b）斜轧；（c）横轧

1—轧辊；2—圆坯；3—毛管；4—顶头；5—芯棒；6—轧件；7—导向辊

（3）挤压。将金属放入挤压机的挤压筒内，以一端施加压力迫使金属从模孔中挤出，而得到所需形状的制品的加工方法。挤压分为正挤压和反挤压。正挤压时，挤压杆的运动方向和从模孔中挤出的金属方向一致；反挤压时挤压杆的运动方向和从模孔中挤出的金属方向相反。挤压加工如图 7-3 所示。

挤压法具有以下优点：

1）具有比轧制、锻造更强的三向压缩应力，避免了拉应力的出现，金属可以发挥其最大的塑性，使脆性材料的塑性提高。

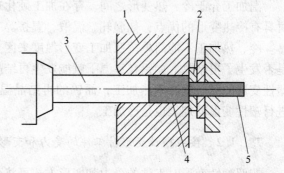

图 7-3　挤压示意图

1—挤压筒；2—模子；3—挤压轴；4—钢坯；5—制品

2）挤压不仅能生产简单的管材和型材，更主要的还能生产形状极其复杂的管材和型材。

3）生产上具有较大的灵活性，非常适用于小批量多品种的生产。

4）产品尺寸精确，表面质量较高，精确度、粗糙度的表面特性都好于热轧和锻造产品。

挤压法也有一些缺点：

1）挤压方法所采用的设备较为复杂，生产率比轧制方法低。

2）挤压的废料损失一般较大。

3）工具的损耗较大。

4）制品的组织和性能沿长度和断面上不够均匀一致。

（4）拉拔。金属通过固定的具有一定形状的模孔中拉拔出来，从而使金属断面缩小长度增加的一种加工方法。拉拔加工如图 7-4 所示。

拉拔法具有以下特点：

1）拉拔方法可以生产长度较大、直径极小的产品，并且可以保证沿整个长度上横断面完全一致。

2）拉拔制品形状和尺寸精确，表面质量好。

3）拉拔制品的机械强度高。

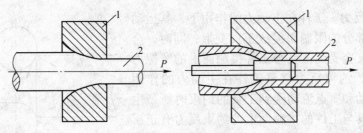

图 7-4　拉拔示意图

1—模子；2—金属制品

4）拉拔方法的缺点是每道加工率较小，拉拔道次较多，能量消耗较大。

（5）冲压。压力机的冲头把板料顶入凹模中进行拉延，加工方法如图 7-5 所示，用来生产薄壁空心制品，如子弹壳，各种仪表器件、器皿及锅碗盆勺等。

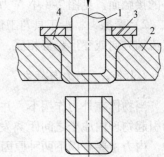

7.1.2　塑性变形金属的受力分析

7.1.2.1　外力

金属的塑性变形是在外力的作用下产生的。作用在变形物体上的外力有两种：体积力（质量力）和表面力（接触力）。

体积力是作用于变形物体每个质点上的力，又称为质量力。如重力、惯性力等。表面力是作用于变形物体表面上的

图 7-5　冲压示意图

1—冲头；2—模子；

3—压圈；4—产品

力，又称为接触力。在金属压力加工中，表面力是由变形工具对变形物体的作用而产生的力，包括作用力和约束反力，通常情况下是分布力，也可以是应力集中。如锻造时的锤头与金属之间的作用力。

（1）作用力。作用力又称主动力，是压力加工设备的可动部分对工件所作用的力。如锻压设备锤头的机械运动对工件所施加的压力 P，如图 7-6 所示；拉拔时拉丝模具对变形金属所作用的拉力 P，如图 7-7 所示；轧制时轧辊对工件的轧制压力 T 等，如图 7-8 所示。压力 P 取决于工件变形时所需能量的多少。

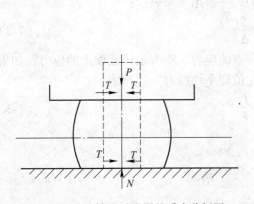

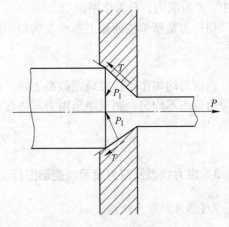

图 7-6　自由锻造时金属的受力分析图　　　　　图 7-7　拉拔时金属受力分析

（2）约束反力。工件在主动力的作用下，其运动
受到工具其他部分的限制而促成工件变形；同时，金
属质点的流动又会受到工具与工件接触面上的摩擦力
的制约。因此，约束反力就是工件在主动力的作用
下，其整体运动和质点流动受到工具的约束时所产生
的力。变形工具与工件的接触面上的约束反力有正压
力和摩擦力两种。

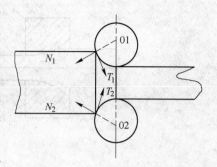

图7-8　轧制时金属的受力分析

1）正压力：沿工具与工件接触面的法线方向阻
碍金属整体移动或金属流动的力，并垂直指向变形工
件的接触面。见图7-8中 N 力。

2）摩擦力：沿工具与工件接触面的切线方向阻碍金属流动的剪切力，方向与金属质
点流动方向或变形趋势相反，见图7-8中 T 力。

7.1.2.2　内力与应力

当物体在外力作用下，并且物体的运动受到阻碍时，或者由于物理或物理化学等作用
而引起物理内原子之间距离发生改变时，在物体内部产生的一种互相平衡的力称之为内
力。内力主要有以下两种原因引起。

（1）自身内力：物体不受外力作用，内部原子相互作用的吸引力和排斥力（代数和
为零）使金属保持一定的形状和尺寸。

（2）平衡内力：物体受外力作用，质点运动受阻
碍，为平衡外力而在物体内部产生抵抗外力的力。例如
工件受到如不均匀变形和不均匀加热容易产生平衡内
力。如图7-9所示。

内力的大小可以用应力来度量。应力是指单位面积
上作用的内力。应力又可分为正应力和切应力。正应力
是指单位面积上所承受的法向应力，一般用 σ 来表示：

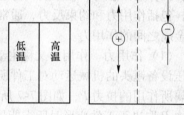

$$\sigma = \lim_{\Delta F \to 0} \frac{\Delta P}{\Delta F} \qquad (7-1)$$

式中，P 为应力；F 为作用面积。

图7-9　由于温度不均匀引起的内力

切应力是指单位面积上所承受的切向内应力，一般用 τ 来表示：

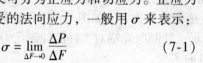

$$\tau = \lim_{\Delta F \to 0} \frac{\Delta P}{\Delta F} \qquad (7-2)$$

当内力均匀作用在被研究截面上时，可用一点的应力大小表示该截面上的应力；如果
内应力分布不均匀，则只能用内力与该截面的比值即平均应力 $\sigma_{平均}$ 来表示：

$$\sigma_{平均} = \frac{P}{F} \qquad (7-3)$$

7.1.3　应力状态及应力图示、变形图标

7.1.3.1　应力状态

在外应力的作用下，物体内部原子被迫偏离其平衡位置，此时在物体内部就出现了内

力和应力，即处于应力状态。

在金属塑性变形过程中，外力是从不同方向作用于金属的，因而在金属内部产生了复杂的应力状态。所以就必须先了解物体内任意一点的应力状态，由此来推断出整个变形物体的应力状态。一点应力状态是指在变形金属内某一点处取一微小的正六面体，而且假定该正六面体各个面上的应力均匀分布时，作用于该正六面体各个面上的所有应力，即代表该点的应力状态。如果变形区内绝大部分金属都属于某种应力状态，则这种应力状态就表示该压力加工过程的应力状态图示，如图 7-10 所示。

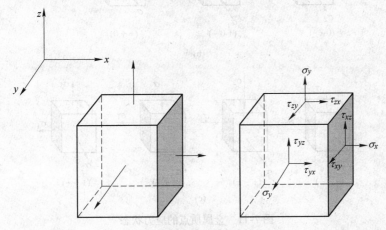

图 7-10　一点的应力状态

对于按任意方向选取的微小正六面体，其各个面上既作用着正应力，又作用着切应力，这种应力状态的表示和确定是比较复杂的。如按照适当的方向选取正六面体，可以使该六面体的各个面上只受到正应力的作用而切应力为零。这种只有正应力作用而没有切应力的截面称为主平面。主平面上的正应力称为主应力，三个主应力分别用符号 σ_1、σ_2、σ_3 表示，并规定拉应力为正，压应力为负，而且 σ_1 是最大主应力，σ_2 是中间主应力，σ_3 是最小主应力，按代数式进行排列为 $\sigma_1 > \sigma_2 > \sigma_3$。

7.1.3.2　应力状态图示

应力状态图示是用箭头来表示所研究的某一点（或研究物体的某部分）在三个互相垂直的主轴方向上，有无主应力存在及其方向如何的定性图，简称应力图示，如图 7-11 所示。如主应力为拉应力，箭头向外指，如主应力为压应力，箭头向内指。

为了简化和定性说明变形物体受力后引起的某些后果，可将变形体的长、宽、高方向近似认为与主轴方向一致，与长、宽、高垂直的截面看为主平面，在该平面上只有正应力，即主应力。按主应力的存在情况和主应力的方向，应力状态图示共有 9 种可能形式，其中包括两种线应力状态图，三种面应力状态图，四种体应力状态图。

7.1.4　塑性变形力学图示

7.1.4.1　变形图示

金属产生塑性变形时，在主应力方向上的变形称为主变形。为了定性说明变形区某一

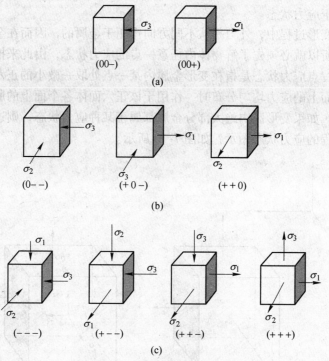

图 7-11　金属质点的应力状态
（a）线应力状态；（b）面应力状态；（c）体应力状态

部分或整个变形区的变形情况，常常采用主变形图示，简称变形图示。

变形图示就是用箭头表示所研究的点（或物体的某部分）在各主轴方向上有无主变形存在及主变形方式的定性图，如图 7-12 所示。当某个主轴方向上的变形为伸长变形时，箭头向外指；当为压缩变形时，箭头向内指。如果变形区内大部分金属都是某种变形图示，则此种变形图示就代表整个加工变形过程中的变形图示。

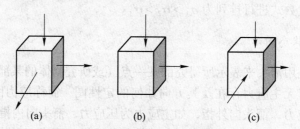

图 7-12　三种可能的变形
（a）一向压缩、两向伸长变形；（b）一向压缩、一向伸长变形；
（c）两向压缩、一向伸长变形

由于受体积不变条件的限制，虽然压力加工的方式很多，但只存在三种可能的变形图示：

（1）一向压缩、两向伸长变形。如图 7-12（a）所示，变形物体的尺寸沿一个主轴方向产生压缩变形，而沿另外两个主轴方向产生了伸长变形，如平辊上轧制的情况属于这种变形图示。

（2）一向压缩、一向伸长变形。如图 7-12（b）所示，变形物体的尺寸沿一个主轴方向产生压缩变形，沿另外一个主轴方向产生了伸长变形，而第三个主轴方向上无变形，这样的变形称为平面变形。如轧制宽而薄的板带钢时，在横向阻力很大，宽展很小可以忽略时即属于这种变形。

（3）两向压缩、一向伸长变形。如图 7-12（c）所示，变形物体的尺寸沿两个主轴方向产生压缩变形，而沿第三个主轴方向产生了伸长变形，如挤压和拉拔，均属于这种变形。

7.1.4.2　变形力学图示

为了全面了解压力加工过程的特点，应把变形过程中的主应力图和主变形图结合起来进行分析，才能全面了解加工过程的特点。如轧制过程，在变形区内任意一点，应力状态图示为（－－－），变形图示为一向压缩、两向伸长变形，这种应力状态图示和变形图示的组合称为变形力学图示。

例如将短而粗的圆断面坯料加工成细而长的圆断面棒材，它可以由两向压缩、一向伸长变形图示得到，但确定压力加工方法并不是简单的事，因为至少可以由下述四种加工方法来完成该产品的加工：

（1）用简单的拉伸方法，其应力状态图示为（＋00）。

（2）在挤压机上进行挤压，其应力状态图示为（－－－）。

（3）在孔型中进行轧制，其应力状态图示为（－－－）。

（4）在拉拔机上经模孔拉拔，其应力状态图示为（＋－－）。

由此可见，同一种产品可以用不同的压力加工方法得到，而不同的加工方法有不同的应力状态，加工的难易程度、生产效率也不一样。因此，不同的变形力学图示影响了变形金属的塑性和产品的质量，因此必须根据变形力学图示来选择合理的加工方法。

7.1.4.3　应力图示和变形图式的关系

有的应力图示与变形图示的箭头方向一致，有的不一致。这种不一致是由于在应力图示中各主应力包括了引起体积弹性变化的主应力成分；而变形图示中的主变形是指塑性变形而不包括弹性变形。引起体积变化的应力成分称为平均应力，而使几何形状发生变化的应力成分称为偏差应力。偏差应力是主应力与平均应力之差，它反映了在主应力的方向上所发生的塑性变形的大小和方向。

在物体的应力状态图示中，三个主应力相等时，三向均匀压缩，三向相等的压缩应力称为静水压力，用符号 σ_m 表示。若金属内部无空隙、疏松，则不产生滑移，理论上不产生塑性变形，而实际上可提高金属的强度和塑性，使缝隙、裂纹消失。即

$$\sigma_m = \frac{\sigma_1 + \sigma_2 + \sigma_3}{3} \tag{7-4}$$

【例 7-1】　从某变形物体内截取的立方体各个面上分别作用有主应力：$\sigma_1 = 60\text{MPa}$，$\sigma_2 = -60\text{MPa}$，$\sigma_3 = -240\text{MPa}$，判断变形图示类型。

$$\sigma_m = \frac{\sigma_1 + \sigma_2 + \sigma_3}{3} = \frac{60 + (-60) + (-240)}{3} = -80\text{MPa}$$

解： 平均应力

$$\sigma_1 - \sigma_m = 60 - (-80) = 140 MPa$$
$$\sigma_2 - \sigma_m = -60 - (-80) = 20 MPa$$
$$\sigma_3 - \sigma_m = -240 - (-80) = -160 MPa$$

所以在 σ_1、σ_2 主应力的方向上为延伸变形（正），在 σ_3 主应力方向上为压缩变形（负），因此变形图示为两向伸长、一向压缩变形。

7.1.5　发生塑性变形的条件

7.1.5.1　最大切应力理论（Tresca 屈服条件）

在多晶体塑性变形实验中，当试样明显屈服时，会出现与主应力成 45°角的吕德斯带，因此推想塑性变形的开始与最大切应力有关。异号应力状态在受力面上的切应力

$$\tau' = \sigma_1 \cos\theta_n \sin\theta_n$$
$$\tau'' = \sigma_3 \sin\theta_n \cos\theta_n$$

切应力总和为

$$\tau_n = \tau' + \tau'' = \frac{\sigma_1 + \sigma_2}{2} \sin 2\theta_n \tag{7-5}$$

当 $\theta = 45°$ 时切应力为最大值

$$\tau_n = \tau_{max} = \frac{\sigma_1 + \sigma_2}{2} \tag{7-6}$$

对同号应力状态有

$$\tau_n = \tau_{max} = \frac{\sigma_1 - \sigma_3}{2} \tag{7-7}$$

最大切应力理论就是假定对同一金属在同样变形条件下，无论是简单应力状态或是复杂应力状态，当作用于物体的最大切应力达到某个极限值时，物体便开始塑性变形。即对同号应力状态：

$$\tau_{max} = \frac{\sigma_1 - \sigma_3}{2} = K$$

由假定可知，切应力极限 K 与应力状态无关，即所有应力状态的 K 值都一样。则可由单向拉伸（或压缩）确定 K。

单向拉伸时　　　　　　$$\tau_n = \tau_{max} = \frac{\sigma_1}{2} = \frac{\sigma_s}{2}$$

切应力的极值为　　　　$$K = \tau_{max} = \frac{\sigma_s}{2}$$

同号应力状态　　　　　$$\sigma_1 - \sigma_3 = \sigma_s$$
异号应力状态　　　　　$$\sigma_1 + \sigma_3 = \sigma_s$$

薄壁管扭转时，即纯剪应力状态下

$$\sigma_x = \sigma_y = \sigma_z = 0$$
$$\tau_{yz} = \tau_{xz} = 0$$
$$\tau_{xy} \neq 0$$

纯剪时主应力计算

$$\sigma_1 = \frac{\sigma_x + \sigma_y}{2} + \sqrt{\left(\frac{\sigma_x - \sigma_y}{2}\right)^2 + \tau_{xy}^2} = \tau_{xy} \tag{7-8}$$

$$\sigma_3 = \frac{\sigma_x + \sigma_y}{2} + \sqrt{\left(\frac{\sigma_x - \sigma_y}{2}\right)^2 + \tau_{xy}^2} = -\tau_{xy} \qquad (7\text{-}9)$$

则得

$$\sigma_1 = -\sigma_3 = \tau_{xy} = \tau_{yx}$$

屈服时

$$\sigma_1 = -\sigma_3 = \tau_{xy} = K$$

可得

$$\tau_{max} = \frac{\sigma_1 + \sigma_3}{2} = \frac{2\sigma_1}{2} = K = \frac{\sigma_s}{2}$$

所以

$$\sigma_1 + \sigma_3 = 2K = \sigma_s \qquad (7\text{-}10)$$

Tresca 屈服条件计算简单，但未反映中间主应力 σ_2 的影响，存在一定误差。

7.1.5.2　形变能定制理论（Mises 屈服条件）

形变能定值理论认为金属的塑性变形开始于使其体积发生弹性变化的单位变形势能积累到一定限度时的塑性状态，而这一限度与应力状态无关。

由材料力学可知，当仅有一个应力作用时，在此应力方向上产生的弹性变形为 ε，此时单位体积的弹性能为：

$$U_x = \frac{1}{2}\varepsilon\sigma = \frac{\sigma_s^2}{2E} \qquad (7\text{-}11)$$

式中，E 为弹性模数。

在体应力状态下的单位弹性变形能为：

$$U_T = \frac{1}{2}(\varepsilon_1\sigma_1 + \varepsilon_2\sigma_2 + \varepsilon_3\sigma_3) \qquad (7\text{-}12)$$

通过推导得出体应力状态下的塑性方程式：

$$\frac{1}{\sqrt{2}}\sqrt{(\sigma_1 - \sigma_2)^2 + (\sigma_2 - \sigma_3)^2 + (\sigma_3 - \sigma_1)^2} = \sigma_s \qquad (7\text{-}13)$$

式（7-13）表示在体应力状态下，金属由弹性变形过渡到塑性变形时，三个主应力与金属变形抗力之间所必备的数学关系。

简化：假定三个主应力关系为 $\sigma_1 > \sigma_2 > \sigma_3$（按代数值），即 σ_2 在 σ_1 和 σ_3 之间变化。下面讨论三种特殊情况：$\sigma_2 = \sigma_1$；$\sigma_2 = \sigma_3$；$\sigma_2 = \frac{\sigma_1 + \sigma_3}{2}$。将这三种特殊情况中的 σ_2 分别代入得：

$$\sigma_2 = \sigma_1 \text{ 时}, \qquad \sigma_1 - \sigma_3 = \sigma_s$$

$$\sigma_2 = \frac{\sigma_1 + \sigma_3}{2} \text{ 时}, \qquad \sigma_1 - \sigma_3 = \frac{2}{\sqrt{3}}\sigma_s = 1.155\sigma_s$$

$$\sigma_2 = \sigma_3 \text{ 时}, \qquad \sigma_1 - \sigma_3 = \sigma_s$$

一般情况可写成：

$$\sigma_1 - \sigma_3 = m\sigma_s = K \qquad (7\text{-}14)$$

由式（7-14）可知：根据 Mises 屈服条件所得到结果和 Tresca 屈服条件下所得结果一致，仅在 $\sigma_2 = (\sigma_1 + \sigma_3)/2$ 时，两者有差异。

Mises 屈服条件考虑了 σ_2 的作用，由以上分析可以看出，由于 σ_s 在 σ_1 和 σ_3 之间变化，则 $m = 1 \sim 1.155$，因此实际 σ_2 对变形抗力的影响是不大的。

注意：若按代数值 $\sigma_1 > \sigma_2 > \sigma_3$ 进行运算时，各主应力应按代数值代入塑性方程；若以 σ_1 为作用力方向的主应力，即 σ_1 为绝对值最大的主应力，则按绝对值规定 $\sigma_1 > \sigma_2 > \sigma_3$ 时，σ_s 与 σ_1 符号应相同，拉应力为正，压应力为负。

【例 7-2】　若有一物体的应力状态为 -108N/mm^2、-49N/mm^2、-49N/mm^2。σ_s 为 59N/m^2，分析该物体是否开始塑性变形。

解： 代数值 $\sigma_1 > \sigma_2 > \sigma_3$ 时，$\sigma_1 = \sigma_2 = -49\text{N/mm}^2$，$m = 1$

$$\sigma_1 - \sigma_3 = -49 - (-108) = 59\text{N/mm}^2 = \sigma_s$$

符合屈服条件可以开始塑性变形。

绝对值 $\sigma_1 > \sigma_2 > \sigma_3$ 时，$\sigma_2 = \sigma_3 = -49\text{N/mm}^2$，$m = 1$

$$(-\sigma_1) - (-\sigma_3) = -\sigma_1 + \sigma_3 = -108 + 49 = -59\text{N/mm}^2$$

而 $m\sigma_s = 1 \times (-59) = -59\text{N/mm}^2$

满足变形条件可以开始塑性变形。

【例 7-3】　镦粗 45 号钢，坯料断面直径为 50mm，$\sigma_s = 313\text{N/mm}^2$，$\sigma_2 = -98\text{N/m}^2$，若按接触表面主应力均匀分布，求开始塑性变形时所需的压缩力。

解： $\sigma_1 > \sigma_2 > \sigma_3$

若接触面主应力均匀分布，则 $\sigma_1 = \sigma_2 = -98\text{N/mm}^2$

所以　　　　$\sigma_1 - \sigma_3 = \sigma_s$，$\sigma_3 = \sigma_1 - \sigma_s = -98 - 313 = -411\text{N/mm}^2$

则所需压缩力为 $P = \dfrac{\pi}{4}D^2 \cdot \sigma_s = \dfrac{3.14 \times 50^2}{4} \times 411 = 806587\text{N}$

任务 7.2　塑性变形基本定律

7.2.1　体积不变定律及应用

7.2.1.1　体积不变定律内容

在压力加工过程中，只要金属的密度不发生变化，变形前后金属的体积就不会产生变化。若设变形前金属的体积为 V_0，变形后的体积为 V_1，则有：

$$V_0 = V_1 = \text{常数}$$

实际上，金属在塑性变形过程中，其体积总有一些变化，这是由于：

（1）在轧制过程中，金属内部的缩孔、气泡和疏松被焊合，密度提高，因而改变了金属体积。这就是说除内部有大量存在气泡的沸腾钢锭（或有缩孔及疏松的镇静钢锭、连铸坯）的加工前期外，热加工时，金属的体积是不变的。

（2）在热轧过程中金属因温度变化而发生相变以及冷轧过程中金属组织结构被破坏，也会引起金属体积的变化，不过这种变化都极为微小。例如，冷加工时金属的密度约减少 $0.1\% \sim 0.2\%$。不过这些在体积上引起的变化是微不足道的，况且经过再结晶退火后其密度仍然恢复到原有的数值。

7.2.1.2　体积不变定律的应用

（1）确定轧制后轧件的尺寸。设矩形坯料的高、宽、长分别为 H、B、L，轧制以后的

轧件的高、宽、长分别为 h、b、l（如图 7-13 所示），

根据体积不变条件，则：

$$V_1 = HBL$$
$$V_2 = hbl$$

即

$$HBL = hbl \qquad (7\text{-}15)$$

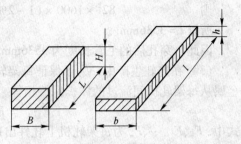

图 7-13 矩形断面工件加工前后的尺寸

在生产中，一般坯料的尺寸均是已知的，如果轧制以后轧件的高度和宽度也已知，则轧件轧制后的长度是可求的，即

$$l = \frac{HBL}{hb} \qquad (7\text{-}16)$$

【例 7-4】 轧 50×5 角钢，原料为连铸方坯，其尺寸为 120mm×120mm×3000mm，已知 50×5 角钢每米理论质量为 3.77kg，密度为 7.85t/m³，计算轧后长度 l 为多少？

解： 坯料体积　　　　　　　$V_0 = 120 \times 120 \times 3000 = 4.32 \times 10^7 \text{mm}^3$

50×5 角钢每米体积为　　$3.77/(7.85 \times 10^3 \div 10^9) = 480 \times 10^3 \text{mm}^3$

由体积不变定律可得　　$4.32 \times 10^7 = 480 \times 10^3 \times l$

故轧后长度 l 为 90m。

（2）根据产品的断面面积和定尺长度，选择合理的坯料尺寸。

【例 7-5】 某轨梁轧机上轧制 50kg/m 重轨，其理论横截面积为 6580mm²，孔型设计时选定的钢坯断面尺寸为 325×280mm²，要求一根钢坯轧成三根定尺为 25m 长的重轨，计算合理的钢坯长度应为多少。

解： 根据生产实践经验，选择加热时的烧损率为 2%，轧制后切头、切尾及重轨加工余量共长 1.9m，根据标准选定由于钢坯断面的圆角损失的体积为 2%。

由此可得轧后轧件长度应为　$l = (3 \times 25 + 1.9) \times 10^3 = 76900 \text{mm}$

由体积不变定律可得　$325 \times 280\, L\,(1 - 2\%)(1 - 2\%) = 76900 \times 6580$

由此可得钢坯长度　　$L = \dfrac{76900 \times 6580}{325 \times 280 \times 0.98^2} = 5673 \text{mm}$

故选择钢坯长度为 5.7m。

【例 7-6】 钢管生产所用坯料为直径 ϕ82×1600mm 圆钢，经穿孔后毛管尺寸为 84×10mm，计算穿孔后的毛管长度。（已知：$D_{\text{p}} = 82\text{mm}$，$L_{\text{p}} = 1600\text{mm}$，$D_{\text{外}} = 84\text{mm}$，$S = 10\text{mm}$。）

解： 穿孔前圆钢的体积　$V_{\text{p}} = \dfrac{1}{4}\pi D_{\text{p}}^2 \times L_{\text{p}} = \dfrac{1}{4} \times 3.14 \times 82^2 \times 1600\text{mm}^3$

穿孔后毛管的内直径为　$D_{\text{外}} - 2S = 84 - 2 \times 10 = 64\text{mm}$

穿孔后毛管的体积为　$V = \dfrac{1}{4}\pi D_{\text{外}}^2 \cdot l - \dfrac{\pi}{4} D_{\text{内}}^2 \cdot l = \dfrac{\pi}{4} \cdot l(84^2 - 64^2)$

所以由 $V_{\text{p}} = V$ 得　　$82^2 \times 1600 = (84^2 - 64^2) \cdot l$

所以 $l = 3635\text{mm}$；

若考虑 2% 的烧损，则　$82^2 \times 1600 \times (1 - 2\%) = (84^2 - 64^2) \cdot l$

所以 $l = 3562\text{mm}$；

若轧件有 2% 的烧损，还有 0.9928 的体积变化系数，

则　　　　　　　　$82^2 \times 1600 \times (1 - 2\%) \times 0.9928 = (84^2 - 64^2) \cdot l$

所以 $l = 3536$mm。

因此，穿孔后的毛管长度为 3536mm。

（3）在连轧生产中，为了保证每架轧机之间不产生堆钢和拉钢，则必须使单位时间内金属从每架轧机间流过的体积保持相等，即

$$F_1 v_1 = F_2 v_2 = \cdots = F_n v_n \qquad\qquad (7\text{-}17)$$

式中，F_1、F_2、$\cdots$、F_n 为每架轧机上轧件出口的断面积；v_1、v_2、$\cdots$、v_n 为各架轧机上轧件的出口速度，它比轧辊的线速度稍大，但可看作近似相等。

如果轧制时 F_1、F_2 $\cdots\cdots F_n$ 为已知，只要知道其中某一架轧辊的速度（连轧时，成品机架的轧辊线速度是已知的），则其余的转数均可一一求出。

7.2.2　最小阻力定律及其应用

7.2.2.1　最小阻力定律内容

叙述 1：物体在变形过程中，其质点有向各个方向移动的可能时，则物体内的各质点将沿着阻力最小的方向移动。叙述 2：金属塑性变形时，若接触摩擦较大，其质点近似沿最法线方向流动，也称最短法线定律。叙述 3：金属塑性变形时，各部分质点均向耗功最小的方向流动，也称最小功原理。

7.2.2.2　最小阻力定律的应用

（1）判断金属变形后的横断面形状。以矩形六面体的镦粗为例，图 7-14 所示为塑压矩形断面的变化情况。由图可清楚地看出，随着压缩量的增加，矩形断面的变化逐渐变成多面体、椭圆和圆形断面。

对于这个现象的分析：用角平分线的方法把矩形断面划分为四个流动区域——两个梯形和两个三角形。为什么用角平分线划分呢？因为角平分线上的质点到两个周边的最短法线长度是相等的。因此，在该线上的金属质点向两个周边流动的趋势也是相等的。

由图可见，每个区域内的金属质点，将向着垂直矩形各边的方向移动，由于向长边方向移动的金属质点比向短边移动得多，故当压缩量增大到一定程度时，将使变形的最终断面变形为圆形。

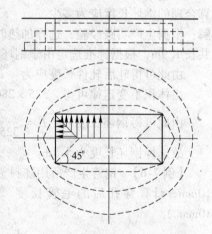

图 7-14　塑压矩形断面柱体变化规律

结论：任何断面形状的柱体，当塑压量很大时，最后都将变成圆形断面。

（2）确定金属流动的方向。以轧制生产中的情况为例。

1）利用最小阻力定律分析小辊径轧制的特点。如图 7-15 所示，在压下量相同的条件下，对于不同辊径的轧制，其变形区接触弧长度是不相同的，小辊径的接触弧较大辊径小，因此，在延伸方向上产生的摩擦阻力较小，根据最小阻力定律可知，金属质点向延伸方向流动得多，向宽度方向流动得少，故用小辊径轧出的轧件长度较长，而宽度较小。

2）为什么在轧制生产中，延伸总是大于宽展？首先，在轧制时，变形区长度一般总

是小于轧件的宽度，根据最小阻力定律得，金属质
点沿纵向流动的比沿横向流动的多，使延伸量大于
宽展量；其次，由于轧辊为圆柱体，沿轧制方向是
圆弧的，而横向为直线型的平面，必然产生有利于
延伸变形的水平分力，它使纵向摩擦阻力减少，即
增大延伸，所以，即使变形区长度与轧件宽度相等
时，延伸与宽展的量也并不相等，延伸总是大于
宽展。

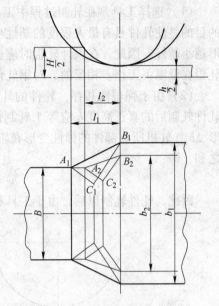

7.2.3　弹塑性共存定律

7.2.3.1　弹塑性共存定律内容

物体在产生塑性变形之前必须先产生弹性变
形，在塑性变形阶段也伴随着弹性变形的产生，总
变形量为弹性变形和塑性变形之和。

为了说明在塑性变形过程中，有弹性变形
存在，下面以拉伸实验为例来说明这个问题。图
7-16所示为拉伸实验的变化曲线（OABC），应力
小于屈服极限时，是弹性变形的范围，在曲线上表
现为OA段，随着应力的增加，即应力超过屈服极
限时，则发生塑性变形，在曲线上表现为ABC段，
在曲线的C点，表明塑性变形的终结，即发生断裂。

从图中可以看出：

1）变形的范围内（OA），应力与变形的关系
成正比，可用虎克定律近似表示。

图7-15　轧辊直径对宽展的影响

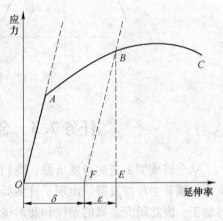

图7-16　拉伸时应力与变形的关系

2）在塑性变形的范围内（ABC），随着拉应
力的增加（大于屈服极限），当加载到B点时，则
变形在图中为OE段，即为塑性变形δ与弹性变形
ε之和，如果加载到B点后，立即停止并开始卸
载，则保留下来的变形为OF（δ），而不是有载时的OE段，它充分说明卸载后，其弹性
变形部分EF（ε）随载荷的消失而消失，这种消失使变形物体的几何尺寸多少得到了一
些恢复，由于这种恢复，往往在生产实践中不能很好控制产品尺寸。

3）弹性变形与塑性变形的关系。要使物体产生塑性变形，必须先有弹性变形或者说
在弹性变形的基础上，才能开始产生塑性变形，只有塑性变形而无弹性变形（或痕迹）的
现象在金属塑性变形加工中，是不可能见到的。因此，把金属塑性变形在加工中一定会有
弹性变形存在的情况，称之为弹塑共存定律。

7.2.3.2　弹塑性共存定律在压力加工中的实际意义

弹塑性共存定律在轧钢中具有很重要的实际意义，可用以指导生产实践。

（1）选择工具。在轧制过程中工具和轧件是两个相互作用的受力体，而所有轧制过程的目的是使轧件具有最大程度的塑性变形，而轧辊则不允许有任何塑性变形，并使弹性变形越小越好。因此，在设计轧辊时应选择弹性极限高，弹性模数大的材料；同时应尽量使轧辊在低温下工作。相反的，对钢轧件来讲，其变形抗力越小、塑性越高越好。

（2）由于弹塑性共存，轧件的轧后高度总比预先设计的尺寸要大。如图 7-17 所示，轧件轧制后的真正高度 h 应等于轧制前事先调整好的辊缝高度 h_0、轧制时轧辊的弹性变形 Δh_n（轧机所有部件的弹性变形在辊缝上所增加的数值）和轧制后轧件的弹性变形 Δh_M 之和，即

$$h = h_0 + \Delta h_n + \Delta h_M$$

因此，轧件轧制以后，由于工具和轧件的弹性变形，轧件的压下量比期望的值小。

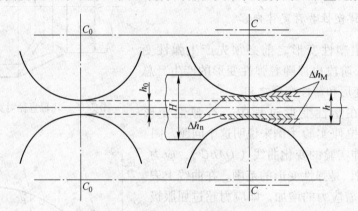

图 7-17　轧辊及轧件的弹性变形图

任务 7.3　金属的塑性与变形抗力

从金属成型工艺的角度出发，我们总希望变形的金属或合金具有高的塑性和低的变形抗力。随着生产的发展，出现了许多低塑性、高强度的新材料，需要采取相应的新工艺进行加工。因此研究金属的塑性和变形抗力十分重要。

7.3.1　金属塑性概念及测定方法

塑性是指固体材料在外力作用下发生永久变形而又不破坏其完整性的能力。人们常常容易把金属的塑性和硬度看作反比的关系，即认为凡是硬度高的金属其塑性就差。当然，有些金属是这样的，但并非都是如此，例如下列金属的情况，见表 7-1。

表 7-1　金属与硬度和断面收缩率之间的关系

序　号	金属元素	布氏硬度（HB）	断面收缩率 φ/%
1	Fe	80	80
2	Ni	60	60
3	Mg	8	3
4	Sb	30	0

　　可见 Fe、Ni 不但硬度高，塑性也很好；而 Mg、Sb 虽然硬度低，但塑性也很差。塑性是和硬度无关的一种性能。同样，人们也常把塑性和材料的变形抗力对立起来，认为变形抗力高塑性就低，变形抗力低塑性就高，这也是和事实不符合的。例如奥氏体不锈钢在室温下可以经受很大的变形而不破坏，即这种钢具有很高的塑性，但是使它变形却需要很大的压力，即同时它有很高的变形抗力。可见，塑性和变形抗力是两个独立的指标。

　　为了衡量金属塑性的高低，需要一种数量上的指标来表示，称塑性指标。塑性指标是以金属材料开始破坏时的塑性变形量来表示。常用的塑性指标是拉伸试验时的延伸率 δ 和断面缩小率 φ，δ 和 φ 由下式确定：

$$\delta = \frac{l_k - l_0}{l_0} \times 100\% \qquad (7\text{-}18)$$

$$\varphi = \frac{F_0 - F_K}{F_0} \times 100\% \qquad (7\text{-}19)$$

式中，l_0、F_0 为试样的原始标距长度和原始横截面积；l_k、F_K 为试样断裂后标距长度和试样断裂处最小横截面积。

　　实际上，这两个指标只能表示材料在单向拉伸条件下的塑性变形能力，金属的塑性指标除了用拉伸试验之外，还可以用镦粗试验、扭转试验等来测定。

　　镦粗试验由于比较接近锻压加工的变形方式，是经常采用的一种方法。试件做成圆柱体，高度 H_0 为直径 D_0 的 1.5 倍（例如 $D_0 = 10\text{mm}$，$H_0 = 15\text{mm}$）。取一组试样在压力机或锤上进行镦粗，分别依次镦粗到预定的变形程度，第一个出现表面裂纹的试样的变形程度 ε，即为塑性指标：

$$\varepsilon = \frac{H_0 - H_K}{H_0} \times 100\% \qquad (7\text{-}20)$$

式中，H_0 为试样原始高度；H_K 为第一个出现裂纹的试样镦粗后高度。

　　为了减少试样的数量和试验工作量，可做一个楔形块当做试样（图 7-18）。这样，一个楔形块镦粗后便可获得预定的各种变形程度，以代替一组圆柱形试样。只要计算出第一条裂纹处的变形程度 ε，就是材料镦粗时的塑性指标。如果把若干组试样（或者若干楔形块）分别加热到不同的预定温度，进行镦粗试验，则可测定金属和合金在不同温度下的塑性指标。

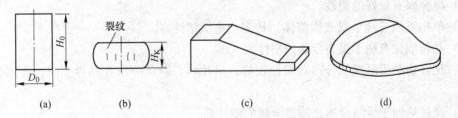

图 7-18　镦粗试验

（a）原始试样；（b）出现裂纹后试样；（c）楔形块镦粗前；（d）楔形块镦粗后

　　镦粗试验时试样裂纹的出现，是由于侧表面处拉应力作用的结果。工具与试样接触表面的摩擦力、散热条件、试样的几何尺寸等因素，都会影响到拉应力的大小。因此，用镦粗试验测定塑性指标时，为便于比较，必须制定相应的规程，说明试验的具体条件。

通常根据镦粗试验的塑性指标 ε 材料可如下分类：$\varepsilon > 60\% \sim 80\%$，为高塑性；$\varepsilon = 40\% \sim 60\%$，为中塑性；$\varepsilon = 20\% \sim 40\%$，为低塑性。塑性指标 ε 在 20% 以下，该材料实际上难以锻压加工。

将不同温度时，在各种试验条件下得到塑性指标（δ、φ、ε 及 α_K 等），以温度为横坐标，以塑性指标为纵坐标，绘成函数曲线，这种曲线图，称为塑性图。图 7-19 是碳钢的塑性图。一个完整的塑性图，应该给出压缩时的变形程度 ε、拉伸时的强度极限 σ_b、延伸率 δ、断面缩小率 φ、扭转时的扭角或转数以及冲击韧性 α_K 等力学性能和试验温度的关系，它是确定金属塑性加工热力规范的重要依据。

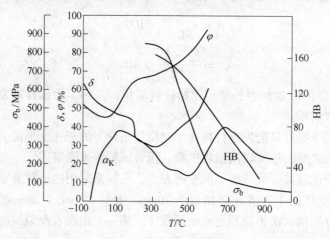

图 7-19　碳钢的塑性图

7.3.2　影响塑性的因素及提高塑性的途径

影响金属塑性的因素很多，现在主要从金属的自然性质、变形的温度-速度条件、变形的力学条件三个方面来讨论。

7.3.2.1　金属的自然性质对塑性的影响

（1）组织状态的影响：

1）纯金属有最好的塑性。

2）单相组织（纯金属或固溶体）比多相组织塑性好。

3）晶粒细化有利于提高金属的塑性。

4）化合物杂质呈球状分布对塑性较好；呈片状、网状分布在晶界上时，金属的塑性下降。

5）经过热加工后的金属比铸态金属的塑性高。

（2）化学成分的影响：

1）铁、硫、锰。化学纯铁具有很高的塑性，工业纯铁在 900℃ 左右时，塑性突然下降。硫是钢中有害杂质，易产生"红脆"现象。锰可提高钢的塑性，但锰钢对过热的敏感性强，在加热过程中晶粒容易粗大，使钢的塑性降低。

2）碳。碳在碳钢中含碳量越高，塑性越差，热加工温度范围越窄。当 $w(\mathrm{C}) < 1.4\%$

时，有很好的塑性。

3）镍。镍能提高钢的强度和塑性，减慢钢在加热时晶粒的长大。

4）铬。铬能使钢的塑性和导热性降低。

5）钨、钼、钒。这三种元素的加入都能使塑性降低。

6）硅、铝。在奥氏体钢中，$w(Si) > 0.5\%$ 时，对塑性不利，$w(Si) > 2.0\%$ 时，钢的塑性降低，$w(Si) > 4.5\%$ 时，在冷状态下塑性很差。铝对钢的塑性有害。

7）磷。钢中 $w(P) < 1\% \sim 1.5\%$ 时，在热加工范围内对塑性影响不大。在冷状态下，磷使钢的强度增加塑性降低，产生"冷脆"现象。

8）铅、锡、砷、锑、铋。钢中五大有害元素，它们在加热时熔化，使金属失去塑性。

9）氧、氮、氢。氧能使钢的塑性降低，氮也会使钢的塑性变差，氢对钢的塑性无明显的影响。

10）稀土元素。适当加入一些稀土，能使钢的塑性得到改善。

（3）铸造组织的影响。铸坯的塑性低、性能不均匀。主要造成原因有以下几点：

1）铸态材料的密度较低，因为在接近铸锭的头部和轴心部分，分布有宏观和微观的孔隙，沸腾钢钢锭有皮下气泡。

2）用一般方法熔炼的钢锭，经常发现有害杂质（如硫、磷等）的很大偏析，特别是在铸锭的头部和轴心部分。

3）对于大钢锭，枝晶偏析会有较大的发展。

4）在双相和多相的钢与合金中，第二相组织呈粗大的夹杂物，常常分布在晶粒边界上。

7.3.2.2 变形温度-速度对塑性的影响

（1）变形温度的影响。一般是随着温度的升高，塑性增加。但并不是直线上升的。现以温度对碳钢塑性的影响的一般规律（图7-20）分析说明。

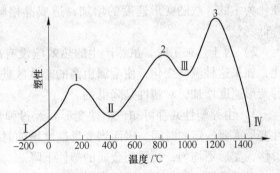

图 7-20 温度对碳素钢塑性的影响

Ⅰ区。钢的塑性很低，在零下 200℃时塑性几乎为 0，主要是由于原子热运动能力极低所致。部分学者认为低温脆性的出现，是与晶粒边界的某些组织组成物随温度降低而脆化有关，如磷高于 0.08% 和砷高于 0.3%（质量分数）的钢轨，在零下 40~60℃ 已经变为脆性物。

Ⅱ区。位于 200~400℃ 之间，此区域也称之为蓝脆区，钢材的断口呈现蓝色的氧化物，因而成为"蓝脆"。一般认为是某种脆性杂物（如 Fe_3O_4 等）以沉淀的形式沿晶界析出极大弱化晶界间的结合力所致。

Ⅲ区。位于 800~950℃ 的范围内，称为热脆区。由于在金属相变区内有铁素体和奥氏体共存，产生了变形的不均匀性，出现附加拉应力，使塑性降低。也有学者认为是由于硫元素的影响，也称该区域为红脆区。

Ⅳ区。接近于金属的熔点温度，此时晶粒迅速长大，晶间强度逐渐削弱，继续加热有可能使金属产生过热或过烧现象。

在塑性增加区：

1 区。位于 100 ~ 200℃ 之间，塑性增加是由于在冷变形时原子动能增加的缘故（热振动）。

2 区。位于 700 ~ 800℃ 之间，由于有再结晶和扩散过程发生，这两个过程对塑性都有好的作用。

3 区。位于 950 ~ 1250℃ 的范围内，在此区域中没有相变，钢的组织是均匀一致的奥氏体。

通过对图 7-20 的分析，热轧时应尽可能地使变形在 3 区温度范围内进行，而冷加工的温度则应为 1 区。

（2）变形速度的影响。变形速度对塑性的影响也是比较复杂的。基于变形速度对塑性的影响可以用图 7-21 中的曲线来描述。

图中将曲线分成了Ⅰ区和Ⅱ区两个部分，两部分交界处为临时变形速度，在改变形速度下的变形，金属的塑性最低。

Ⅰ区，即变形速度小于临界变形速度，该区随变形速度的增加，塑性是随之下降的。这种变化可能适用于下列几种情况：

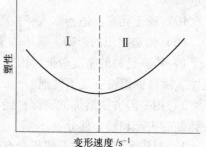

图 7-21　变形速度对塑性的影响

1）对于冷加工时，随变形速度增加，变形能产生的热量还不足以升高变形金属的温度达到回复再结晶的温度范围。因此，在该情况下的加工变形，金属的组织变化是以加工硬化为主的，故随变形速度的增加，造成晶格畸变严重而不利于滑移变形，结果使塑性降低。

2）对于热加工时，虽然产生的热效应没有冷加工显著，但终究会使变形温度发生变化，如果这种温度变化，使金属由高的塑性区进入脆性区或者处在相变温度范围时，则这种变形速度增加，对塑性是降低的。

3）由弹塑性共存可知，塑性变形要经过弹性变形后才会发生塑性变形。说明发生塑性变形需要一定的时间。因而当变形速度增加时，变形金属内部的大部分区域来不及进行滑移，变形不均匀，结果使金属的塑性下降。

对于Ⅱ区，是在大于临界变形速度的情况下，随变形速度的增加，塑性是增加的。它符合下列几种现象：

1）如果在冷加工时，随变形速度的增加，变形能转变的热量能够对硬化的金属逐步进行软化。

2）在热加工中，同样由于热效应使变形金属温度升高，如果这个温度是由脆性加工区升高到塑性区，则会导致金属的塑性增加；如果在加工时温度散失的速度大于热效应使物体温度升高的速度，则也可能由脆性区转变到塑性较好的区域，使塑性得到提高。

3）在热加工中，加工硬化和再结晶是同时进行的。如果在加工中随变形速度的增加，再结晶速度大于加工硬化过程，则金属的塑性也是能得到提高的。

7.3.2.3　变形力学条件对塑性的影响

（1）应力状态的影响。在进行压力加工的应力状态中，压应力个数越多，数值越大（即静水压力越大），金属塑性越高。

三向压应力状态图最好，两向压应力一向拉应力次之，三向拉应力最坏。其影响原因归纳如下：

1）三向压应力状态能遏止晶间相对移动，使晶间变形困难。

2）三向压应力状态能促使由塑性变形和其他原因而破坏了的晶内和晶间联系得到修复。

3）三向压应力状态能完全或局部地消除变形体内数量很少的某些夹杂物甚至液相对塑性不良的影响。

4）三向压应力状态可以完全抵消或大大降低由不均匀变形引起的附加拉力，使附加拉应力所造成的破坏作用减轻。

（2）变形状态的影响。主变形图中压缩分量越多，对充分发挥金属的塑性越有利。

两向压缩一向延伸的变形图最好，一向压缩一向延伸次之，两向延伸一向压缩的主变形图最差。

7.3.2.4　其他因素对塑性的影响

（1）不连续变形的影响。当热变形时，在不连续变形的情况下，可提高金属的塑性。这是由于不连续变形条件下，每次变形量小，产生的应力小，不宜超过金属的塑性极限，同时，在各道次变形的间隙时间内，可以发生软化过程，使塑性在一定程度上得以恢复。经过变形的铸态金属，由于改善了组织结构，提高了致密度，也使塑性得到了提高。

（2）尺寸（体积）因素的影响。实践证明，随着物体体积的增大塑性有所降低，但降低一定程度后，体积再增加其影响减小。

7.3.2.5　提高塑性的途径

为了提高金属的塑性，必须设法增加对塑性有利的因素，同时减少和避免不利因素。提高塑性的主要途径有以下几个方面。

（1）控制金属的化学成分，改善组织结构。通过冶炼的方式将金属中有害的元素含量降到下限，同时加入有益元素提高金属的塑性。再热加工过程中，尽量在单相区内进行塑性加工，采取适当的工艺措施，使组织和结构均匀，形成细小的晶粒，对铸态组织的成分偏析、组织不均匀应采用合适的工艺来加以改善。

（2）采用合适的变形温度-速度制度。其原则是使塑性变形金属在高塑性区内进行，对热加工来说，应保证在加工过程中再结晶得以充分进行。

（3）选择合适的变形力学状态。在生产过程中，对于某些塑性偏低的金属，应选用三向压应力较强的加工方式，并限制附加拉应力的出现。

（4）尽量造成均匀的变形过程。

（5）避免加热和加工时周围介质的不良影响。

7.3.3　变形抗力

7.3.3.1　基本概念

塑性加工时，使金属发生塑性变形的外力，称为变形力。金属抵抗变形之力，称为变形抗力。变形抗力和变形力数值相等，方向相反，一般用平均单位面积变形力表示其大小。当压缩变形时，变形抗力即是作用于施压工具表面的单位面积压力，故也称单位流动压力。

变形抗力和塑性，如上所述，是两个不同的概念，塑性反映材料变形的能力，变形抗力则反应材料变形的难易程度。

变形抗力的大小，不仅决定于材料的真实应力（流动应力），而且也决定于塑性成型时的应力状态、接触摩擦以及变形体的相对尺寸等因素。只有在单向拉伸（或压缩）时，变形抗力等于材料在该变形温度、变形速度、变形程度下的真实应力。因此，离开上述具体的加工方法等条件所决定的应力状态、接触摩擦等因素，就无法评论金属和合金的变形抗力。为了研究问题方便，我们在讨论各种因素对变形抗力的影响时，在某些情况下暂且把单向拉伸（或压缩）时的真实应力（或强度极限）当做衡量变形抗力大小的指标。实际上也可以认为，塑性成形时变形抗力的大小，主要决定于材料本身的真实应力（或强度极限）。但是它们之间的概念不同，它们的数值在绝大多数情况下也不相等。

金属或合金的变形抗力通常以单向应力状态（单向拉伸、单向压缩）下所测得的屈服极限 σ_s 来度量。但是金属塑性加工过程都是复杂的应力状态，对于同一种金属材料来说，其变形抗力值一般要比单向应力状态时大得多。

7.3.3.2　测定方法

测量金属变形抗力的基本方法有拉伸法、压缩法和扭转法。常用的有拉伸法和压缩法。

（1）拉伸法。使用圆柱试样，认为在拉伸过程中在试样出现细颈前，在其标距内工作部分的应力状态为均匀分布的单向拉应力状态。这时，所测出的拉应力便为变形物体在此变形条件下的变形抗力。此时变形物体的真实变形应力为

$$\sigma = \frac{P}{F} \tag{7-21}$$

根据体积不变定律 $Fl = F_0 l_0$，可得

$$F = F_0 \frac{l_0}{l}$$

假定在试样标距的工作部分内金属的变形也是均匀分布的。所以此时变形物体的真实变形 ε 应为：

$$\varepsilon = \ln \frac{l}{l_0} \tag{7-22}$$

式中，P 为试样在拉伸某瞬间所承受的拉力；F、l 分别为在该拉伸瞬间试样工作部分的实际横断面面积长度；F_0、l_0 分别为拉伸试样工作部分的原始横断面面积和长度。

拉伸法测量特点是测量精确，方法简单，但变形程度不应大于 20%~30%。

（2）压缩法。试样压缩时变形程度为

$$\varepsilon = \ln \frac{H}{h} \tag{7-23}$$

由此测得的变形抗力为

$$\sigma = \frac{P}{F} = \frac{P}{F_0} e^{-\varepsilon} \tag{7-24}$$

压缩法的优点是能允许式样具有比拉伸更大的变形。但缺点是在压缩时完全保证试样处于单向压应力状态较为困难。一般来讲，试样的高径比，即 H/D 值越大，接触摩擦的影响越小。在一般情况下应保证 $H/D < 2 \sim 2.5$，否则试样压缩时不稳定。

7.3.3.3　变形抗力的确定

要计算金属塑性变形过程中所需的外力，必须知道变形抗力的值。

（1）热轧时变形抗力的确定。热轧时的变形抗力根据变形时的温度、平均变形速度、变形程度由实验方程得到变形抗力曲线来确定：

$$\sigma_s = C\sigma_{s30\%} \tag{7-25}$$

式中，$C\sigma_{s30\%}$ 为变形程度 $\varepsilon = 30\%$ 时的变形抗力；C 为与实际压下率有关的修正系数。

（2）冷轧时变形抗力的确定。冷轧时的宽展量可以忽略，其变形为平面变形，此时的变形抗力用平面变形抗力 K 来衡量，$K = 1.15\sigma_s$。

冷轧时的平面变形抗力由各个钢中的加工硬化曲线，根据各道次的平均总变形程度来查图确定。其平均总变形程度为：

$$\bar{\varepsilon} = 0.4\varepsilon_H + 0.6\varepsilon_h \tag{7-26}$$

式中，$\bar{\varepsilon}$ 为该道次平均总变形程度；ε_H 为该道次轧制前的总变形程度，$\varepsilon_H = (H_0 - H)/H_0$；$\varepsilon_h$ 为该道次轧制后的总变形程度，$\varepsilon_h = (H_0 - h)/H_0$；$H_0$ 为退火后带坯厚度；H 和 h 分别为该道次轧制前、轧制后的轧件厚度。

7.3.3.4　影响变形抗力的因素

（1）金属化学成分和显微组织的影响。不同的金属材料具有不同的变形抗力，同一种金属材料在不同的变形温度、变形程度下，变形抗力也不同。前者是金属材料本身的属性，称之为影响金属变形抗力的内因；而后者则是属于变形过程的工艺条件（变形温度、变形速度、变形程度和应力状态）及其他外部条件对变形抗力的影响，常称为影响金属变形抗力的外因。例如铅的变形抗力比钢的变形抗力低得多，铅的屈服极限 σ_s 为 16MPa（1.6kgf/mm^2），而碳素结构钢 08F 钢的屈服极限 σ_s 为 180MPa（18kgf/mm^2）。

1）化学成分的影响。

①碳。在较低的温度下随着钢中含碳量的增加，钢的变形抗力升高。一般钢中，增加 0.1%（质量分数）的碳可使钢的强度极限提高 60 ~ 80MPa（6 ~ 8kgf/mm^2）。温度升高时其影响减弱，如图 7-22 所示。

②锰。钢中含锰量的增多，可使钢成为中锰钢和高锰钢。其中中锰结构钢（15Mn ~ 50Mn）的变形抗力稍高于具有相同含碳量的碳钢，而高锰钢（Mn12）有更高的变形抗力。

③硅。钢中含硅对塑性变形抗力有明显的影响。用硅使钢合金化时，可使钢的变形抗

力有较大的提高。

④铬。对含铬量为0.7%~1.0%（质量分数）的铬钢来讲，影响其变形抗力的主要不是铬，而是钢中的含碳量，这些钢的变形抗力仅比具有相同含碳量的碳钢高5%~10%。

对高碳铬钢，其变形抗力虽高于碳钢。

高铬钢在高速下变形时，其变形抗力大为提高。

⑤镍。镍在钢中可使变形抗力提高。

2）显微组织的影响。

①晶粒越细小，变形抗力越大。

②单相组织比多相组织的变形抗力要低。

③晶粒体积相同时，晶粒细长者比等轴晶粒结构的变形抗力大。

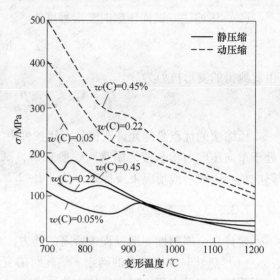

图7-22　在不同变形温度和变形速度下碳的
质量分数对碳钢变形抗力的影响

④晶粒尺寸不均匀时，比均匀晶粒结构时大。

⑤在一般情况下，夹杂物会使变形抗力升高。

⑥钢中有第二相时，变形抗力也会相应提高。

（2）变形温度的影响。在加热及轧制过程中，温度对钢的变形抗力影响非常大。随着钢的加热温度的升高，变形抗力降低。其原因有以下几个方面：

1）发生了回复与再结晶。回复使变形金属得到一定程度地软化，与冷成型后的金属相比，金属的变形抗力有所降低。再结晶则完全消除了加工硬化，变形抗力显著降低。

2）临界剪应力降低。金属原子热振动的振幅增大，原子间的键力减弱，金属原子之间的结合力降低。

3）金属的组织结构发生变化。此时变形金属可能由多相组织转变为单相组织，变形抗力显著下降。

4）随温度的升高，新的塑性变形机制参与作用。

（3）变形速度的影响。在热变形时，通常随变形速度的提高变形抗力提高。关于变形速度对变形抗力的影响的物理本质研究还不完善。强化-恢复理论认为，塑性变形过程中，变形金属内有两个相反的过程，强化过程和软化过程同时存在。如图7-23所示。

（4）变形程度的影响。在冷状态下，由于金属的强化（加工硬化），变形抗力随着变形程度的增大而显著提高；在热状态下，变形程度对变形抗力的影响较小，一般随变形程度增加，变形抗力稍有增加。

（5）应力状态的影响。具有同号主应力的变形抗力大于异号主应力的变形抗力，同时在同号主应力图中，随着应力的增加，变形抗力也增加。可以用塑性方程解释。

7.3.3.5　降低变形抗力常用的工艺措施

变形抗力过大，不仅加工变形困难，而且增加了能量消耗，还降低了产品的质量。因

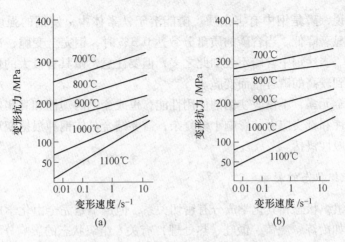

图 7-23　变形速度对碳钢变形抗力的影响
（a）压下率为 50%；（b）压下率为 10%

此轧制过程中，必须采取一些有效措施来降低轧制压力，具体措施有：

（1）合理选择变形温度和变形速度。同一种金属在不同的变形温度下，变形抗力是不一样的；在相同的变形温度下，变形速度对变形抗力的影响也是不一样的。因此必须根据具体情况选择合理的变形温度-变形速度制度。

（2）选择最有利的变形方式。在加工过程中，应尽量选择应力状态为异号的变形方式。

（3）采用良好的润滑。金属塑性变形时，润滑起着改善金属流动、减少摩擦、降低变形抗力的重要作用，因此在轧制过程中，应尽可能采用润滑轧制。

（4）减小工、模具与变形金属的接触面积（直接承受变形力的面积）。由于接触面积减小，外摩擦作用降低而使单位压力减少，总变形力也减小。

（5）采用合理的工艺措施。采取合理地工艺措施也能有效地降低变形抗力。如设计合理的工具形状，使金属具有良好的流动条件；改进操作方法，以改善变形的不均匀性；采用带张力轧制，以改变应力状态等。

7.3.4　金属的化学成分和组织状态对塑性和变形抗力的影响

7.3.4.1　化学成分的影响

在碳钢中，铁和碳是基本元素。在合金钢中，除了铁和碳外，还有合金元素，如 Si、Mn、Cr、Ni、W、Mo、V、Ti 等。此外，由于矿石、冶炼加工等方面的原因，在各类钢中还有一些杂质，如 P、S、N、H、O 等。下面先以碳钢为例，讨论化学成分的影响。这些影响在其他各类钢中也大体相似。

碳：碳对钢性能的影响最大。碳能固溶到铁里，形成铁素体和奥氏体，它们都具有良好的塑性和低的强度。当含碳量增大时，超过铁的溶解能力，多余的碳和铁形成化合物 Fe_3C，称为渗碳体。它有很高的硬度，塑性几乎为零，对基体的塑性变形起阻碍作用，因而使碳钢的塑性降低，强度提高。随着含碳量的增大，渗碳体的数量也增加，塑性的降低和强度的提高也更甚。

磷：一般来说，磷是钢中有害杂质。磷能溶于铁素体中，使钢的强度、硬度显著提高，塑性、韧性显著降低。当含磷的质量分数达 0.3% 时，钢完全变脆，冲击韧性接近于零，称为冷脆性。当然钢中含磷不会如此之多，但要注意，磷具有极大的偏析能力，会使钢中局部地区达到较高的磷含量而变脆。

钢中加入合金元素，不仅改变钢的使用性能，也改变钢的塑性和真实应力。由于各种合金元素对钢塑性和真实应力的影响十分复杂，需要结合具体钢种根据变形条件做具体的分析，不宜做一般性概括。

7.3.4.2　组织状态的影响

金属材料的组织状态和其化学成分有密切关系，但也不是完全由化学成分所决定，它还和制造工艺（如冶炼、浇铸、锻轧、热处理）有关。组织状态的影响分下面几点说明。

（1）基体金属。基体金属是面心立方晶格（Al、Cu、γ-Fe、Ni），塑性最好；是体心立方晶格（α-Fe、Cr、W、V、Mo），塑性其次；是密排六方晶格（Mg、Zn、Cd、α-Ti），塑性较差。因为密排六方晶格只有三个滑移系，而面心立方晶格和体心立方晶格各有 12 个滑移系；又面心立方晶格每一滑移面上的滑移方向数比体心立方晶格每一滑移面上的滑移方向数多一个，故其塑性最好。对真实应力，基体金属元素的类别，决定了原子间结合力的大小，对于各种纯金属，一般来说原子间结合力大的，滑移阻力便大，真实应力也就大。

（2）单相组织和多相组织。合金元素以固溶体形式存在只是一种方式，在很多情况下形成多相组织。单相固溶体比多相组织塑性好，例如护环钢（50Mn18Cr4）在高温冷却时，700℃ 左右会析出碳化物，成为多相组织，使塑性降低，常要进行固溶处理。即锻后加热到 1050~1100℃ 并保温，使碳化物固溶到奥氏体中，然后用水和空气交替冷却，使其迅速通过碳化物析出的温度区间，最后单相固溶体的护环钢 δ>50%。而 45 号钢虽然合金元素含最少得多，但因是两相组织，δ=16%，塑性比护环钢低。对真实应力来说，则单相固溶体中合金元素的含量越高，真实应力便越高。这是因为，无论是间隙固溶体（如碳在铁中）还是置换固溶体（如镍、铬在铁中），都会引起晶格的畸变。加入的量越多，引起的晶格畸变越严重，金属的真实应力也就越大。单相固溶体和多相组织相比，一般来说真实应力较低。

（3）晶粒大小。金属和合金晶粒越细化，塑性越好，原因是晶粒越细，在同一体积内晶粒数目越多，于是在一定变形数量下，变形分散在许多晶粒内进行，变形比较均匀，这样，比起粗晶粒的材料，由于某些局部地区应力集中而出现裂纹以致断裂这一过程会发生得迟些，即在断裂前可以承受较大的变形量。同样，金属和合金晶粒越细化，同一体积内晶界就越多，由于室温时晶界强度高于晶内，所以金属和合金的真实应力就高。但在高温时，由于能发生晶界黏性流动，细晶粒的材料反而真实应力较低。

7.3.4.3　变形温度、变形速度对塑性和变形抗力的影响

A　变形温度的影响

变形温度对金属和合金的塑性和变形抗力，有着重要影响。就大多数金属和合金来说，总的趋势是：随着温度升高，塑性增加，真实应力降低。但在升温过程中，在某些温

度区间，某些合金的塑性会降低，真实应力会提高。由于金属和合金的种类繁多，很难用一种统一的规律来概括各种材料在不同温度下的塑性和真实应力的变化情况。下面举几个例子来说明。

图 7-24 所示为碳钢延伸率 δ 和强度极限 σ_b 随温度变化的情形。在大约 -100℃ 时，钢的塑性几乎完全消失，因为是在钢的脆性转变温度以下。从室温开始，随着温度的上升，δ 有些增加，σ_b 有些下降。大约 200~350℃ 温度范围内发生相反的现象，δ 明显下降，σ_b 明显上升，这个温度范围一般称为蓝脆区。这时钢的性能变坏，易于脆断，断口呈蓝色。其原因说法不一，一般认为是由于氮化物、氧化物以沉淀形式在晶界、滑移面上析出所致。随后 δ 又继续增加，σ_b 继续降低，直至大约 800℃~950℃ 范围，又一次出现相反的现象，即塑性稍有下降，强度稍有上升，这个温度范围称为热脆区。

图 7-25 所示为高速钢的强度极限 σ_b 和延伸率 δ 随温度变化的曲线。高速钢在 900℃ 以下 σ_b 很高，塑性很低；从珠光体向奥氏体转变的温度约为 800℃，此时为塑性下降区。900℃ 以上，δ 上升，σ_b 迅速下降。约 1300℃ 是高速钢奥氏体共晶组织的熔点，高速钢 δ 急剧下降。

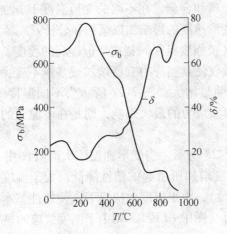

图 7-24　碳钢的塑性图

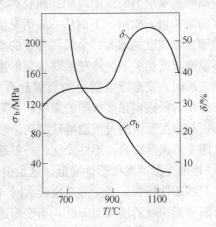

图 7-25　高速钢塑性图

图 7-26 所示为黄铜 H68 强度极限 σ_b 和塑性 σ、φ 随温度变化的曲线。随温度的上升，σ_b 一直下降，δ、φ 开始也下降，约在 300~500℃ 范围内降至最低，此区为 H68 的中温脆区。在 690℃~330℃ 范围内 H68 的塑性最好。

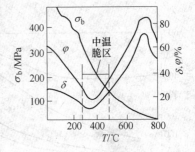

图 7-26　H68 塑性图

　　B　变形速度的影响

　　a　热效应和温度效应。

为了讨论变形速度对塑性和真实应力的影响，先要讨论一下热效应问题。塑性变形时物体所吸收的能量，将转化为弹性变形位能和塑性变形热能。这种塑性变形过程中变形能转化为热能的现象，称热效应。

塑性变形热能 A_m 与变形体所吸收的总能量 A 之比，称为排热率，计算公式为 $\eta = \dfrac{A_m}{A}$。

　　根据有关资料介绍，在室温下塑性压缩的情况下，镁、铝、铜、铁等金属的排热率 $\eta = 0.85 \sim 0.9$，上述金属的合金 $\eta = 0.75 \sim 0.85$。可见 η 值十分可观。

　　b　变形速度对塑性和变形抗力的影响

　　变形速度对金属塑性和真实应力的影响是十分复杂的。

　　如果是在热变形条件下，变形进度大时，还可能由于没有足够的时间进行回复和再结晶，使金属的真实应力提高，塑性降低。这对于那些再结晶温度高、再结晶速度慢的高合金钢，尤为明显。

　　然而，变形速度大，有时由于温度效应显著，使金属温度升高，从而提高塑性，降低真实应力。这种现象在冷变形条件下比热变形时显著，因冷变形时温度效应强。但是某些材料（例如莱氏体高合金钢），会因变形速度大引起升温，进入高温脆区，反而使塑性降低。

　　此外，变形速度还可能通过改变摩擦系数，而对金属的塑性和变形抗力产生一定的影响。

　　所以，随着变形速度的增大，既有使塑性降低和真实应力提高的可能，有时也有使塑性提高和真实应力降低的可能；而且对于不同的金属和合金，在不同的变形温度下，变形速度的影响也不相同。下面从一般情况出发，对变形速度的影响加以概括和分析。

　　随变形速度的增大，金属和合金的真实应力（或强度极限）提高。但提高的程度，与变形温度有密切关系。冷变形时，变形速度的增大仅使真实应力有所增加或基本不变，而在热变形时，变形速度的增加会引起真实应力的明显增大。图 7-27 所示为不同温度下，变形速度对低碳钢强度极限的影响。变形速度对真实应力的最大影响，则是在不完全的热变形区与热变形区的过渡温度区间内。

　　随变形速度提高，塑性变化的一般趋势如图 7-28 所示。当变形速度不大时（图中 ab 段），增加变形速度使塑性降低。这是由于变形速度增加所引起的塑性降低，大于温度效应引起的塑性增加。当变形速度较大时（图中 bc 段），由于温度效应显著，使塑性基本上不再随变形速度的增加而降低。当变形速度很大时（图中 cd 段），则由于温度效应的显著

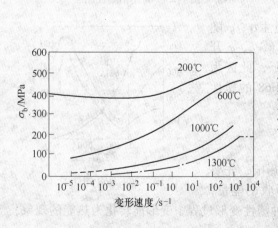

图 7-27　不同温度下变形素的
对低碳钢强度极限的影响

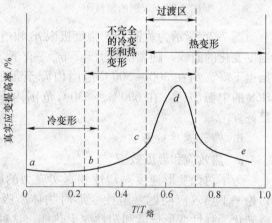

图 7-28　在不同温度范围内变形
速度对真实应力提高率的影响

作用，造成的塑性上升超过了变形硬化造成的塑性下降，使塑性回升。冷变形和热变形时，该曲线各阶段的进程和变化的程度各不相同。冷变形时，随着变形速度的增加，塑性略有下降，以后由于温度效应的作用加强，塑性可能会上升。热变形时，随着变形速度的增加，通常塑性有较显著的降低，以后由于温度效应增强而使塑性稍提高；但当温度效应很大时，变形温度由塑性区进入高温脆区，则金属和合金的塑性又急剧下降（如图中 de 段）。就材料来说，化学成分越复杂，含量越多，再结晶速度就越低，故增大变形速度会使塑性降低。此外，变形速度对锻压工艺也有广泛的影响。提高变形速度，有下列影响：

（1）降低摩擦系数，从而降低变形抗力，改善变形的不均匀性，提高工件质量。

（2）减少热成形时的热量散失，从而减少毛坯温度的下降和温度分布的不均匀性，这对工件形状复杂（如具有薄壁、高筋等）或材料的锻造温度范围较狭窄的情况，是有利的。

（3）提高变形速度，会由于惯性作用，使复杂工件易于成型。例如锤上模锻时上模型腔容易充填。

任务 7.4　金属塑性加工中的摩擦与润滑

金属塑性加工中是在工具与工件相接触的条件下进行的，这时必然产生阻止金属流动的摩擦力。这种发生在工件和工具接触面间，阻碍金属流动的摩擦，称外摩擦。由于摩擦的作用，工具产生磨损，工件被擦伤；金属表面与心部受到不同的综合应力，导致金属产生不均匀变形；严重时工件出现裂纹，还要定期更换工具。因此，塑性加工中，须加以润滑。

润滑技术的开发能促进金属塑性加工的发展。随着压力加工新技术新材料新工艺的出现，必将要求人们解决新的润滑问题。

7.4.1　金属塑性加工时摩擦的特点及作用

（1）塑性成型时摩擦的特点。塑性成型中的摩擦与机械传动中的摩擦相比，有下列特点：

1）在高压下产生的摩擦。塑性成型时接触表面上的单位压力很大，一般热加工时面压力为 100～150MPa，冷加工时可高达 500～2500MPa。但是，机器轴承中，接触面压通常只有 20～50MPa，如此高的面压使润滑剂难以带入或易从变形区挤出，使润滑困难及润滑方法特殊。

2）较高温度下的摩擦。塑性加工时界面温度条件恶劣。对于热加工，根据金属不同，温度在数百度至一千多度之间，对于冷加工，则由于变形热效应、表面摩擦热，温度可达到很高的程度。高温下的金属材料，除了内部组织和性能变化外，金属表面要发生氧化，给摩擦润滑带来很大影响。

3）伴随着塑性变形而产生的摩擦，在塑性变形过程中由于高压下变形，会不断增加新的接触表面，使工具与金属之间的接触条件不断改变。接触面上各处的塑性流动情况不同，有的滑动，有的黏着，有的快，有的慢，因而在接触面上各点的摩擦也不一样。

4）摩擦副（金属与工具）的性质相差大，一般工具都较硬且要求在使用时不产生塑性变形；而金属不但比工具柔软得多，且希望有较大的塑性变形。二者的性质与作用差异如此之大，因而使变形时摩擦情况也很特殊。

（2）外摩擦在压力加工中的作用。塑性加工中的外摩擦，大多数情况是有害的，但在某些情况下，也可为我所用。摩擦的不利方面：

1）改变物体应力状态，使变形力和能耗增加。以平锤锻造圆柱体试样为例（图 7-29），当无摩擦时，为单向压应力状态，即 $\sigma_3 = \sigma_s$，而有摩擦时，则呈现三向应力状态，即 $\sigma_3 = \beta\sigma_s + \sigma_1$。$\sigma_3$ 为主变形力，σ_1 为摩擦力引起的。若接触面间摩擦越大，则 σ_1 越大，即静水压力越大，所需变形力也随之增大，从而消耗的变形功增加。一般情况下，摩擦的加大可使负荷增加 30%。

2）引起工件变形与应力分布不均匀。塑性成型时，因接触摩擦的作用使金属质点的流动受到阻碍，此种阻力在接触面的中部特别强，边缘部分的作用较弱，这将引起金属的不均匀变形。如图 7-29 中平塑压圆柱体试样时，接触面受摩擦影响大，远离接触面处受摩擦影响小，最后工件变为鼓形。此外，外摩擦使接触面单位压力分布不均匀，由边缘至中心压力逐渐升高。变形和应力的不均匀，直接影响制品的性能，降低生产成品率。

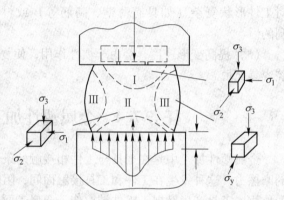

图 7-29　塑压时摩擦力对应力及变形分布的影响

3）恶化工件表面质量，加速模具磨损，降低工具寿命。塑性成型时接触面间的相对滑动加速工具磨损；因摩擦热更增加工具磨损；变形与应力的不均匀也会加速工具磨损。此外，金属黏结工具的现象，不仅缩短了工具寿命，增加了生产成本，而且也降低制品的表面质量与尺寸精度。

近年来，在深入研究接触摩擦规律，寻找有效润滑剂和润滑方法来减少摩擦有害影响的同时，积极开展了有效利用摩擦的研究。即通过强制改变和控制工具与变形金属接触滑移运动的特点，使摩擦应力能促进金属的变形发展。下面介绍一种有效利用摩擦的方法。

Conform 连续挤压法的基本原理如图 7-30 所示。当从挤压型腔的入口端连续喂入挤压坯料时，由于它的三面是向前运动的可动边，在摩擦力的作用下，轮槽咬着坯料，并牵引着金属向模孔移动，当夹持长度足够长时，摩擦力的作用足以在模孔附近，产生高达 $1000\text{N}/\text{mm}^2$ 的挤压应力，和高达 $400 \sim 500℃$ 的温度，使金属从模孔流出。可见 Conform 连续挤压原理十分巧妙地利用了挤压轮槽壁与坯料之间的机械摩擦作为挤压

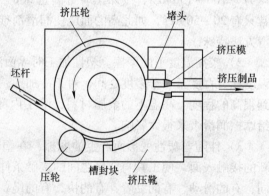

图 7-30　Conform 连续挤压原理图

力。同时，摩擦热和变形热的共同作用，可使铜、铝材挤压前无需预热，直接喂入冷坯（或粉末粒）而挤压出热态制品，比常规挤压节省 3/4 左右的热电费用。此外因设置紧凑、轻型、占地小以及坯料适应性强，材料成材率高达 90% 以上。所以，目前广泛用于生产中小型铝及铝合金管、棒、线、型材生产上。

7.4.2　塑性加工中摩擦的分类及机理

7.4.2.1　外摩擦的分类及机理

塑性成型时的摩擦根据其性质可分为干摩擦、边界摩擦和流体摩擦三种。

（1）干摩擦。干摩擦是指不存任何外来介质时金属与工具的接触表面之间的摩擦。但在实际生产中，这种绝对理想的干摩擦是不存在的。因为金属塑性加工过程中，其表面存在氧化膜，或吸附一些气体和灰尘等其他介质。但通常说的干摩擦指的是不加润滑剂的摩擦状态。

（2）流体摩擦，如图 7-31 所示。当金属与工具表面之间的润滑层较厚，摩擦副在相互运动中不直接接触，完全由润滑油膜隔开，摩擦发生在流体内部分子之间者称为流体摩擦。它不同于干摩擦，摩擦力的大小与接触面的表面状态无关，而是与流体的黏度、速度梯度等因素有关，因而流体摩擦的摩擦系数是很小的。塑性加工中接触面上压力和温度较高，使润滑剂常易挤出或被烧掉，所以流体摩擦只在有条件的情况下发生和作用。

（3）边界摩擦，如图 7-31 所示。这是一种介于干摩擦与流体摩擦之间的摩擦状态，称为边界摩擦。

在实际生产中，由于摩擦条件比较恶劣，理想的流体润滑状态较难实现。此外，在塑性加工中，无论是工具表面，还是坯料表面，都不可能是"洁净"的表面，总是处于介质包围之中，总是有一层敷膜吸附在表面上，这种敷膜可以是自然污染膜、油性吸附形成的金属膜、物理吸附形成的边界膜、润滑剂形成的化学反应膜等。因此理想的干摩擦不可能存在。实际上常常是上述三种

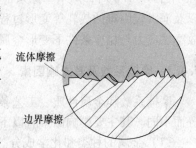

图 7-31　工具与工件界面的示意图

摩擦共存的混合摩擦。它既可以是半干摩擦又可以是半流体摩擦。半干摩擦是边界摩擦与干摩擦的混合状态。当接触面间存在少量的润滑剂或其他介质时，就会出现这种摩擦。半流体摩擦是流体摩擦与边界摩擦的混合状态。当接触表面间有一层润滑剂，在变形中个别部位会发生相互接触的干摩擦。

7.4.2.2　塑性加工时接触表面摩擦力的计算

根据以上观点，在计算金属塑性加工时的摩擦力时，分下列三种情况考虑。

（1）库仑摩擦条件。这时不考虑接触面上的黏合现象（即全滑动），认为摩擦符合库仑定律。其内容如下：

1）摩擦力与作用于摩擦表面的垂直压力成正比例，与摩擦表面的大小无关；

2）摩擦力与滑动速度的大小无关；

3）静摩擦系数大于动摩擦系数。

其数学表达式为：

$$F = \mu N \tag{7-27}$$

或

$$\tau = \mu \sigma_N \tag{7-28}$$

式中，F 为摩擦力；μ 为外摩擦系数；N 为垂直于接触面正压力；σ_N 为接触面上的正应力；τ 为接触面上的摩擦切应力。

由于摩擦系数为常数（由实验确定），故又称常摩擦系数定律。对于像拉拔及其他润滑效果较好的加工过程，此定律较适用。

（2）最大摩擦条件。当接触表面没有相对滑动，完全处于黏合状态时，单位摩擦力（τ）等于变形金属流动时的临界切应力 k，即

$$\tau = k \tag{7-29}$$

根据塑性条件，在轴对称情况下，$k = 0.5\sigma_T$，在平面变形条件下，$k = 0.577\sigma_T$。其中，σ_T 为该变形温度或变形速度条件下材料的真实应力。

在热变形时，常采用最大摩擦力条件。

（3）摩擦力不变条件。认为接触面间的摩擦力，不随正压力大小而变。其单位摩擦力 τ 是常数，即常摩擦力定律，其表达式为

$$\tau = m \cdot k \tag{7-30}$$

式中，m 为摩擦因子，$m = 0 \sim 1.0$。

当 $m = 1.0$ 时，两个摩擦条件是一致的。在面压较高的挤压、变形量大的镦粗、模锻以及润滑较困难的热轧等变形过程中，由于金属的剪切流动主要出现在次表层内，$\tau = \tau_s$，故摩擦应力与相应条件下变形金属的性能有关。

7.4.3　摩擦系数及其影响因素

摩擦系数随金属性质、工艺条件、表面状态、单位压力及所采用润滑剂的种类与性能等而不同。其主要影响因素有以下几点。

（1）金属的种类和化学成分。摩擦系数随着不同的金属、不同的化学成分而异。由于金属表面的硬度、强度、吸附性、扩散能力、导热性、氧化速度、氧化膜的性质以及金属间的相互结合力等都与化学成分有关，因此不同种类的金属，摩擦系数不同。例如，用光洁的钢压头在常温下对不同材料进行压缩时测得摩擦系数：软钢为 0.17；铝为 0.18；α-黄铜为 0.10；电解铜为 0.17。即使同种材料，化学成分变化时，摩擦系数也不同。如钢中的碳含量增加时，摩擦系数会减小，如图 7-32 所示。一般说，随着合金元素的增加，摩擦系数下降。

黏附性较强的金属通常具有较大的摩擦系数，如铅、铝、锌等。材料的硬度、强度越高，摩擦系数就越小。因而凡是能提高材料硬度、强度的化学成分都可使摩擦系数减小。

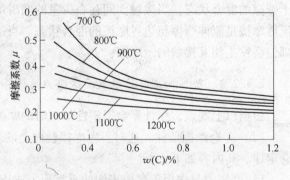

图 7-32　钢中碳含量对摩擦系数的影响

（2）工具材料及其表面状态。工具选用铸铁材料时的摩擦系数，比选用钢时摩擦系数

可低15%~20%，而淬火钢的摩擦系数与铸铁的摩擦系数相近。硬质合金轧辊的摩擦系数较合金钢轧辊摩擦系数可降低10%~20%，而金属陶瓷轧辊的摩擦系数比硬质合金辊也同样可降低10%~20%。

工具的表面状态视工具表面的精度及加工方法的不同，摩擦系数可能在0.05~0.5范围内变化。一般来说，工具表面光洁度越高，摩擦系数越小。但如果两个接触面光洁度都非常高，由于分子吸附作用增强，反使摩擦系数增大。

（3）接触面上的单位压力。单位压力较小时，表面分子吸附作用不明显，摩擦系数与正压力无关，摩擦系数可认为是常数。当单位压力增加到一定数值后，润滑剂被挤掉或表面膜破坏，这不但增加了真实接触面积，而且使分子吸附作用增强，从而使摩擦系数随压力增加而增加，但增加到一定程度后趋于稳定，如图7-33所示。

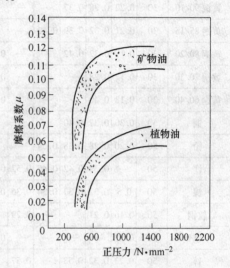

图7-33　正压力对摩擦系数的影响

（4）变形温度。变形温度对摩擦系数的影响很复杂。因为温度变化时，材料的温度、硬度及接触面上的氧化质的性能都会发生变化，可能产生两个相反的结果：一方面随着温度的增加，可加剧表面的氧化而增加摩擦系数；另一方面，随着温度的提高，被变形金属的强度降低，单位压力也降低，这又导致摩擦系数的减小。所以，变形温度是影响摩擦系数变化因素中，最积极、最活泼的一个，很难一概而论。此外还可出现其他情况，如温度升高，润滑效果可能发生变化；温度高达某值后，表面氧化物可能熔化而从固相变为液相，致使摩擦系数降低。但是，根据大量实验资料与生产实际观察，认为开始时摩擦系数随温度升高而增加，达到最大值以后又随温度升高而降低，如图7-34与图7-35所示。这是因为温度较低时，金属的硬度大，氧化膜薄，摩擦系数小。随着温度升高，金属硬度降低，氧化膜增厚，表面吸附力，原子扩散能力加强，同时，高温使润滑剂性能变坏，所以，摩擦系数增大。当温度继续升高，由于氧化质软化和脱落，氧化质在接触表面间起润滑剂的作用，摩擦系数反而减小。

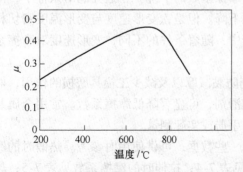

图7-34　温度对钢的摩擦系数的影响

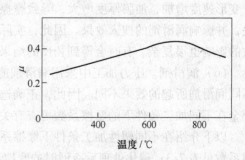

图7-35　温度对铜的摩擦系数的影响

表7-2给出了不同金属变形时摩擦系数与温度的关系。

表7-2　不同金属变形时摩擦系数与温度的关系

金属	ε/%	20	200	250	300	350	400	450	500	550	600	650	700	750	800	850	900	950
铝	30	0.15	0.25	0.28	0.31	0.34	0.37	0.39	0.42	0.45	0.48	—	—	—	—	—	—	—
黄铜95/5	30	0.27	0.35	0.40					0.44							0.40	0.33	0.24
黄铜90/10	30	0.22	0.28	0.37			0.40						0.44	0.48	0.52	0.56	0.47	0.40
黄铜85/15	30	0.21	0.32	0.39	0.42			0.44			0.48	0.52	0.55			0.57		
黄铜80/20	30	0.19	0.32	0.42			0.48	0.48		0.50	0.53	0.55				0.57		
黄铜70/30	30	0.17	0.28	—			0.40			0.42	0.48	0.53	0.55			0.57		
黄铜60/40	30	0.18	0.40				0.42			0.48	0.53	0.55			0.57			
铜	50	0.30	0.37				0.42					0.39	0.34	0.30	0.26	0.22	0.20	
铅	50	0.20	0.28	0.38	0.54													
镁	50	—	0.39	0.42	0.47	0.52	0.57	0.52	0.46	0.37								
镍	50	0.5	0.32	0.33	0.34	0.36	0.37	0.38	0.39	0.40	0.41	0.42	0.43	0.44	0.44	0.45	0.45	0.46
软钢	50	0.16	0.21	—		0.29			0.32	0.39	0.45	0.54		0.54	0.54	0.49	0.46	0.41
不锈钢	50	0.32				0.42					0.44	0.48	0.54	0.54		0.57		
锌	50	0.23	0.32	0.53	—	0.57												
钛	50	—	—	—	—	—	—	—	—	0.57	—	—	—	—	—	—	—	—
钛①	50				0.18		0.19			0.20	0.21	0.22	0.23	0.25	0.28	0.34	0.48	0.57
钛②	50					0.15							0.18	0.20	0.26	0.37	0.52	0.57

注：①石墨润滑剂。②二硫化钼润滑剂。

（5）变形速度。许多实验结果表明，随着变形速度增加，摩擦系数下降，例如用粗磨锤头压缩硬铝试验提出：400℃时静压缩 $\mu = 0.32$，动压缩 $\mu = 0.22$；在450℃时相应为 0.38 及 0.22。实验也测得，当轧制速度由 0 增加到 5m/s 时，摩擦系数降低一半。

变形速度增加引起摩擦系数下降的原因，与摩擦状态有关。在干摩擦时，变形速度增加，表面凹凸不平部分来不及相互咬合，表现出摩擦系数的下降。在边界润滑条件下，由于变形速度增加，油膜厚度增大，导致摩擦系数下降。但是，变形速度与变形温度密切相关，并影响润滑剂的拽入效果。因此，实际生产中，随着条件的不同，变形速度对摩擦系数的影响也很复杂。有时会得到相反的结果。

（6）润滑剂。压力加工中采用润滑剂能起到防黏减摩以及减少工模具磨损的作用，而不同润滑剂所起的效果不同。因此，正确选用润滑剂，可显著降低摩擦系数。常用金属及合金在不同加工条件下的摩擦系数可查有关加工手册或实际测量。

以下介绍在不同塑性加工条件下摩擦系数的一些数据，可供使用时参考。热锻时的摩擦系数见表7-3；磷化处理后冷锻时的摩擦系数见表7-4；拉伸时的摩擦系数见表7-5；热挤压时的摩擦系数，钢热挤压（玻璃润滑）时，$\mu = 0.025 \sim 0.050$。其他金属热挤压摩擦系数见表7-6。

表 7-3　热锻时的摩擦系数

材　料	坯料温度/℃	不同润滑剂的 μ		
		无润滑	炭末	机油石墨
45 钢	1000	0.37	0.18	0.29
	1200	0.43	0.25	0.31
锻铝	400	无润滑	汽缸油+10%石墨	胶体石墨	精制石蜡+10%石墨	精制石蜡
		0.48	0.09	0.10	0.09	0.16

表 7-4　磷化处理后冷锻时的摩擦系数

压力/MPa	μ			
	无磷化膜	磷酸锌	磷酸锰	磷酸镉
7	0.108	0.013	0.085	0.034
35	0.068	0.032	0.070	0.069
70	0.057	0.043	0.057	0.055
140	0.07	0.043	0.066	0.055

表 7-5　拉伸时的摩擦系数

材料	μ		
	无润滑	矿物油	油+石墨
08 钢	0.20~0.25	0.15	0.08~0.10
12Cr18Ni9Ti	0.30~0.35	0.25	0.15
铝	0.25	0.15	0.10
杜拉铝	0.22	0.16	0.08~0.10

表 7-6　热挤压时的摩擦系数

润　滑	μ					
	铜	黄铜	青铜	铝	铝合金	镁合金
无润滑	0.25	0.18~0.27	0.27~0.29	0.28	0.35	0.28
石墨+油	比无润滑时的相应数值降低 0.030~0.035					

7.4.4　塑性加工的工艺润滑

7.4.4.1　工艺润滑的目的及润滑机理

A　润滑的目的

为减少或消除塑性加工中外摩擦的不利影响，往往在工模具与变形金属的接触界面上施加润滑剂，进行工艺润滑。其主要目的是：

（1）降低金属变形时的能耗。当使用有效润滑剂时，可大大减少或消除工模具与变形金属的直接接触，使接触表面间的相对滑动剪切过程在润滑层内部进行，从而大大降低摩擦力及变形功耗。如轧制板带材时，采用适当的润滑剂可降低轧制压力 10%~15%，节约主电机电耗 8%~20%。拉拔铜线时，拉拔力可降低 10%~20%。

（2）提高制品质量。由于外摩擦导致制品表面黏结、压入、划伤及尺寸超差等缺陷或废品。此外，还由于摩擦阻力对金属内外质点塑性流动阻碍作用的显著差异，致使各部分剪切变形程度（晶粒组织的破碎）明显不同。因此，采用有效的润滑方法，利用润滑剂的减摩防黏作用，有利于提高制品的表面和内在质量。

（3）减少工模具磨损，延长工具使用寿命。润滑还有降低面压、隔热与冷却等作用，从而使工模具磨损减少，使用寿命延长。

B　润滑机理

（1）流体力学原理。根据流体力学原理，当固体表面发生相对运动时，与其连接的液体层被带动，并以相同的速度运动，即液体与固体层之间不产生滑动。在拉拔、轧制情况下，坯料在进入工具入口的间隙，沿着坯料前进方向逐渐变窄。这时，存在于空隙中的润滑剂就会被拖带进去，沿前进方向压力逐渐增高，如图 7-36 所示。当润滑剂压力增加到工具与坯料间的接触压力时，润滑剂就进入接触面间。变形速度、润滑剂的黏度越大，工具与坯料的夹角越小，则润滑剂压力上升得越急剧，接触面间的润滑膜也越厚。此时，所发生的摩擦力在本质上是一种润滑剂分子间的吸引力，这种吸引力阻碍润滑剂质点之间的相互移动。这种阻碍称为相对流动阻力。对液体而言，黏性即意味着内摩擦。液体层与层之间的剪切抗力（液体的内摩擦力），由牛顿定理确定：

$$T = \eta \frac{\mathrm{d}u}{\mathrm{d}y} F \tag{7-31}$$

式中，$\frac{\mathrm{d}u}{\mathrm{d}y}$ 为垂直于运动方向的内剪切速度梯度；F 为剪切面积（即滑移表面的面积）；η 为动力黏度，$Pa \cdot s$。

通常取沿液体厚度上的速度梯度为常数或取其平均值：

$$\frac{\mathrm{d}u}{\mathrm{d}y} = \frac{\Delta V}{\varepsilon}, \ T = \eta \cdot \frac{\Delta V}{\varepsilon} F$$

因此，液体的单位摩擦力：

$$t = \eta \cdot \frac{\Delta V}{\varepsilon} \tag{7-32}$$

式中，ε 为液层厚度；ΔV 为液体层的变化体积。

油的黏度与温度及压力有关。随温度的增加，黏度急剧下降，随压力的增加，油的黏度升高。分析表明，矿物油的黏度受压力影响比动植物油更为明显。

（2）吸附机制。金属塑性加工用润滑剂从本质上可分为不含有表面活性物质（如各类矿物油）和含有表面活性物质（如动、植物油、添加剂等）两大类。这些润滑剂中的极性或非极性分子对金属表面都具有吸附能力，并且通过吸附作用在金属表面形成油膜。

矿物油属非极性物质，当它与金属表面接触时，这种非极性分子与金属之间靠瞬时偶极相互吸引，于是在金属表面形成第一层分子吸附膜，如图 7-37 所示。而后由于分子间

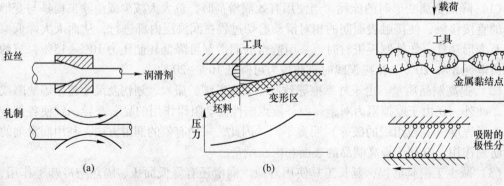

图 7-36　润滑剂的拽入

（a）金属塑性变形加工过程；

（b）变形区压力与润滑剂厚度

图 7-37　单分子层吸附膜的

润滑作用模型

的吸引形成多层分子组成的润滑油膜，将金属与工具隔开，呈现为液体摩擦。然而，由于瞬时偶极的极性很弱，当承受较大压力和高温时，这种矿物油所形成的油膜将被破坏而挤走，故润滑效果差。

7.4.4.2　润滑剂的选择

A　塑性成形中对润滑剂的要求

在选择及配制润滑剂时，必符合下列要求：

（1）润滑剂应有良好的耐压性能，在高压作用下，润滑膜仍能吸附在接触表面上，保持良好的润滑状态。

（2）润滑剂应有良好耐高温性能，在热加工时，润滑剂应不分解，不变质。

（3）润滑剂有冷却模具的作用。

（4）润滑剂不应对金属和模具有腐蚀作用。

（5）润滑剂应对人体无毒，不污染环境。

（6）润滑剂要求使用、清理方便、来源丰富、价格便宜等。

B　常用的润滑剂

在金属加工中使用的润滑剂，按其形态可分为液体润滑剂、固体润滑剂、液-固润滑剂以及熔体润剂。其中，液体润滑剂使用最广，通常可分为纯粹型油（矿物油或动植物油）和水溶型两类。

（1）液体润滑剂包括矿物油、动植物油、乳液等。矿物油系指机油、汽缸油、锭子油、齿轮油等。矿物油的分子组成中只含有碳、氢两种元素，由非极性的烃类组成，当它与金属接触时，只发生非极性分子与金属表面的物理吸附作用，不发生任何化学反应，润滑性能较差，在压力加工中较少直接用作润滑剂。通常只作为配制润滑剂的基础油，再加上各种添加剂，或是与固体润滑剂混合，构成液-固混合润滑剂。

动植物油有牛油、猪油、豆油、蓖麻油、棉籽油、棕榈油等。动植物油脂内所含的脂肪酸主要有硬脂酸（$C_{17}H_{35}COOH$）、棕榈酸（软脂酸 $C_{15}H_{31}COOH$）及油酸（$C_{17}H_{33}COOH$）这三种。它们都含有极性根（如 COOH），属于极性物质。这些有机化合物的分子中，一端为非极性的烃基，另一端则为极性基，能在金属表面上作定向排列而形成润油膜。这就使润滑剂在金属上的吸附力加强，故在塑性加工中不易被挤掉。

乳液是一种可溶性矿物油与水均匀混合的两相系。在一般情况下，油和水难以混合，为使油能以微小液珠悬浮于水中，构成稳定乳状液，必须添加乳化剂，使油水间产生乳化作用。另外，为提高乳液中矿物油的润滑性，也需添加油性添加剂。

（2）固体润滑剂，包括石墨、二硫化钼、肥皂等。由于金属塑性加工中的摩擦本质是表层金属的剪切流动过程，因此从理论上讲，凡剪切强度比被加工金属流动剪切强度小的固体物质都可作为塑性加工中的固体润滑剂，如冷锻钢坯端面放的紫铜薄片，铝合金热轧时包纯铝薄片，拉拔高强度丝时表面镀铜，以及拉拔中使用的石蜡、蜂蜡、脂肪酸皂粉等均属固体润滑剂。使用最多的是石墨和二硫化钼。

石墨具有良好的导热性和热稳定性，其摩擦系数随正压力的增加而有所增大，但与相对滑动速度几乎没有关系。此外，石墨吸附气体后，摩擦系数会减小，因而在真空条件下的润滑性能不如空气中好。石墨的摩擦系数一般在 0.05～0.19 的范围内。

二硫化钼也属于六方晶系结构，其润滑原理与石墨相同。但它在真空中的摩擦系数比在大气中小，所以更适合作为真空中的润滑剂。二硫化钼的摩擦系数一般为 $0.12 \sim 0.15$。

在大气中，石墨温度超过 500℃ 开始氧化，二硫化钼则在 350℃ 时氧化，为了防止石墨、二硫化钼氧化，常在石墨、二硫化钼中加入三氧化二硼，以提高使用温度。石墨、二硫化钼是目前塑性加工中常用的高温固体润滑剂，使用时可制成水剂或油剂。

常用的肥皂和蜡类润滑剂有硬脂肪酸钠、硬脂肪酸锌以及一般肥皂等。硬脂酸锌用于冷挤压铝、铝合金；硬脂酸钠用来拉拔有色金属等加工的润滑剂，也用于钢坯磷化处理后的皂化处理工序。

用于金属塑性加工的固体润滑剂，除上述三种外，其他还有重金属硫化物、特种氧化物、某些矿物（如云母、滑石）和塑料（如聚四氟乙烯）等。固体润滑剂的使用状态可以是粉末状的，但多数是制成糊状剂或悬浮液。

此外，目前新型的固体润滑剂还有氮化硼（BN）和二硒化铌（$NbSe_2$）等。氮化硼的晶体结构与石墨相似，有"白石墨"之称。它不仅绝缘性能好，使用温度高（可高达900℃），而且在一般温度下，氮化硼不与任何金属起反应，也几乎不受一切化学药品的侵蚀，BN 可认为是目前唯一的高温润滑材料。

（3）液-固型润滑剂。这种润滑剂是把固体润滑粉末悬浮在润滑油或工作油中，构成固-液两相分散系的悬浮液。如拉钨、钼丝时，采用的石墨乳液及热挤压时，所采用的二硫化钼（或石墨）油剂（或水剂），均属此类润滑剂。它是把纯度较高，粒度小于 $2 \sim 6\mu m$ 的二硫化钼（或石墨）细粉加入油（或水）中，其质量约占 $25\% \sim 30\%$，使用时再按实际需要用润滑油（或水）稀释，一般质量分数控制在 3% 以内。为减少固体润滑粉末的沉淀，可加入少量表面活性物质，以减少液-固界面的张力，提高它们之间的润滑性，从而起到分散剂的作用。

（4）熔体润滑剂。这是出现较晚的一种润滑剂。在加工某些高温强度大，工具表面黏着性强，而且易于受空气中氧、氮等气体污染的钨、钼、钽、铌、钛、锆等金属及合金在热加工（热锻及挤压）时，常采用玻璃、沥青或石蜡等作润滑剂。其实质是，当玻璃与高温坯料接触时，它可以在工具与坯料接触面间熔成液体薄膜，达到隔开两接触表面的目的。所以玻璃既是固体润滑剂，又是熔体润滑剂。

 复习思考题

7-1 判断题

（1）压力加工方法除轧制外还有锻造、冲压、挤压、冷拔、热扩及爆炸成型等。（　　）

（2）总延伸系数等于各道次延伸系数之和。（　　）

（3）轧制前轧件的断面积与轧制后轧件的断面积之比等于延伸系数。（　　）

（4）加工硬化是指金属经冷塑性变形后产生的塑性降低、强度和硬度提高的现象。（　　）

（5）金属在 400℃ 以上进行的加工称为热加工。（　　）

（6）把轧件加热到 1000℃ 以上再进行轧制称为热轧。（　　）

（7）在进行压力加工时，所有的变形过程均遵循体积不变定律。（　　）

（8）总延伸系数等于各道延伸系数的乘积。（　　）

(9) 材料抵抗外力破坏的最大能力称为屈服强度。（　　）

(10) 金属中硫的含量会提高金属的塑性。（　　）

(11) 由于油膜轴承的油膜厚度一般在 $0.025 \sim 0.07$mm，微小的杂质就会破坏油膜，造成轴承损伤，因此必须保持油质的清洁。（　　）

(12) 在轧钢生产中，金属的轧制速度和金属的变形速度是截然不同的两个概念。（　　）

(13) 消除钢材的加工硬化，一般都采用淬火处理的方式解决。（　　）

(14) 金属的同素异晶转变会引起体积的变化，同时将产生内应力。（　　）

(15) 在相对压下量一定的情况下，当轧辊的直径增大或轧件的厚度减小时，会引起单位压力的减小。（　　）

(16) 压力加工实验，压缩一个三棱柱体金属块，只要压力足够大，最终截面形状不是三角形而变为圆形。（　　）

(17) 轧制生产实践表明，所轧制的钢越软，其塑性就越好。（　　）

(18) 在金属压力加工过程中，随着金属变形温度的降低，变形抗力也相应降低。（　　）

(19) 在轧制生产过程中，塑性变形将同时产生在整个轧件的长度上。（　　）

(20) 当变形不均匀分布时，变形能量消耗降低，单位变形力下降。（　　）

(21) 一般情况下钢在高温时的变形抗力都较冷状态时小，但不能说因此都具有良好的塑性。（　　）

(22) 对于同一钢种来说，冷轧比热轧的变形抗力要大。（　　）

(23) 在平面变形的情况下，在主变形为零的方向，主应力是零。（　　）

(24) 在压力加工过程中，变形和应力的不均匀分布将使金属的变形抗力降低。（　　）

(25) 摩擦力的方向一般说来总是与物体相对滑动总趋势的方向相反。（　　）

(26) 一般情况下，钢的塑性越好，其变形抗力就越小。（　　）

(27) 变形抗力是金属和合金抵抗其产生弹性变形的能力。（　　）

(28) 变形的均匀性不影响金属的塑性。（　　）

(29) 变形抗力越大，其塑性越低。（　　）

(30) 金属材料抵抗弹性变形的能力称为刚性。（　　）

(31) 金属材料抵抗冲击载荷的能力称为冲击韧性。（　　）

(32) 金属材料的屈服极限和强度极限之比值，称为屈强比。（　　）

(33) 金属材料的屈强比越小，说明这种金属材料是不可靠的。（　　）

(34) $200 \sim 400$℃ 属于钢的蓝脆区，此时钢的强度高而塑性低。（　　）

(35) 最小阻力定律在实际生产中能帮助分析金属的流动规律。（　　）

(36) 总延伸系数等于各道次延伸系数之和。（　　）

(37) 平辊轧制时，金属处于二向压应力状态。（　　）

(38) 轧制时的摩擦除有利于轧件的咬入之外，一般来说摩擦是一种有害的因素。（　　）

(39) 合金钢轧后冷却出现的裂纹是由金属内部的残余应力和热应力造成的。（　　）

(40) 镦粗、挤压、轧制均为三向压应力状态，其中挤压加工时的三向压应力状态最强烈。（　　）

7-2　选择题

(1) 压力加工就是对金属施加压力，使之产生（　　），制成一定形状产品的方法。

  A. 弹性变形　　　　　　　B. 塑性变形　　　　　　　C. 化学变化

(2) 将横断面为三角形的柱体镦粗，若变形足够大时，变形后的最终断面形状是（　　）。

  A. 无规则　　　　　　　　B. 三角形　　　　　　　　C. 圆形

(3) 轧件的宽展系数，指的是（　　）。

  A. 轧后宽度与轧前宽度之比

　　B. 宽展量与轧前宽度之比

　　C. 宽展量与轧后宽度之比

(4) 如果用 H、h 分别表示轧制前、后轧件的厚度，那么 $H\text{-}h$ 则表示（　　　）。

　　A. 绝对压下量　　　　　　B. 相对压下量　　　　　　C. 压下率

(5) 金属与合金产生永久变形而不破坏其本身整体的性能称为（　　　）。

　　A. 刚性　　　　　　　　　B. 弹性　　　　　　　　　C. 塑性

(6) 随着轧制后金属晶粒的长大，金属的塑性（　　　）。

　　A. 变好　　　　　　　　　B. 变差　　　　　　　　　C. 不变

(7) 金属在冷加工后，产生加工硬化，属于加工硬化特点的是（　　　）。

　　A. 晶格排列规则　　　　　B. 金属塑性提高　　　　　C. 金属的强度和硬度提高

(8) 在热加工范围内，随着变形速度（　　　），变形抗力有较明显的增加。

　　A. 降低　　　　　　　　　B. 无变化　　　　　　　　C. 提高

(9) 冷轧钢板生产中，中间退火的目的是（　　　）。

　　A. 改善板形　　　　　　　B. 消除加工硬化　　　　　C. 获得良好的组织性能

(10) 断面收缩率是金属的（　　　）指标。

　　A. 强度　　　　　　　　　B. 塑性　　　　　　　　　C. 成分

(11) 金属塑性是指（　　　）。

　　A. 固定不变，同种材料在不同变形条件下都有相同的塑性

　　B. 不是固定不变，同种材料在不同变形条件下会有不同的塑性

　　C. 一些材料固定不变、一些材料会变化

(12) 目前（　　　）能测出可表示所有塑性加工方式下金属的塑性指标。

　　A. 单向拉伸实验　　　　　B. 没有一种实验方法　　　C. 压缩实验

(13) 设备的工作速度（　　　）变形速度。

　　A. 等于　　　　　　　　　B. 不等于　　　　　　　　C. 不能确定是否等于

(14) 变形速度增加引起摩擦系数（　　　）。

　　A. 增大　　　　　　　　　B. 下降　　　　　　　　　C. 不变

(15) 在边界润滑条件下变形速度增加，油膜厚度增大，摩擦系数（　　　）。

　　A. 增大　　　　　　　　　B. 下降　　　　　　　　　C. 不变

(16) 横断面为矩形的柱体镦粗时，若变形量足够大，最终的断面形状是（　　　）。

　　A. 矩形　　　　　　　　　B. 无规则　　　　　　　　C. 圆形

(17) 轧制后轧件长度上的增加量称为（　　　）。

　　A. 延伸率　　　　　　　　B. 延伸量　　　　　　　　C. 延伸系数

7-3　填空题

(1) 在压力加工过程中，对给定的变形物体来说，三向压应力越强，变形抗力_____。

(2) 塑性指标通常用伸长率和_____表示。

(3) 根据_____定律，人们可以计算出轧制前后轧件的尺寸变化。

(4) 轧件的_____与轧件的原始高度之比称为压下率。

(5) 对金属进行加热，一般在温度升高时，金属的塑性可得到改善，同时变形抗力会_____。

(6) 金属在冷加工后，由于金属的晶粒被压扁拉长，晶格歪扭，晶粒破碎，使金属的塑性降低，强度和硬度增加的现象，称为_____。

(7) 冷变形是指金属与合金在_____的温度进行塑性加工时，将完全发生加工硬化的现象。

(8) 金属与工具表面之间接触表面被极薄的润滑膜，即单分子膜隔开，这种单分子膜润滑的状态称为边界润滑，这种状态下产生的摩擦称为＿＿＿＿＿＿＿＿＿。

(9) 金属在冷加工变形中，金属的塑性指标，随着变形程度的增加而＿＿＿＿＿＿＿＿＿。

(10) 金属在冷加工变形中，金属的变形抗力指标，随着变形程度的增加而＿＿＿＿＿＿＿＿。

(11) 轧制后残存在金属内部的附加应力称为＿＿＿＿＿＿＿。

(12) 轧件的延伸是被压下金属向轧辊＿＿＿＿＿＿＿＿和出口两方向流动的结果。

(13) 根据最小阻力定律分析，在其他条件相同的情况下，轧件宽度越大，宽展＿＿＿＿＿＿＿。

(14) 变形程度＿＿＿＿＿＿＿＿，纤维组织越明显。

(15) ＿＿＿＿＿＿＿＿与时间的比率称为变形速度。

(16) ＿＿＿＿＿＿＿＿定律是指金属在变形中，有移动可能性的质点将沿着路径最短的方向运动。

(17) 轧制的方式分为纵轧、横轧和＿＿＿＿＿＿＿。

(18) 轧制时，金属高度方向上的体积如何分配给延伸和宽展，受＿＿＿＿＿＿＿＿定律和体积不变定律的支配。

(19) 金属在压力加工中，＿＿＿＿＿＿＿＿应力状态，塑性是最好的。

(20) 弹性变形过程中，应力与应变是＿＿＿＿＿＿＿＿关系。

(21) 从应力应变的角度看，轧机的＿＿＿＿＿＿＿＿越大，其轧辊的弹跳值越小。

(22) 由于外力的作用而产生的应力称为＿＿＿＿＿＿＿。

(23) 根据最小阻力定律，在分析变形区内金属质点流动情况时，常将变形区分为＿＿＿＿＿＿＿＿个区域。

7-4 简答题

(1) 提高金属塑性的主要途径是什么？

(2) 写出影响摩擦系数的主要因素。

(3) 最小阻力定律的内容是什么？

(4) 简述金属塑性加工的特点。

(5) 试述摩擦系数对轧制过程的影响。

(6) 常见降低变形抗力的方法有哪些？

(7) 塑性加工中摩擦的分类有哪些？

(8) 简述塑性加工中干摩擦的机理。

7-5 计算题

(1) 一物体的应力状态为三向压应力，分别是108MPa、49MPa、49MPa，变形抗力为59MPa，分析该物体是否开始产生塑性变形。

(2) 已知金属轧制前的高度为225mm，轧制后的高度为150mm，延伸系数为1.35，计算该道的绝对压下量、压下系数和宽展系数。

(3) 已知来料方坯尺寸为150mm×150mm×3000mm，经过ϕ550mm开坯机轧制后，轧件面积为90mm×90mm方坯。求总延伸系数。

(4) 已知一轧件轧前尺寸为90mm×90mm×1500mm，轧制后断面为70mm×97mm，计算该道次的绝对压下量和绝对宽展量各为多少。

(5) 某轧钢厂轧机的轧辊工作直径D为435mm，轧辊转速n为120r/min，计算该轧机的轧制速度v。

(6) 已知某机架工作辊直径D为1200mm，最大允许咬入角为18°，不考虑其他负荷限制，最大压下量是多少？（cos18°=0.9510）

(7) 已知某料板坯尺寸厚×宽×长为200mm×1150mm×5000mm，经热轧后变成厚4.0mm，宽1150mm，求轧制后带钢长度和绝对压下量。（计算时不考虑切头、切尾和烧损。）

（8）已知某高速线材厂的成品断面为 $\phi 6.5mm$，盘重为 2t，密度为 $7.85t/m^3$，计算该盘卷的线材长度。

（9）一轧钢厂的线材车间，白班生产中，入炉钢坯 346t，生产合格的线材 322t，中间轧废 8t，检废 1.3t，求本班的合格率和成材率各是多少。

（10）已知一轧钢车间使用的钢坯为 $120mm \times 120mm \times 12000mm$，生产 $4mm \times 100mm$ 扁钢，成品的长度是多少？（烧损 2%）

（11）在 $\phi 650mm$ 轧机上轧制钢坯尺寸为 $100mm \times 100mm \times 200mm$，第 1 道次轧制道次的压下量为 35mm，轧件通过变形区的平均速度为 3.0m/s 时，试求：1）第 1 道次轧后的轧件尺寸（忽略宽展）；2）变形区的各基本参数。

（12）在 $\phi 650mm$ 轧机上热轧软钢，轧件的原始厚度为 180mm，用极限咬入条件时，一次可压缩 100mm，试求摩擦系数。

（13）在辊面磨光并采用润滑的轧机上进行冷轧，当轧入系数为 $\dfrac{\Delta h}{D} = \dfrac{1}{730} \sim \dfrac{1}{430}$ 时，试求最大允许压下量及咬入角。

（14）已知一型材轧钢厂，轧制圆钢从 $\phi(10 \sim 40)mm$，现已知生产 $\phi 30mm$ 圆钢时，总的延伸系数是 14.15，计算该型材轧钢厂使用的坯料（方坯）尺寸。

（15）用 $120mm \times 120mm \times 12000mm$ 的坯料轧制 $\phi 6.5mm$ 线材，平均延伸系数为 1.28，总延伸系数是多少？共轧制多少道次？

情景8 金属轧制过程分析

【知识目标】

(1) 掌握实现轧制过程咬入条件、稳定轧制条件。

(2) 掌握总延伸系数与道次延伸系数和轧制道次之间的关系。

(3) 了解稳定轧制的条件及最大压下量的计算方法。

(4) 掌握影响咬入的因素及改善咬入的措施。

(5) 了解三种典型轧制情况，轧制速度与变形速度。

(6) 掌握改善咬入条件的具体措施。

(7) 掌握宽展的概念、种类及其组成。

(8) 掌握影响宽展的因素及孔型中轧制时的宽展特点。

(9) 掌握前滑与后滑的概念。

(10) 熟悉前滑量的计算方法以及各因素对前滑的影响规律。

(11) 了解中性面的确定方法。

(12) 了解连轧过程的特点。

(13) 掌握秒流量的概念和计算方法。

(14) 了解轧制压力、接触面积、平均单位压力的概念。

(15) 掌握轧制压力的影响因素。

(16) 掌握轧制中轧制压力的计算方法。

(17) 掌握轧机传动力矩的组成。

(18) 了解轧制时各种力矩的计算公式。

(19) 了解轧制功率的确定方法及主电机容量的校核。

(20) 了解轧件的弹、塑性曲线及意义。

【能力目标】

(1) 能够判断简单轧制条件，对变形区的主要参数进行分析和计算。

(2) 能够根据简单的轧制参数，确定轧制道次。

(3) 会分析和判断轧制的咬入条件，根据轧制条件判断咬入角、轧辊直径及压下量三者之间的关系。

(4) 能根据实际轧制过程判别宽展的种类，并会根据公式和相关参数计算宽展量。

(5) 能分析影响前滑的因素，并会根据相关轧制参数计算前滑值。

(6) 会熟练操作二辊可逆式轧机测量轧件的相关轧制参数。

(7) 会分析连轧过程，利用连轧常数计算各轧制参数。

(8) 能根据实际轧制过程分析各种因素对轧制压力的影响，并会应用公式计算各种轧制条件下的压力。

（9）会计算轧制力矩和电机力矩，并根据轧制条件校核主电机的容量。

（10）能利用弹塑性曲线分析轧件厚度波动的原因，并会根据弹塑性曲线正确调整轧机。

+—+

任务8.1　轧制的基本问题

8.1.1　简单轧制条件

8.1.1.1　轧制过程的基本概念

轧制又称压延，是金属压力加工中应用最为广泛的一种生产形式。轧制过程就是指金属被旋转轧辊的摩擦力带入轧辊之间受压缩而产生塑性变形，从而获得一定尺寸、形状和性能的金属产品的过程。

根据轧制时轧辊旋转与轧件运动等关系，可以将轧制分成纵轧、横轧和斜轧，如图8-1所示。纵轧是指工作轧辊的轴线平行、轧辊旋转方向相反。轧件的运动方向与轧辊的轴线垂直。横轧是指工作轧辊的轴线平行、轧辊旋转方向相同、轧件的运动方向与轧辊的轴线平行、轧件与轧辊同步旋转。斜轧是指工作轧辊的轴线是异面直线、轧辊旋转方向相同、轧件的运动方向与轧辊的轴线成一定角度。

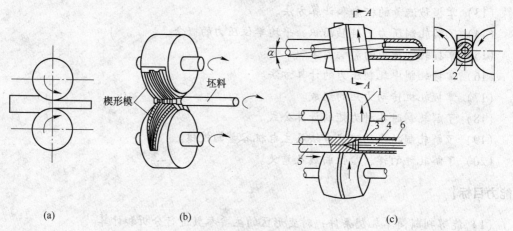

图 8-1　三种典型的轧制过程

（a）纵轧；（b）横轧；（c）斜轧

1—轧辊；2—导盘；3—顶头；4—顶杆；5—圆坯；6—钢管

8.1.1.2　简单轧制与非简单轧制

在实际生产中，轧制变形是比较复杂的。为了便于研究，有必要对复杂的轧制问题进行简化。即提出了比较理想的轧制过程——简单轧制过程。通常把具有下列条件的轧制过程称为简单轧制过程。

（1）两个轧辊都被电动机带动，且两轧辊直径相同、转速相等。轧辊辊身为平辊，轧辊为刚性。

（2）两个轧辊的轴线平行。且在同一个垂直平面中。

（3）被轧制金属性质均匀一致，即变形温度一致、变形抗力一致，且变形均匀。

（4）被轧制金属只受到来自轧辊的作用力。即不存在前后拉力或推力，且被轧制金属做匀速运动。

简单轧制过程是一个理想化的轧制过程模型。为了简化轧制理论的研究，有必要从简单轧制过程出发，在此基础上再对非简单轧制过程的问题进行探讨。

8.1.2 变形区主要参数的确定

轧制时的变形区就是指在轧制过程中，轧件连续不断地处于塑性变形的那个区域，也称为物理变形区。为研究问题方便起见，定义图 8-2 所示的简单轧制过程示意图中 ABCD 所构成的区域为变形区，在俯视图中画有剖面的梯形区域为几何变形区。近年来轧制理论的发展，除了研究 ABCD 几何变形区的变形规律之外，又对几何变形区之外的区域进行了研究。因为轧件实际上不仅在 ABCD 范围内变形，其以外的范围也发生变形，故一般泛指变形区均是专指几何变形区而言。

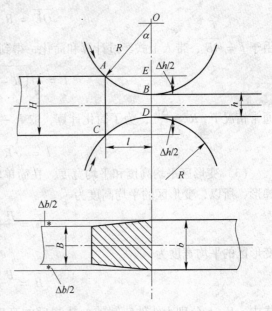

轧制变形区的主要参数有咬入角 α、变形区长度 l、变形区平均高度 $\overline{h}$ 和平均宽度 $\overline{B}$。下面分别来讨论其计算过程。

图 8-2 轧制时的变形区

（1）咬入角 α 与压下量 Δh。咬入角是指轧件与轧辊接触的圆弧所对应的圆心角，用 α 来表示。通过图 8-2 可以得出：

$$\overline{OB} - \overline{OE} = R - \overline{OE}$$

$$\overline{OE} = R - \overline{EB}$$

$$\overline{EB} = \frac{H-h}{2} = \frac{\Delta h}{2}$$

$$\overline{OE} = R\cos\alpha$$

由此可知：

$$\frac{\Delta h}{2} = R - R\cos\alpha$$

即

$$\Delta h = D(1 - \cos\alpha) \tag{8-1}$$

式中，H、h 分别为轧件轧制前后的高度；R 为轧辊半径；D 为轧辊直径；α 为咬入角；Δh 为压下量。

将式（8-1）进行变形整理，可得出咬入角 α 的计算公式：

$$\alpha = \arccos\left(1 - \frac{\Delta h}{D}\right) \tag{8-2}$$

在咬入角比较小的情况下，由于 $1 - \cos\alpha = 2\sin^2\dfrac{\alpha}{2} \approx 2\left(\dfrac{\alpha}{2}\right)^2 = \dfrac{\alpha^2}{2}$，由此可以得到咬入角 α 的近似计算公式（单位为 rad）：

$$\alpha = \sqrt{\frac{\Delta h}{R}} \tag{8-3}$$

将单位换算成度，则　　　　　　$\alpha = 57.3\sqrt{\dfrac{\Delta h}{R}}$ 　　　　　　　　(8-4)

（2）变形区长度 l。轧件与轧辊相互接触的圆弧的水平投影长度称为变形区长度，也称为咬入弧长度或接触弧长度，如图 8-2 中的 AB 或 CD 线段。

根据勾股定理 $\overline{AE}^2 = R^2 - \overline{OE}^2$，得

$$\overline{OE} = R - \frac{\Delta h}{2}$$

由于 $l = \overline{AE}$，带入上式经过计算和简化，得到：

$$l = \sqrt{\left(R - \frac{\Delta h}{4}\right)\Delta h}$$

通常情况下，$R \gg \dfrac{\Delta h}{4}$，为了简化计算，取 $R - \dfrac{\Delta h}{4} \approx R$，则

$$l = \sqrt{R \cdot \Delta h} \tag{8-5}$$

（3）变形区平均高度和平均宽度。在简单轧制时，变形区的纵横断面可以近似的看作梯形，所以，变形区的平均高度为

$$\overline{h} = \frac{H + h}{2} \tag{8-6}$$

变形区的平均宽度为

$$\overline{B} = \frac{B + b}{2} \tag{8-7}$$

式中，H、h 分别为轧件轧制前、轧制后的高度；B、b 分别为轧件轧制前、轧制后的宽度；$\overline{h}$、$\overline{B}$ 分别为变形区平均高度和平均宽度。

8.1.3　变形量的表示

8.1.3.1　变形量的表示方法

轧件经过轧制后，高度、宽度和长度三个方向上的尺寸都发生了变化，分别产生了压下、宽展和延伸变形，如图 8-3 所示。变形量的大小可以用绝对变形量、相对变量以及变形系数来表示。

（1）绝对变形量表示方法。用轧制前后轧件绝对尺寸之差表示的变形量就称为绝对变形量。

1）绝对压下量 Δh。绝对压下量为轧制前后轧件厚度之差，即

$$\Delta h = H - h \tag{8-8}$$

2）绝对宽展量 Δb。绝对宽展量为轧制前后轧件宽度之差，即

$$\Delta b = b - B \tag{8-9}$$

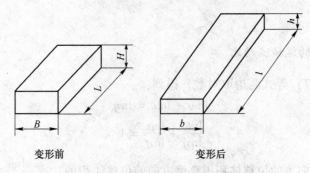

图 8-3 轧件变形前后尺寸的变化

3) 绝对延伸量 Δl 。绝对延伸量为轧制前后轧件长度之差，即

$$\Delta l = l - L \tag{8-10}$$

绝对变量直观地反映出轧件长、宽、高三个方向上线尺寸的变化。用绝对变形不能正确地说明变形量的大小，但由于习惯，前两种变形量常被使用，而绝对延伸量一般情况下不使用。

（2）相对变形量表示方法。即用轧制前后轧件尺寸的相对变化表示的变形量称为相对变形量，相对变形量有下列三种。

1) 相对压下量简称压下率，用 ε_1 来表示：

$$\varepsilon_1 = \frac{H - h}{H} \times 100\% = \frac{\Delta h}{H} \times 100\% \tag{8-11}$$

2) 相对宽展量用 ε_2 来表示：

$$\varepsilon_2 = \frac{b - B}{B} \times 100\% = \frac{\Delta b}{H} \times 100\% \tag{8-12}$$

3) 相对延伸率又称伸长率，用 ε_3 来表示：

$$\varepsilon_3 = \frac{l - L}{L} \times 100\% = \frac{\Delta l}{L} \times 100\% \tag{8-13}$$

前两种表示方法只能近似地反映变形的大小，但较绝对变形表示法则已进了一步。后一种方法来自移动体积的概念，故能够正确地反映变形的大小。所以相对延伸量也叫真变形。

（3）变形系数表示方法。用轧制前后轧件尺寸的比值表示变形程度，此比值称为变形系数。变形系数包括以下三种。

1) 压下系数表示高度方向变形的系数，用 η 来表示：

$$\eta = H/h \tag{8-14}$$

2) 宽展系数表示宽度方向变形的系数，用 ω 来表示：

$$\omega = b/B \tag{8-15}$$

3) 延伸系数表示长度方向变形的系数，用 μ 来表示：

$$\mu = l/L = F_0/F_n \tag{8-16}$$

若金属在变形前后体积不变，由体积不变定律可知：

$$\eta = \omega \mu \tag{8-17}$$

变形系数能够简单而正确地反映变形的大小，因此在轧制变形方面得到了极为广泛的应用。

8.1.3.2　金属的纵横流动比

将计算式（8-17）等式两边取对数，得到：

$$\ln\omega + \ln\mu = \ln\eta$$

经整理得到

$$\frac{\ln\omega}{\ln\eta} + \frac{\ln\mu}{\ln\eta} = 1 \qquad (8\text{-}18)$$

式中，$\dfrac{\ln\omega}{\ln\eta}$ 为宽度方向上的位移体积占高度方向的位移体积的比率；$\dfrac{\ln\mu}{\ln\eta}$ 为长度方向的位移体积占高度方向位移体积的比率。

8.1.3.3　总延伸系数与道次延伸系数和轧制道次之间的关系

假设坯料的断面积为 F_0，长度为 L_0，经 n 道次轧制变形后成材。其中每道次的变形量称为道次变形量，逐道次变形量的积累量称为总变形量。

设成品断面积为 F_n，长度为 l_n，则每一道次的延伸系数为：

$$\mu_1 = \frac{l_1}{L} = \frac{F_0}{F_1}, \ \mu_2 = \frac{l_2}{L} = \frac{F_1}{F_2}, \ \cdots, \ \mu_{n=} \frac{l_n}{L} = \frac{F_{n-1}}{F_n}$$

以上各等式相乘后，得到：

$$\mu_1 \times \mu_2 \times \cdots \times \mu_n = \frac{F_0}{F_1} \times \frac{F_1}{F_2} \times \cdots \times \frac{F_{n-1}}{F_n} = \mu_\Sigma$$

式中，μ_1、μ_2、$\cdots$、μ_n 为各道次延伸系数；l_1、l_2、$\cdots$、l_n 为各道次轧件轧后的长度；F_1、F_2、$\cdots$、F_n 分别为各道次轧件轧后的轧件面积；μ_Σ 为总延伸系数。

由此可知总延伸系数与各道次延伸系数之间的关系为：

$$\mu_\Sigma = \mu_1 \times \mu_2 \times \cdots \times \mu_n \qquad (8\text{-}19)$$

若轧制过程中的平均延伸系数为 $\bar{\mu}$，轧制道次为 n，可以导出 μ_Σ 与 $\bar{\mu}$ 和 n 之间的关系：

$$n = \frac{\ln \mu_\Sigma}{\ln \bar{\mu}} = \frac{\ln F_0 - \ln F_n}{\ln \bar{\mu}} \qquad (8\text{-}20)$$

计算时，轧制道次 n 必须为整数。至于取奇数还是偶数，应当依据设备条件和具体工艺而定。如轧机为单机架，则一般取奇数道次；若为双机架轧机，则一般取偶数道次。

【例 8-1】　某企业轧制一个矩形断面金属，轧件轧制前的尺寸为 $H \times B \times L = 165\,\text{mm} \times 165\,\text{mm} \times 172\,\text{mm}$。计算该道次的绝对压下量 Δh、相对压下量 ε_1、绝对宽展量 Δb、延伸系数 μ 和轧后的长度 l。

解：（1）绝对压下量：　　　$\Delta h = H - h = 165 - 120 = 45\,\text{mm}$

（2）相对压下量：　$\varepsilon_1 = \dfrac{\Delta h}{H} \times 100\% = \dfrac{45}{165} \times 100\% = 27.3\%$

（3）绝对宽展量：　　$\Delta b = b - B = 172 - 165 = 7\,\text{mm}$

（4）延伸系数：　　$\mu_1 = \dfrac{F_0}{F_1} = \dfrac{H \times B}{h \times b} = \dfrac{165 \times 165}{120 \times 172} = 1.32$

（5）轧后长度：　　$l = \mu L = 1.32 \times 1200 = 1584\,\text{mm}$

任务 8.2 实现轧制的条件

为了便于研究轧制过程的各种规律,可以从最简单的轧制条件开始研究其轧制特点和条件,下面讨论在简单轧制条件下实现轧制过程的咬入条件和稳定轧制条件。

8.2.1 轧制的咬入条件

依靠回转的轧辊与轧件之间的摩擦力,轧辊将轧件拖入轧辊之间的现象称为咬入。为使轧件进入轧辊之间实现塑性变形,轧辊对轧件必须有与轧制方向相同的水平作用力。因此,应该根据轧辊对轧件的作用力去分析咬入条件。

为易于确定轧辊对轧件的作用力,首先分析轧件对轧辊的作用力。

首先以 Q 力将轧件移至轧辊前,使轧件与轧辊在 A、B 两点上切实接触,如图 8-4 所示。在此 Q 力作用下,轧辊在 A、B 两点上承受轧件的径向压力 P 的作用,在 P 力作用下产生与 P 力互相垂直的摩擦力 T_0,因为轧件是阻止轧辊转动的,故摩擦力 T_0 的方向与轧辊转动方向相反,并与轧辊表面相切,如图 8-4(a)所示。

轧辊对轧件的作用力:根据牛顿力学基本定律,轧辊对轧件将产生与 P 力大小相等,方向相反的径向反作用力 N,在后者作用下,产生与轧制方向相同的切线摩擦力 T,如图 8-4(b)所示,力图将轧件咬入轧辊的辊缝中进行轧制。

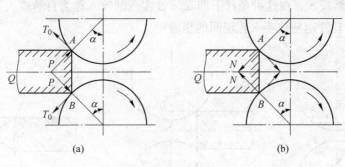

(a)   (b)

图 8-4 轧件与轧辊开始接触瞬间作用力图解
(a)轧辊承受轧件的径向压力;(b)轧辊对轧件产生的反作用力

轧件对轧辊的作用力 P 与 T_0 和轧辊对轧件的作用力 N 与 T 必须严格区别开,若将二者混淆起来必将导致错误的结论。

显然,与咬入条件直接有关的是轧辊对轧件的作用力,因上、下轧辊对轧件的作用方式相同,所以只取一个轧辊对轧件的作用力进行分析,如图 8-5 所示。

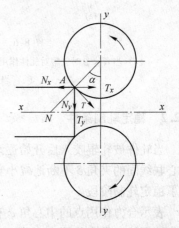

图 8-5 上轧辊对轧件作用力分解图

将作用在 A 点的径向力 N 与切向力 T 分解成垂直分力 N_y 与 T_x,和水平分力 N_x 与 T_y,考虑两个轧辊的作用,垂直分力 N_y 与 T_y 对轧件起压缩作用,使轧件产生塑性变形,而对轧件在水平方向运动向上不起作用。

N_x 与 T_x 作用在水平方向上,N_x 与轧件运动方向相反，阻止轧件进入轧辊辊缝中，而 T_x 与轧件运动方向一致，力图将轧件咬入轧辊辊缝中，由此可见，在没有附加外力作用的条件下，为实现自然咬入，必须是咬入力 T_x 大于咬入阻力 N_x 才有可能。咬入力 T_x 与咬入阻力 N_x 之间的关系有以下 3 种可能的情况：

（1）若 $T_x < N_x$，不能实现自然咬入；

（2）若 $T_x = N_x$，平衡状态；

（3）若 $T_x > N_x$，可以实现自然咬入。

由几何关系可知：

$$T_x = T\cos\alpha = fN\cos\alpha$$

$$N_x = N\sin\alpha$$

当轧件可以被咬入，由 $T_x > N_x$ 可得：

$$fN\cos\alpha > N\sin\alpha$$

$$\beta > \tan\alpha \tag{8-21}$$

由于摩擦系数 $f = \tan\beta$，通过上式可以得出 3 种结论：

（1）轧件可以被咬咬入的条件为：$\alpha < \beta$；

（2）咬入的临界条件是：$\alpha = \beta$；

（3）轧件不能咬入的条件是：$\alpha > \beta$。

此时可以实现自然咬入，即当摩擦角大于咬入角时才能开始自然咬入。如图 8-6 所示，当 $\alpha < \beta$ 时，轧辊对轧件的作用力 T 与 N 之合力 F 的水平分力 F_x 与轧制方向相同，则轧件可以被自然咬入，在这种条件下即 $\alpha < \beta$ 实现的咬入称为自然咬入。显然 F_x 越大，即 β 越大于 α，轧件越易被咬入轧辊间的辊缝中。

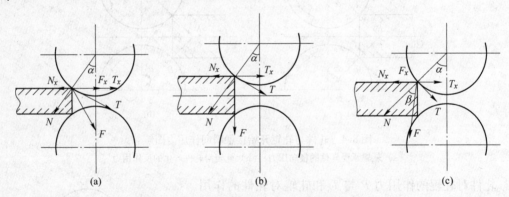

图 8-6　根据轧件所受合力情况判断能否咬入

（a）当 $\alpha < \beta$ 时轧辊对轧件作用力合力的方向；（b）当 $\alpha = \beta$ 时轧辊对轧件作用力合力的方向；
（c）当 $\alpha > \beta$ 时轧辊对轧件作用力合力的方向

8.2.2　稳定轧制条件

当轧件被轧辊咬入后开始逐渐充填辊缝，在轧件充填辊缝的过程中，轧件前端与轧辊轴心联线间的夹角 δ 不断地减小着，如图 8-7 所示，当轧件完全充满辊缝时，$\delta = 0$，即开始了稳定轧制阶段。

表示合力作用点的中心角 φ 在轧件充填辊缝的过程中也在不断地变化着，随着轧件逐渐充填辊缝，合力作用点内移，φ 角自 $\varphi = \alpha$ 开始逐渐减小，相应地，轧辊对轧件作用力的合力逐渐向轧制方向倾斜，向有利于咬入的方向发展。当轧件充填辊缝，即过渡到稳定轧制阶段时，合力作用点的位置即固定下来，而所对应的中心角 φ 也不再发生变化，并为最小值，即

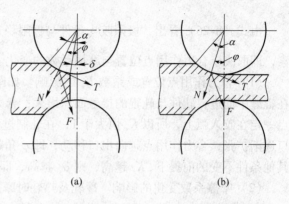

$$\varphi = \frac{\alpha}{K_x} \qquad (8\text{-}22)$$

式中，K_x 为合力作用点系数。

根据图 8-7（b）分析稳定轧制条件轧辊对轧件的作用力，以寻找稳定轧制条件。

图 8-7　轧件填充辊缝过程中作用力条件的变化图解
（a）填充辊缝过程；（b）稳定轧制阶段

由于

$$T_x > N_x$$
$$N_x = \sin\varphi$$
$$T_x = T\cos\varphi = Nf_y\cos\varphi$$

则

$$f_y > \tan\varphi$$

将 $\varphi = \dfrac{\alpha_y}{K_x}$ 代入上式，则得到稳定轧制的条件，即

$$f_y > \tan\frac{\alpha_y}{K_x} \qquad (8\text{-}23)$$

或者

$$\beta_y > \tan\frac{\alpha_y}{K_x} \qquad (8\text{-}24)$$

式中，f_y、β_y 分别为稳定轧制阶段的摩擦系数和摩擦角；α_y 为稳定轧制阶段的咬入角。

一般来说，达到稳定轧制阶段时，$\varphi = \dfrac{\alpha_y}{2}$，即 $K_x \approx 2$，故可以近似写成：$\beta_y > \dfrac{\alpha_y}{2}$。

由上述讨论可得到如下结论，假设由咬入阶段过渡到稳定轧制阶段的摩擦系数不变且其他条件均相同时，则稳定轧制阶段的允许的咬入角比咬入阶段的咬入角可大 K_x 倍或近似的认为大 2 倍。

8.2.3　咬入阶段与稳定轧制阶段咬入条件的比较

求得的稳定轧制阶段的咬入条件与咬入阶段的咬入条件不同，为说明向稳定轧制阶段过渡时咬入条件的变化，将以理论上允许的极限稳定轧制条件与极限咬入条件进行比较并分析。

已知极限咬入条件为 $\alpha = \beta$；理论上允许的极限稳定轧制条件为 $\alpha_y = K_x\beta_y$；由此得二者之比值为

$$K = \frac{\alpha_y}{\alpha} = K_x\frac{\beta_y}{\beta} \qquad (8\text{-}25)$$

或

$$\alpha_y = K_x\frac{\beta_y}{\beta}\alpha \qquad (8\text{-}26)$$

由式（8-26）看出，极限咬入条件与极限稳定轧制条件的差异取决于 K_x 与 $\dfrac{\beta_y}{\beta}$ 两个因素，即取决于合力作用点位置与摩擦系数的变化。下面分别讨论其各因素的影响。

（1）合力作用点位置或系数 K_x 的影响。如图 8-7 所示，轧件被咬入后，随轧件前端在辊缝中前进，轧件与轧辊的接触面积增大；合力作用点向出口方向移动，由于合力作用点一定在咬入弧上，所以 K_x 恒大于 1，在轧制过程产生的宽展越大，则变形区的宽度向出口逐渐扩张，合力作用点越向出口移动，即 φ 角越小，则 K_x 就越高。根据式（8-26），在其他条件不变的前提下，K_x 越高，则 α_y 越高，即在稳定轧制阶段允许实现较大的咬入角。

（2）摩擦系数变化的影响。冷轧及热轧时摩擦系数变化不同，一般在冷轧时由于温度和氧化铁皮的影响甚小，可近似地取 $\dfrac{\beta_y}{\beta} \approx 1$，即从咬入过渡到稳定轧制阶段，摩擦系数近似不变。而在热轧条件下，根据实验资料可知，此时的 $\dfrac{\beta_y}{\beta} < 1$，即从咬入过渡到稳定轧制阶段摩擦系数在降低，产生此现象的原因为：

1）轧件端部温度较其他部分低，由于轧件端部与轧辊接触，并受冷却水作用，加之端部的散热面也比较大，所以轧件端部温度较其他部分为低，因而使咬入时的摩擦系数大于稳定轧制阶段的摩擦系数。

2）氧化铁皮的影响。咬入时轧件与轧辊接触和冲击，易使轧件端部的氧化铁皮脱落，露出金属表面，所以摩擦系数提高，而轧件其他部分的氧化铁皮不易脱落，因而保持较低的摩擦系数。

影响摩擦系数降低最主要的因素是轧件表面上的氧化铁皮。在实际生产中，往往造成在自然咬入后过渡到稳定轧制阶段发生打滑现象。

由以上分析可见，K 值变化是较复杂的，随轧制条件不同而异。在冷轧时，可近似地认为摩擦系数无变化。而由于 K_x 值较高，所以冷轧时，K 值也较高，说明咬入条件与稳定轧制条件间的差异较大，一般是：

$$K \approx K_x \approx 2 \sim 2.4$$

所以　　　　　　　　　　　　　　$$\alpha_y \approx (2 \sim 2.4)\alpha$$

在热轧时，由于温度和氧化铁皮的影响，摩擦系数显著的降低，所以 K 值比冷轧时小，一般是：

$$K \approx 1.5 \sim 1.7$$

所以　　　　　　　　　　　　　　$$\alpha_y \approx (1.5 \sim 1.7)\alpha$$

以上关系说明，在稳定轧制阶段的最大允许咬入角比开始咬入时的最大允许咬入角要大；相应地，二者允许的压下量也不同，稳定轧制阶段的最大允许的压下量比咬入时的最大允许压下量大数倍。在生产实践中有的采用带钢压下的技术措施，也就是利用稳定轧制阶段咬入角的潜力。

8.2.4　改善咬入条件的途径

改善咬入条件是进行顺利操作、增加压下量、提高生产率的有力措施，也是轧制生产中经常碰到的实际问题。

根据咬入条件 $\alpha \le \beta$ 便可以得出，凡是能提高 β 角的一切因素和降低 α 角的一切因素都有利于咬入。下面对以上两种途径分别进行讨论。

(1) 降低 α 角。由 $\alpha = \arccos\left(1 - \dfrac{\Delta h}{D}\right)$ 可知，若降低 α 角必须：1) 增加轧辊直径 D，当 Δh 等于常数时，轧辊直径 D 增加，α 可降低；2) 减小压下量。

由 $\Delta h = H - h$ 可知，可通过降低轧件开始高度 H 或提高轧后的高度 h 来降低 α 以改善咬入条件。

在实际生产中常见的降低 α 的方法有：

1) 用钢锭的小头先送入轧辊或采用带有楔形端的钢坯进行轧制，在咬入开始时首先将钢锭的小头或楔形前端与轧辊接触，此时所对应的咬入角较小。在摩擦系数一定的条件下，易于实现自然咬入（图8-8）。此后随轧件充填辊缝和咬入条件改善的同时，压下量逐渐增大，最后压下量稳定在某一最大值，从而咬入角也相应地增加到最大值，此时已过渡到稳定轧制阶段。这种方法可以保证顺利地自然咬入和进行稳定轧制，并对产品质量也无不良影响，所以在实际生产中应用较为广泛。

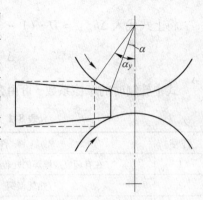

图8-8　钢锭小头进钢

2) 强迫咬入。即用外力将轧件强制推入轧辊中，由于外力作用使轧件前端被压扁，相当于减小了前端接触角 α，故改善了咬入条件。

(2) 提高 β 的方法。提高摩擦系数或摩擦角是较复杂的，因为在轧制条件下，摩擦系数决定于许多因素，下面从以下两个方面来介绍改善咬入条件。

1) 改变轧件或轧辊的表面状态，以提高摩擦角。在轧制高合金钢时，由于表面质量要求高，不允许从改变轧辊表面着手，而是从轧件着手。于此首先是清除炉生氧化铁皮。实验研究表明：钢坯表面的炉生氧化铁皮，会使摩擦系数降低。由于炉生氧化铁皮的影响，自然咬入困难，或者以极限咬入条件咬入后在稳定轧制阶段发生打滑现象，由此可见，清除炉生氧化铁皮对保证顺利地自然咬入及进行稳定轧制是十分必要的。

2) 合理地调节轧制速度。实践表明：随轧制速度的提高，摩擦系数是降低的。据此，可以低速实现自然咬入，然后随着轧件充填辊缝使咬入条件的好转，逐渐增加轧制速度，使之过渡到稳定轧制阶段时达到最大，但必须保证 $\alpha_y < K_x \beta_y$，这种方法简单可靠，易于实现，所以在实际生产中是被采用的。

列举上述几种改善咬入条件的具体方法有助于理解与具体运用改善咬入条件所依据的基本原则。在实际生产中不限于以上几种方法，而且往往是根据不同条件将几种方法同时并用。

8.2.5　最大压下量的计算

$\Delta h = D \cdot (1 - \cos\alpha)$ 给出了压下量、轧辊直径及咬入角三者的关系，在直径一定的条件下，根据咬入条件通常采用如下两种方法来计算最大压下量。

(1) 按最大咬入角计算最大压下量。由式 $\Delta h = D \cdot (1 - \cos\alpha)$ 不难看出，当咬入角的

数值最大时，相应的压下量也是最大，即

$$\Delta h_{\max} = D \cdot (1 - \cos\alpha_{\max}) \tag{8-27}$$

（2）根据摩擦系数计算压下量。由摩擦系数与摩擦角的关系及咬入条件

$$f = \tan\beta, \quad \alpha_{\max} = \beta$$

得

$$\tan\alpha_{\max} = \tan\beta$$

根据三角关系可知：

$$\cos\alpha_{\max} = \frac{1}{\sqrt{1 + \tan^2\beta}} = \frac{1}{\sqrt{1 + f^2}}$$

将上式代入 $\Delta h_{\max} = D \cdot (1 - \cos\alpha_{\max})$，可得根据摩擦系数计算压下量的公式，即

$$\Delta h_{\max} = D\left(1 - \frac{1}{\sqrt{1 + f^2}}\right) \tag{8-28}$$

式中轧制时的摩擦系数 f 可由公式计算或由表 8-1 等资料查找。

表 8-1　不同轧制条件下的最大咬入角

序号	轧 制 条 件	摩擦系数	最大咬入角/(°)
1	在有刻痕或堆焊的轧辊上热轧钢坯	0.45 ~ 0.62	24 ~ 32
2	热轧型钢	0.36 ~ 0.47	20 ~ 25
3	热轧钢板或扁钢	0.27 ~ 0.36	15 ~ 20
4	在一般光面轧辊冷轧钢板或带钢	0.09 ~ 0.18	5 ~ 10
5	在镜面光泽轧辊上冷轧板带钢	0.05 ~ 0.08	3 ~ 5
6	辊面同上，用蓖麻油、棉籽油润滑	0.03 ~ 0.06	2 ~ 4

【例 8-2】　假设热轧时轧辊直径 $D = 800\text{mm}$，摩擦系数 $f = 0.3$，求咬入条件所允许的最大压下量及建立稳定轧制过程后，利用剩余摩擦力可以达到的最大压下量。

解：（1）咬入条件允许的最大压下量：

$$\Delta h_{\max} = 800\left(1 - \frac{1}{\sqrt{1 + 0.3^2}}\right) = 34\text{mm}$$

（2）在建立稳定轧制过程后，利用剩余摩擦力可达到的最大压下量为 $\Delta h'_{\max}$。取 $\alpha = 1.5\beta = 1.5\arctan 0.3 = 1.5 \times 16.7° = 25°$

则

$$\Delta h'_{\max} = 800 \ (1 - \cos 25°) = 75\text{mm}$$

即利用剩余摩擦力可以增加的压下量为：$75 - 34 = 41\text{mm}$。

8.2.6　平均工作辊径与变形速度

平辊上轧制矩形或方形断面轧件，均匀压缩的变形情况：多数是轧件在孔型内轧制宽度上压下不均匀，各公式中的参数需用等效值平均工作辊径和平均压下量来计算。

8.2.6.1　轧制速度

轧制速度是指轧件离开轧辊的速度，在忽略轧件与轧辊的相对滑动时近似等于轧辊的圆周线速度。轧辊圆周线速度可由轧辊的转速、轧辊的工作直径来计算：

$$v = \frac{\pi n D_K}{60} \tag{8-29}$$

式中，v 为轧辊圆周速度，m/s；n 为轧辊的转速，r/min；D_K 为轧辊的工作直径，mm。

8.2.6.2 平均工作辊径 D_K

（1）工作辊径 D_K：轧辊与轧件相接触处的直径。取其半径为工作半径。

（2）假想工作直径 D：认为两轧辊靠拢，没有辊缝时两轧辊轴线间距离。

（3）平辊的工作辊径 $\overline{D_K}$：根据实际轧制的特征，可分为以下三种情况：

1）平辊轧制时的工作辊径，如图 8-9 所示。

$$D_K = D - h \tag{8-30}$$

2）箱形孔型中轧制时的工作辊径，如图 8-10 所示，工作辊径为孔型的槽底直径，与辊环直径 D' 的关系：

$$D_K = D' - (h - S) \tag{8-31}$$

式中，h 为轧件的轧后高度；S 为轧辊辊缝值，即上下两辊辊环之间的距离。

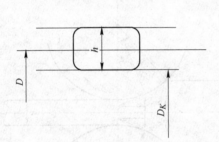

图 8-9 平辊轧制示意图

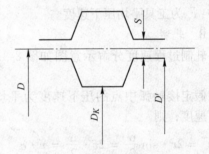

图 8-10 箱型孔型轧制示意图

3）复杂孔型（非矩形断面孔型）中轧制时的平均工作辊径，如图 8-11 所示。通常用平均高度法近似确定平均工作辊径，即把断面较为复杂的孔型的横断面面积 F 除以该孔型的宽度 B_h，得到该孔型的平均高度 $\overline{h}$，如图中的 $\overline{h}$ 对应的轧辊直径即为平均工作直径：

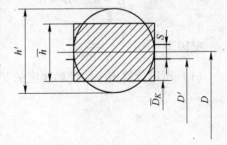

图 8-11 非矩形断面孔型中的轧制示意图

$$\overline{D_K} = D - \overline{h} = D - \frac{F}{B_h}$$

或 $$\overline{D_K} = D' - \left(\frac{F}{B_h} - S\right) \tag{8-32}$$

式中，h' 为孔型高度；$\overline{h}$ 为非矩形断面孔型的平均高度；F 为孔型面积；B_h 为孔型宽度。

8.2.6.3 变形速度

变形速度是变形程度对时间的变化率，表示单位时间产生的应变。一般用最大主变形方向的变形程度来表示各种变形过程中的变形速度。其定义表达式为：

$$\dot{\varepsilon} = \frac{d\varepsilon}{dt} \tag{8-33}$$

例如在轧制或锻压时，某一瞬间 $\mathrm{d}t$ 时间内，工件的高度为 h_x，产生的压缩变形量为 $\mathrm{d}h_x$，此时的变形速度表示为：

$$\dot{\varepsilon} = \frac{\mathrm{d}\varepsilon}{\mathrm{d}t} = \frac{\mathrm{d}h_x}{h_x} \Big/ \mathrm{d}t = \frac{1}{h_x} \cdot \frac{\mathrm{d}h_x}{\mathrm{d}t} = \frac{v_x}{h_x}$$

式中，v_x 为工具的瞬间移动速度。

为了有利于分析锻压、轧制、拉拔过程中的变形速度对金属性能的影响，下面分别介绍三种情况的变形速度的计算公式。

A　锻压

$$\bar{\dot{\varepsilon}} = \frac{\bar{v}_x}{h} = \frac{\bar{v}_x}{\dfrac{H+h}{2}} = \frac{2\bar{v}_x}{H+h}$$

或

$$\bar{\dot{\varepsilon}} = \frac{\varepsilon}{t} = \frac{\ln\dfrac{H}{h}}{\dfrac{H-h}{\bar{v}_x}} = \frac{\bar{v}_x \cdot \ln\dfrac{H}{h}}{H-h} \tag{8-34}$$

式中，$\bar{v}_x$ 为工具平均压下速度。

B　轧制

轧制过程速度分解示意图如图 8-12 所示。

假定接触弧中点的压下速度为平均压下速度，则

$$\bar{v}_x = 2v \cdot \sin\frac{\alpha}{2} = 2v \cdot \frac{\alpha}{2} = v \cdot \alpha$$

所以　　$\bar{\dot{\varepsilon}} = \dfrac{\bar{v}_x}{h} = \dfrac{v \cdot \alpha}{\dfrac{H+h}{2}} = \dfrac{2v \cdot \alpha}{H+h}$

又因为　　$\alpha = \sqrt{\dfrac{\Delta h}{R}}$

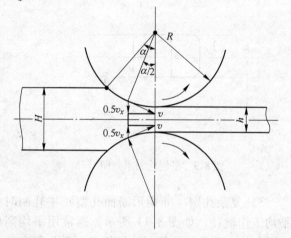

图 8-12　轧制过程速度分解示意图

（1）所以计算出平均变形速度的艾克隆德公式：

$$\bar{\dot{\varepsilon}} = \frac{2v \cdot \sqrt{\dfrac{H-h}{R}}}{H+h} \tag{8-35}$$

式中，R 为轧辊半径；v 为轧辊圆周速度。

（2）采利柯夫导出的轧制时的平均变形速度公式为：

$$\bar{\dot{\varepsilon}} = \frac{\Delta h}{H} \cdot \frac{v}{\sqrt{R \cdot \Delta h}} \tag{8-36}$$

C　拉拔

使用拉拔方向的变形速度表示公式为：

$$\bar{\dot{\varepsilon}} = \frac{\varepsilon}{t} = \frac{\ln\dfrac{l}{L}}{\dfrac{l-L}{v}} = \frac{v}{l-L} \cdot \ln\frac{l}{L} \tag{8-37}$$

式中，v 为平均拉伸速度。

任务 8.3　宽展分析及计算

8.3.1　宽展及其分类

8.3.1.1　宽展及其实际意义

在轧制过程中轧件的高度方向承受轧辊压缩作用，压缩下来的体积，将按照最小阻力法则沿着纵向及横向移动。沿横向移动的体积所引起的轧件宽度的变化称为宽展。

在习惯上，通常将轧件在宽度方向线尺寸的变化，即绝对宽展直接称为宽展。虽然用绝对宽展不能正确反映变形的大小，但是由于它简单、明确，在生产实践中得到极为广泛的应用。

轧制中的宽展可能是希望的，也可能是不希望的，视轧制产品的断面特点而定。当从窄的坯轧成宽成品时希望有宽展，如用宽度较小的钢坯轧成宽度较大的成品，则必须设法增大宽展。若是从大断面坯轧成小断面成品时，则不希望有宽展，因消耗于横变形的功是多余的。在这种情况下，应该力求以最小的宽展轧制。

纵轧的目的是为得到延伸，除特殊情况外，应该尽量减小宽展，降低轧制功能消耗，提高轧机生产率。不论在哪种情况下，希望或不希望有宽展，都必须掌握宽展变化规律以及正确计算它，在孔型中轧制中宽展计算更为重要。

正确估计轧制中的宽展是保证断面质量的重要一环，若计算宽展大于实际宽展，孔型充填不满，造成很大的椭圆度，如图 8-13（a）所示，若计算宽展小于实际宽展，孔型充填过满，形成耳子，如图 8-13（b）所示。以上两种情况均造成轧件报废。

因此，正确地估计宽展对提高产品质量，改善生产技术经济指标有着重要的作用。

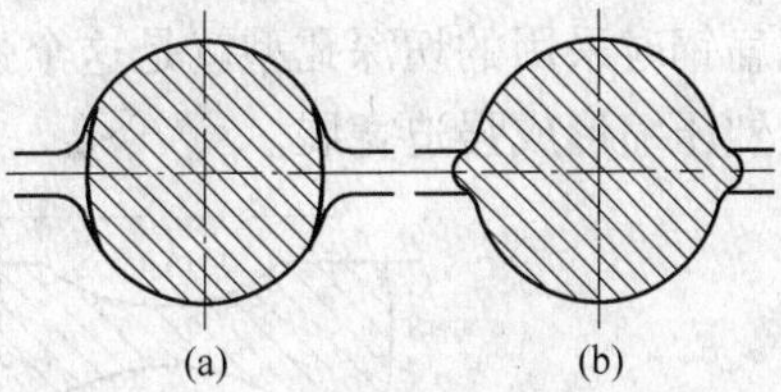

图 8-13　由于宽展估计不足产生的缺陷

（a）未充满；（b）过充满

8.3.1.2　宽展分类

在不同的轧制条件下，坯料在轧制过程中的宽展形式是不同的。根据金属沿横向流动的自由程度，宽展可分为自由宽展、限制宽展和强迫宽展。

（1）自由宽展。坯料在轧制过程中，被压下的金属体积其金属质点在横向移动时，具有沿垂直于轧制方向朝两侧自由移动的可能性。此时金属流动除受接触摩擦的影响外，不受其他任何的阻碍和限制。如孔型侧壁、立辊等，结果明确地表现出轧件宽度上线尺寸的增加，这种情况称为自由宽展，如图 8-14 所示。

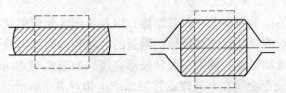

图 8-14　自由宽展轧制

　　自由宽展发生于变形比较均匀的条件下，如平辊上轧制矩形断面轧件，以及宽度有很大富裕的扁平孔型内轧制。自由宽展轧制是最简单的轧制情况。

　　（2）限制宽展。坯料在轧制过程中，金属质点横向移动时，除受接触摩擦的影响外，还承受孔型侧壁的限制作用，因而破坏了自由流动条件，此时产生的宽展称为限制宽展。如在孔型侧壁起作用的凹型孔型中轧制时即属于此类宽展，如图 8-15 所示。由于孔型侧壁的限制作用，横向移动体积减小，故所形成的宽展小于自由宽展。

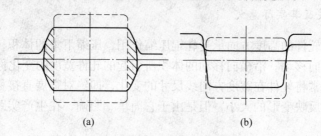

图 8-15　限制宽展
（a）箱形孔内的宽展；（b）闭口孔内的宽展

　　（3）强迫宽展。坯料在轧制过程中，金属质点横向移动时，不仅不受任何阻碍，且受有强烈的推动作用，使轧件宽度产生附加的增长，此时产生的宽展称为强迫宽展。由于出现有利于金属质点横向流动的条件，所以强迫宽展大于自由宽展。在凸型孔型中轧制及有强烈局部压缩的轧制条件是强迫宽展的典型例子，如图 8-16 所示。

　　如图 8-16（a）所示，由于孔型凸出部分强烈的局部压缩，强迫金属横向流动，轧制宽扁钢时采用的切深孔型就是这个强制宽展的实例。而图 8-16（b）所示是由两侧部分的强烈压缩形成强迫宽展。

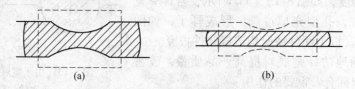

图 8-16　强迫宽展轧制
（a）典型的强制宽展；（b）由两侧压缩形成的强制宽展

　　在孔型中轧制时，由于孔型侧壁的作用和轧件宽度上压缩的不均匀性，确定金属在孔型内轧制时的宽展是十分复杂的，尽管做过大量的研究工作，但在限制或强迫宽展孔型内金属流动的规律还不是十分清楚。

8.3.1.3　宽展的组成

A　宽展沿轧件横断面高度上的分布

　　由于轧辊与轧件的接触表面上存在着摩擦，以及变形区几何形状和尺寸的不同，因此沿接触表面上金属质点的流动轨迹与接触面附近的区域和远离的区域是不同的。它一般由以下几个部分组成：滑动宽展、翻平宽展和鼓形宽展。如图 8-17 所示。

　　（1）滑动宽展是变形金属在与轧辊的接触面产生相对滑动所增加的宽展量，以 ΔB_1 表示，展宽后轧件由此而达到的宽度为

$$B_1 = B_H + \Delta B_1$$

（2）翻平宽展是由于接触摩擦阻力的作用，使轧件侧面的金属，在变形过程中翻转到接触表面上，使轧件的宽度增加，增加的量以 ΔB_2 表示，加上这部分展宽的量之后轧件的宽度为

$$B_2 = B_1 + \Delta B_2 = B_H + \Delta B_1 + \Delta B_2$$

（3）鼓形宽展是轧件侧面变成鼓形而造成的展宽量，用 ΔB_3 表示，此时轧件的最大宽度为

$$b = B_3 = B_2 + \Delta B_3 = B_H + \Delta B_1 + \Delta B_2 + \Delta B_3$$

显然，轧件的总展宽量为

$$\Delta B = \Delta B_1 + \Delta B_2 + \Delta B_3$$

通常理论上所说的宽展及计算的宽展是指将轧制后轧件的横断面化为同厚度的矩形之后，其宽度与轧制前轧坯宽度之差，即

$$\Delta B = B_h - B_H \tag{8-38}$$

因此，轧后宽度 B_h 是一个为便于工程计算而采用的理想值。

上述宽展的组成及其相互的关系，由图 8-17 可以清楚地表示出来，滑动宽展 ΔB_1、翻平宽展 ΔB_2 和鼓形宽展 ΔB_3 的数值，依赖于摩擦系数和变形区的几何参数的变化。它们有一定的变化规律，但至今定量的规律尚未掌握，只能依赖实验和初步的理论分析了解它们之间的一些定性关系。例如摩擦系数 f 值越大，不均匀变形就越严重，此时翻平宽展和鼓形宽展的值就越大，滑动宽展越小。各种宽展与变形区几何参数之间有如图 8-18 所示的关系。由图中之曲线可见，当 $\dfrac{l}{h}$ 越小时，则滑动宽展越小，而翻平和鼓形宽展占主导地位。这是因为 $\dfrac{l}{h}$ 越小，黏着区越大，故宽展主要是由翻平和鼓形宽展组成，而不是由滑动宽展组成。

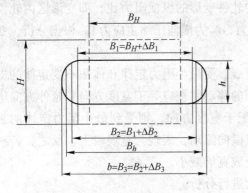

图 8-17　宽展沿轧件横面高度分布

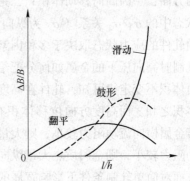

图 8-18　各种宽展与 $\dfrac{l}{h}$ 的关系

B　宽展沿轧件宽度上的分布

关于宽展沿轧件宽度分布的理论，基本上有两种假说。第一种假说认为宽展沿轧件宽度均匀分布。这种假说主要以均匀变形和外区作用作为理论的基础。因为变形区与前后外区彼此是同一块金属，是紧密联结在一起的。因此对变形起着均匀的作用，使沿长度方向上各部分金属延伸相同，宽展沿宽度分布自然是均匀的，它可用图 8-19 来说明。第二种

假说，认为变形区可分为四个区域，即在两边的区域为宽展区，中间分为前后两个延伸区，它可用图 8-20 来说明。

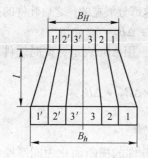

图 8-19　宽展沿宽度均匀分布假说

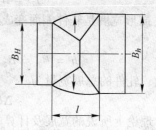

图 8-20　变形区分区假说

宽展沿宽度均匀分布的假说。对于轧制宽而薄的薄板，宽展很小甚至可以忽略时，变形可以认为是均匀的。但在其他情况下，均匀假说与许多实际情况是不相符合的，尤其是对于窄而厚的轧件更不适应，因此这种假说是有局限性的。

变形区分区假说，也不完全准确，许多实验证明变形区中金属表面质点流动的轨迹，并非严格地按所画的区间进行流动。但是它能定性地描述宽展发生时变形区内金属质点流动的总趋势，便于说明宽展现象的性质和作为计算宽展的根据。

总之，宽展是一个极其复杂的轧制现象，它受许多因素的影响。

8.3.2　影响宽展的因素

影响金属在变形区内沿纵向及横向流动的数量关系的因素很多，但这些因素都是建立在最小阻力定律及体积不变定律的基础上的。经过综合分析，影响宽展诸因素的实质可归纳为两方面：一为高向移动体积；二是变形区内轧件变形的纵横阻力比，即变形区内轧件应力状态中的 σ_3 / σ_2 关系（σ_3 为纵向压缩主应力，σ_2 为横向压缩主应力）。根据分析，变形区内轧件的应力状态取决于多种因素。

轧制时高向压下的金属如何分配给延伸和宽展，受最小阻力定律和体积不变定律的支配。由体积不变定律可知，轧件在高度方向压缩的移动体积应等于宽度方向和延伸方向增加的体积之和。而高度方向位移体积有多少分配于宽度方向，则受到最小阻力定律的制约。若金属横向流动阻力较小，则大量金属质点横向流动，表现为宽展较大。反之，若纵向流动阻力较小，则金属质点大量纵向流动而造成宽展减小。

下面对简单轧制条件下影响宽展的主要因素进行分析。

8.3.2.1　相对压下量的影响

压下量是形成宽展的源泉，是形成宽展的主要因素之一，没有压下量宽展就无从谈起。因此，相对压下量越大，宽展越大。

很多实验表明，随着压下量的增加，宽展量也增加。如图 8-21（b）所示，这是因为压下量增加时，变形区长度增加，变形区水平投影形状 $\dfrac{l}{b}$ 增大，因而使纵向塑性流动阻力增加，纵向压缩主应力值加大。根据最小阻力定律，金属沿横向运动的趋势增大，宽展加大。另一方面，$\Delta h/H$ 增加，高向压下来的金属体积增加，也使 Δb 增加。

应当指出，宽展 Δb 随压下率的增加而增加的状况，随 $\Delta h/H$ 的变换方法不同也有所不同，如图 8-21（b）所示。当 H 为常数或 h 为常数时，压下率 $\Delta h/H$ 增加，Δb 的增加速度快；Δh 为常数时，Δb 增加的速度次之。这是因为当 H 或 h 为常数时，欲增加 $\Delta h/H$，需增加 Δh，这样就使变形区长度 l 增加，因而纵向阻力增加，延伸减小，宽展 Δb 增加。同时 Δh 增加，将使金属压下体积增加，也促使 Δb 增加，二者综合作用的结果，将使 Δb 增加得较快。而 Δh 等于常数时，增加 $\Delta h/H$ 是依靠减少 H 来达到的。这时变形区长度 l 不增加，所以 Δb 的增加较上一种情况慢些。

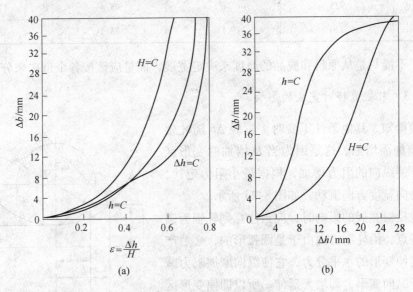

图 8-21　宽展与压下量的关系
（a）当 Δh、H、h 为常数，低碳钢轧制温度为 900℃，轧制速度为 1.1m/s，Δb 与 $\Delta h/H$ 的关系；
（b）当 H、h 为常数，低碳钢轧制温度为 900℃，轧制速度为 1.1m/s，Δb 与 Δh 的关系

图 8-22 所示为相对压下率 $\Delta h/H$ 与宽展指数 $\Delta b/\Delta h$ 之间关系的实验曲线，对上述道理可以完满地加以解释。当 $\Delta h/H$ 增加时，Δb 增加，故 $\Delta b/\Delta h$ 会直线增加；当 h 或 H 等于常数时，增加 $\Delta h/H$ 是靠增加 Δh 来实现的，所以 $\Delta b/\Delta h$ 增加得缓慢，而且到一定数值以后即 Δh 增加超过了 Δb 的增大时，会出现 $\Delta b/\Delta h$ 下降的现象。

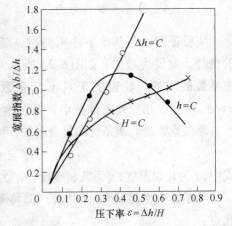

图 8-22　在 Δh、H 和 h 为常数时
宽展指数与压下率的关系

8.3.2.2　轧制道次的影响

实验证明，在总压下量一定的前提下，轧制道次越多，宽展越小，见表 8-2。因为在其他条件及总压下量相同时，一道轧制时变形区形状 $\dfrac{l}{b}$ 比

值较大，所以宽展较大；而当多道次轧制时，变形区形状 $\dfrac{l}{b}$ 值较小，所以宽展也较小。

表 8-2　轧制道次与宽展量的关系

序　号	轧制温度 $t/℃$	轧制道次	$\dfrac{\Delta h}{H}/\%$	$\Delta b/\mathrm{mm}$
1	1000	1	74.5	22.4
2	1085	6	73.6	15.6
3	925	6	75.4	17.5
4	920	1	75.1	33.2

因此，不能只是从原料和成品的厚度来决定宽展，而是应该按各个道次来分别计算。

8.3.2.3　轧辊直径对宽展的影响

由实验得知，其他条件不变时，宽展 Δb 随轧辊直径 D 的增加而增加。这是因为当 D 增加时变形区长度加大，使纵向的阻力增加，根据最小阻力定律，金属更容易向宽度方向流动，如图 8-23 所示。

研究辊径对宽展的影响时，应当注意到轧辊为圆柱体这一特点，沿轧制方向由于是圆弧形的，必然产生有利于延伸变形的水平分力，它使纵向摩擦阻力减小，有利于纵向变形，即增大延伸。所以即使变形区长度与轧件宽度相等，延伸与宽展的量也不相等，受工具形状的影响，延伸总是大于宽展。

8.3.2.4　摩擦系数的影响

实验证明，当其他条件相同时，随着摩擦系数的增加，宽展也增加，如图 8-24 所示。因为随着摩擦系数的增加，轧辊的工具形状系数增加，因而 σ_3/σ_2 增加，相应地延伸减小，宽展增大。

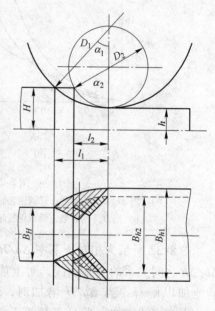

图 8-23　轧辊直径对宽展的影响

摩擦系数是轧制条件的复杂函数，可写成下面的函数关系：

$$f = \psi(t, v, K_1, K_3) \tag{8-39}$$

式中，t 为轧制温度；v 为轧制速度；K_1 为轧辊材质及表面状态；K_3 为轧件的化学成分。

凡是影响摩擦系数的因素，都将通过摩擦系数引起宽展的变化，这主要有以下几点。

（1）轧制温度对宽展的影响。轧制温度对宽展影响的实验曲线如图 8-25 所示。

分析此图上的曲线特征可知，轧制温度对宽展的影响与其对摩擦系数的影响规律基本上相同。在此热轧条件下，轧制温度主要是通过氧化铁皮的性质影响摩擦系数，从而间接地影响宽展。从图 8-25 看出，在低温阶段温度升高，氧化皮的生成，使摩擦系数升高，从而宽展也增加。而到高温阶段氧化铁皮开始熔化起润滑作用，使摩擦系数降低，从而宽展降低。

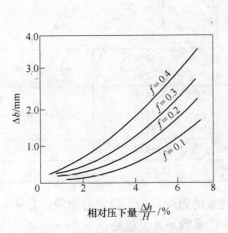

图 8-24　摩擦系数对宽展的影响

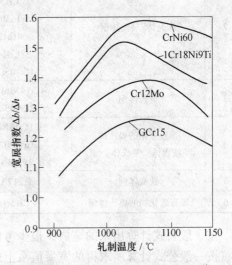

图 8-25　轧制温度与宽展指数的关系

（2）轧制速度对宽展的影响。轧制速度对宽展的影响规律基本上与其对摩擦系数的影响规律相同，因为轧制速度是影响摩擦系数的，从而影响宽展的变化，随轧制速度的升高，摩擦系数是降低的，从而宽展减小，如图 8-26 所示。

（3）轧辊表面状态对宽展的影响。轧辊表面越粗糙，摩擦系数越大，宽展也就越大，实践也完全证实了这一点。譬如在磨损后的轧辊上轧制时产生的宽展比在新辊上轧制时的宽展大。轧辊表面润滑使接触面上的摩擦系数降低，相应地使宽展减小。

（4）轧件化学成分对宽展的影响。轧件的化学成分主要是通过外摩擦系数的变化来影响宽展

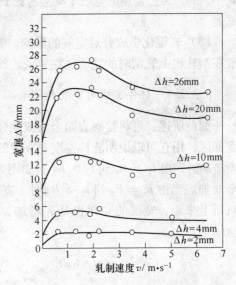

图 8-26　宽展与轧制速度的关系

的。热轧金属及合金的摩擦系数之所以不同，主要是由于其氧化皮的结构及物理机械性质不同，从而影响摩擦系数的变化和宽展的变化。但是，目前对各种金属及合金的摩擦系数研究较少，尚不能满足实际需要。有些学者进行了一些研究，下面介绍齐日柯夫在一定的实验条件下做的具有各种化学成分和各种组织的大量钢种的宽展试验。所得结果列入表 8-3 中，从这个表中可以看出来，合金钢的宽展比碳素钢大些。

表 8-3　钢的成分对宽展的影响系数

组别	钢　种	钢　号	影响系数 m	平 均 数
1	普碳钢	10 号钢	1.0	
2	珠光体-马氏体钢	T7A	1.14	1.25 ~ 1.32
		Cr15	1.29	
		16Mn	1.29	
		4Cr13	1.33	
		38CrMoAl	1.35	
		4Cr10Si2Mo	1.35	
3	奥氏体钢	4Cr14Ni14W2Mo	1.36	1.35 ~ 1.46
		2Cr10Si2Mo	1.42	
4	带残余相的奥氏体 （铁素体、莱氏体）钢	1Cr18Ni9Ti	1.44	1.4 ~ 1.5
		3Cr18Ni25Si2	1.44	
		1Cr23Ni13	1.53	
5	铁素体钢	1Cr17Al15	1.55	
6	带有碳化物的奥氏体钢	Cr15Ni60	1.62	

　　按一般公式计算出来的宽展，很少考虑合金元素的影响，为了确定合金钢的宽展，必须将按一般公式计算所求得的宽展值乘上表 8-3 中的系数 m，也就是：

$$\Delta b_{合} = m \cdot \Delta b_{计} \tag{8-40}$$

式中，$\Delta b_{合}$ 为合金钢的宽展；m 为考虑到化学成分影响的系数；$\Delta b_{计}$ 为按一般公式计算的宽展。

　　（5）轧辊化学成分对宽展的影响。轧辊的化学成分影响摩擦系数，从而影响宽展，一般在钢轧辊上轧制时的宽展比在铸铁轧辊上轧制时大。

8.3.2.5　轧件宽度对宽展的影响

　　如前所述，可将接触表面金属流动分成四个区域，即前滑区、后滑区和左宽展区、右宽展区，用它可以说明轧件宽度对宽展的影响。假如变形区长度 l 一定，当轧件宽度 B 逐渐增加时，由 $l_1 > B_1$ 到 $l_2 > B_2$，如图 8-27 所示，宽展区是逐渐增加的，因而宽展也逐渐增加。当由 $l_2 = B_2$ 到 $l_3 < B_3$ 时，宽展区变化不大，而延伸区逐渐增加。因此，从绝对量上来说，宽展的变化也是先增加，后来趋于不变，这已为实验所证实，如图 8-28 所示。

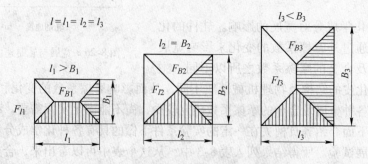

图 8-27　轧件宽度对变形区划分的影响

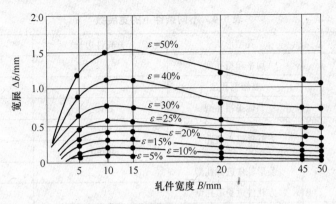

图 8-28 轧件宽度与宽展的关系

从相对量来说，则随着宽展区 F_B 和前滑区、后滑区 F_l 的比值 F_B/F_l 不断减小，$\Delta b/B$ 逐渐减小。同样若 B 保持不变，l 增加，则前滑区、后滑区先增加，而后接近不变；而宽展区的绝对量和相对量均不断增加。

一般说来，当 $l/\overline{B}$ 增加时，宽展增加，即宽展与变形区长度 l 成正比，而与其宽度 $\overline{B}$ 成反比。轧制过程中变形区尺寸的比可用下式表示：

$$\frac{l}{\overline{B}} = \frac{\sqrt{R \cdot \Delta h}}{\dfrac{B+b}{2}} \tag{8-41}$$

此比值越大，宽展也越大。$l/\overline{B}$ 的变化，实际上反映了纵向阻力及横向阻力的变化，轧件宽度 $\overline{B}$ 增加，Δb 减小，当 B 值很大时，Δb 趋近于零，即 $\dfrac{b}{B}=1$ 时出现平面变形状态。

此时表示横向阻力的横向压缩主应力 $\sigma_2 = \dfrac{\sigma_1 + \sigma_3}{2}$。在轧制时，通常认为在变形区的纵向长度为横向长度的 2 倍时（$l/\overline{B}=2$），会出现纵横变形相等的条件。为什么不在二者相等（$l/\overline{B}=1$）时出现呢？这是因为前面所说的工具形状的影响。此外，在变形区前后轧件都具有外端，外端起着妨碍金属质量向横向移动的作用，因此，也使宽展减小。

8.3.3 宽展的计算

由于影响宽展的因素很多，一般的公式中很难把所有的影响因素全部考虑进去，甚至一些主要因素也很难考虑得很正确。下面介绍的几种计算宽展的公式，多是根据一定的试验条件总结出来的，所以公式的应用是有条件的，并且计算是近似的。

（1）若兹公式。德国学者若兹根据实际经验提出如下计算宽展的公式：

$$\Delta b = \beta \cdot \Delta h \tag{8-42}$$

式中，β 为宽展系数，可以根据现场经验数据选用。如热轧低碳钢（1000～1150℃），$\beta = 0.31 \sim 0.35$；热轧合金钢或高碳钢，$\beta = 0.45$。

在轧制普通碳素钢时，采用不同的孔型，β 的取值范围见表 8-4。

表 8-4　不同条件下的宽展数

轧　机	孔型形状	方轧件边长	宽展指数 β 值
中小型开坯机	扁平箱型孔型		0.15 ~ 0.35
	立箱型孔型		0.20 ~ 0.25
	共轭平箱孔型		0.20 ~ 0.35
小型初轧机	方轧件进六角孔型	> 40	0.5 ~ 0.7
		< 40	0.65 ~ 1.0
	菱形轧件进方孔型		0.20 ~ 0.35
	方轧件进菱形孔型		0.25 ~ 0.40
中小型轧机及线材轧机	方轧件进椭圆孔型	6 ~ 9	1.4 ~ 2.2
		9 ~ 14	1.2 ~ 1.6
		14 ~ 20	0.9 ~ 1.3
		20 ~ 30	0.7 ~ 1.1
		30 ~ 40	0.5 ~ 0.9
	圆轧件进椭圆孔型		0.4 ~ 1.2
	椭圆轧件进方孔型		0.4 ~ 0.6
	椭圆轧件进圆孔型		0.2 ~ 0.4

　　若兹公式只考虑了绝对压下量的影响，因此是近似计算，局限性较大。但形式简单，使用方便，所以在生产中应用较多。

　　（2）巴赫契诺夫公式。此公式的导出是根据移动体积与其消耗功成正比的关系，当轧件宽度 $B > 2l$ 时，可以按照巴赫契诺夫公式计算：

$$\Delta b = 1.15 \frac{\Delta h}{2H} \left(\sqrt{R \cdot \Delta h} - \frac{\Delta h}{2f} \right) \tag{8-43}$$

式中，f 为摩擦系数，用公式 $f = k_1 k_2 k_3 (1.05 - 0.0005t)$ 计算；R 为轧辊工作半径；H、Δh 分别为轧件轧前厚度和压下量。

　　巴赫契诺夫公式考虑了摩擦系数、相对压下量、变形区长度及轧辊形状对宽展的影响。用巴赫契诺夫公式计算平辊轧制和箱型孔型中的自由宽展可以得到与实际相接近的结果，因此可用于实际变形计算中。

　　（3）爱克伦得公式。爱克伦得公式导出的理论依据是：认为宽展决定于压下量及轧件与轧辊接触面上纵横阻力的大小，并假定在接触面范围内，横向及纵向的单位面积上的单位功是相同的，在延伸方向上，假定滑动区为接触弧长的 2/3，即黏着区为接触弧长的 2/3。按体积不变条件进行一系列的数学处理后得：

$$b^2 = 8m \sqrt{R\Delta h} \Delta h + B^2 - 2 \times 2m(H + h) \sqrt{R\Delta h} \ln \frac{b}{B} \tag{8-44}$$

式中，$m = \dfrac{1.6f \sqrt{R\Delta h} - 1.2\Delta h}{H + h}$。

　　摩擦系数 f 可按下式进行计算：

$$f = k_1 k_2 k_3 (1.02 - 0.0005t) \tag{8-45}$$

式中，k_1 为轧辊材质与表面状态的影响系数，见表8-5；k_2 为轧制速度影响系数其值，如图 8-29 所示；k_3 为轧件化学成分影响系数，见表8-6；t 为轧制温度。

用式（8-44）计算宽展的结果也是正确的。

表 8-5　轧辊材质与表面状态影响系数 k_1

轧辊材质与表面状态	k_1
粗面钢轧辊	1.0
粗面铸铁轧辊	0.8

表 8-6　轧件材质影响系数 k_3

钢　种	钢　　号	k_3 值
碳素钢	20～70、T7～T12	1.0
莱氏体钢	W18Cr4V、W9Cr4V2、Cr12、Cr12MoV	1.1
珠光体-马氏体钢	4Cr9Si2、5CrMnMo、3Cr13、3Cr2W8	1.3
奥氏体钢	0Cr18Ni9、4Cr14NiW2Mo	1.4
含铁素或莱氏体的奥氏体钢	1Cr18Ni9Ti、Cr23Ni13	1.47
铁素体钢	Cr25、Cr25Ti、Cr17、Cr28	1.55
含硫化物的奥氏体钢	Mn12	1.8

（4）彼德诺夫-齐别尔公式。

$$\Delta b = c \frac{\Delta h}{H} \sqrt{R \Delta h} \qquad (8\text{-}46)$$

式中，c 为实际导出的系数，一般为 0.35 ~ 0.45。在温度高于 1000℃ 时或轧制软钢时取 $c = 0.35$，在温度低于 1000℃ 或轧制较硬的钢 时取 $c = 0.45$。

彼德诺夫-齐别尔公式考虑了变形区长度 和轧前宽度以及相对压下量对宽展的影响。

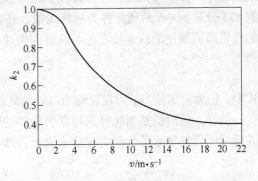

图 8-29　k_3 与轧制速度的关系图

【例 8-3】　已知轧前轧件断面尺寸 $H \times$ $B = 100\text{mm} \times 200\text{mm}$，轧后厚度 $h = 70\text{mm}$，轧辊材质为铸钢，工作直径为 650mm，轧制速 度 $v = 4\text{m/s}$，轧制温度 $t = 1100℃$，轧件材质为低碳钢，计算该道次的宽展量。

解：（1）计算摩擦系数。因为轧辊材质为铸钢，所以取 $k_1 = 1$；由 $v = 4\text{m/s}$，查图得 $k_2 = 0.8$；因为轧件材质为低碳钢，所以 $k_3 = 1$。

故由摩擦系数计算公式

$$f = k_1 k_2 k_3 (1.02 - 0.0005t) = 0.8 \times (1.05 - 0.0005 \times 1100) = 0.4$$

计算压下量及变形区长度为

$$\Delta h = H - h = 100 - 70 = 30\text{mm}$$

$$l = \sqrt{R \cdot \Delta h} = \sqrt{\frac{650}{2} \times 30} = 98.7\text{mm}$$

（2）分别用若兹公式、巴赫契诺夫公式、彼德诺夫-齐别尔公式计算宽展量。

1）按若兹公式计算宽展量。因轧制温度较高，轧件材质又是低碳钢，系数 k 可取上限，即 $k = 0.35$。

故　　　　　　　　　　　　$\Delta b = k \cdot \Delta h = 0.35 \times 30 = 10.5\text{mm}$

2）按巴赫契诺夫公式计算宽展量：

$$\Delta b = 1.15 \frac{\Delta h}{2H}\left(\sqrt{R \cdot \Delta h} - \frac{\Delta h}{2f} \right) = 1.15 \times \frac{30}{2 \times 100} \times \left(98.7 - \frac{30}{2 \times 0.4} \right) = 10.6\text{mm}$$

3）按彼德诺夫-齐别尔公式计算宽展量。因 $t > 1000℃$，又是低碳钢，取系数 $c = 0.35$。

故　　　　　　　　$\Delta b = c \frac{\Delta h}{H} \sqrt{R \cdot \Delta h} = 0.35 \times \frac{30}{100} \times 98.7 = 10.4\text{mm}$

任务 8.4　前滑与后滑分析及计算

8.4.1　轧制过程中的前滑和后滑现象

实践证明，在轧制过程中轧件在高度方向受到压缩的金属，一部分纵向流动，使轧件形成延伸；而另一部分金属横向流动，使轧件形成宽展，轧件的延伸是由于被压下金属向轧辊入口和出口两个方向流动的结果。在轧制过程中，轧件出口速度 v_h 大于轧辊在该处的线速度 v，$v_h > v$ 的现象称为前滑现象。而轧件进入轧辊的速度 v_H 小于轧辊在该处线速度 v 的水平分量 $v\cos\alpha$ 的现象称为后滑现象。在轧制理论中，通常将轧件出口速度 v_h 与对应点的轧辊圆周速度的线速度之差与轧辊圆周速度的线速度之比值称为前滑值，即

$$S_h = \frac{v_h - v}{v} \times 100\% \tag{8-47}$$

式中，S_h 为前滑值；v_h 为在轧辊出口处的轧件速度；v 为轧辊的圆周速度。

同样，后滑值是指轧件入口断面轧件的速度与轧辊在该点处圆周速度的水平分量之差同轧辊圆周速度水平分量之比值来表示，即

$$S_H = \frac{v\cos\alpha - v_H}{v\cos\alpha} \times 100\% \tag{8-48}$$

式中，S_H 为后滑值；v_H 为在轧辊入口处轧件的速度。

通过实验方法也可求出前滑值。将式（8-47）中的分子和分母分别各乘以轧制时间 t，则得到：

$$S_h = \frac{v_h t - vt}{vt} = \frac{L_h - L_H}{L_H} \tag{8-49}$$

事先在轧辊表面上刻出距离为 L_H 的两个小坑，如图 8-30 所示。

轧制后，轧件的表面上出现距离为 L_h 的两个凸包。测出尺寸用式（8-49）则能计算出轧制

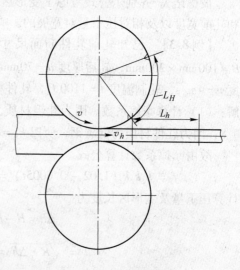

图 8-30　用刻痕法计算前滑

时的前滑值。由于实测出轧件尺寸为冷尺寸，故必须用下式换算成热尺寸 L_h：

$$L_h = L'_h[1 + \alpha(t_1 - t_2)] \tag{8-50}$$

式中，L'_h 为冷尺寸；α 为膨胀系数，可以查表 8-7。

表 8-7　碳钢的膨胀系数

温度/℃	膨胀系数 $\alpha/10^{-6}$
0 ~ 1200	15 ~ 20
0 ~ 1000	13.3 ~ 17.5
0 ~ 800	13.5 ~ 17

8.4.2　轧件在变形区内各不同断面上的运动速度

当金属由轧前高度 H 轧到轧后高度 h 时，由于进入变形区高度逐渐减小，根据体积不变条件，变形区内金属质点运动速度不可能一样，金属各质点之间以及金属表面质点与工具表面质点之间就有可能产生相对运动。设轧件无宽展，且沿每一高度断面上质点变形均匀，其运动的水平速度一样，如图 8-31 所示。

在这种情况下，根据体积不变条件，轧件在前滑区相对于轧辊来说，超前于轧辊，而且在出口处的速度 v_h 为最大；轧件后滑区速度落后于轧辊线速度的水平分速度，并在入口处的轧件速度 v_H 为最小，在中性面上轧件与轧辊的水平分速度相等，并用 v_γ 表示在中性面上的轧辊水平分速度。由此可得出：

$$v_h > v_\gamma > v_H \tag{8-51}$$

而且轧件出口速度 v_h 大于轧辊圆周速度 v，即

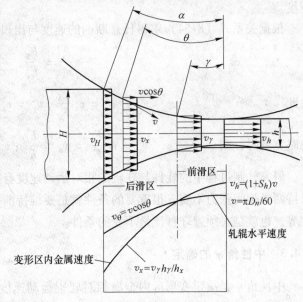

图 8-31　轧制过程速度图示

$$v_H > v$$

轧件入口速度小于轧辊水平分速度，在入口处轧辊水平分速度为 $v\cos\alpha$，则

$$v_H < v\cos\alpha \tag{8-52}$$

中性面处轧件的水平速度与此处轧辊的水平速度相等，即

$$v_\gamma = v\cos\gamma \tag{8-53}$$

变形区任意一点轧件的水平速度可以用体积不变条件计算，也就是在单位时间内通过变形区内任一横断面上的金属体积应该为一个常数。也就是任一横断面上的金属秒流量相等，每秒通过入口断面、出口断面及变形区内任一横断面的金属流量可用下式表示：

$$F_H v_H = F_x v_x = F_h v_h = 常数 \tag{8-54}$$

式中，F_H、F_h、F_x 分别为入口断面、出口断面、变形区内任一横断面的面积；v_H、v_h、v_x 分

别表示在入口断面、出口断面、任一断面上的金属平均运动速度。

根据式（8-54）可求得：

$$\frac{v_H}{v_h} = \frac{F_h}{F_H} = \frac{1}{v} \tag{8-55}$$

式中，v 为轧件的延伸系数，$v = \dfrac{F_H}{F_h}$。

金属的入口速度与出口速度之比等于出口断面的面积与入口断面的面积之比，等于延伸系数的倒数。在已知延伸系数及出口速度时可求得入口速度，在已知延伸系数及入口速度时可求得出口速度。

如果忽略宽展，式（8-55）可写成：

$$\frac{v_H}{v_h} = \frac{F_h}{F_H} = \frac{h_h\, b_h}{h_H\, b_H} = \frac{h_h}{h_H} \tag{8-56}$$

式中，h_H、b_H 分别为入口断面轧件的高度和宽度；h_h、b_h 分别为出口断面轧件的高度和宽度。

根据关系式（8-54）求得任意断面的速度与出口断面的速度有下列关系：

$$\frac{v_x}{v_h} = \frac{F_h}{F_x}$$

由此

$$v_x = v_h \frac{F_h}{F_x}, \quad v_\gamma = v_h \frac{F_h}{F_\gamma} \tag{8-57}$$

忽略宽展时，则

$$v_x = v_h \frac{F_h}{F_x} = v_h \frac{h_h}{h_x}; \quad v_y = v_h \frac{h_h}{h_y}$$

研究轧制过程中的轧件与轧辊的相对运动速度有很大的实际意义。如对连续式轧机欲保持两机架间张力不变，很重要的条件就是要维持前机架轧件的秒流量和后机架的秒流量相等，也就是必须遵守秒流量不变的条件。

8.4.3　中性角 γ 的确定

中性角 γ 是决定变形区内金属相对轧辊运动速度的一个参量。由图 8-31 可知，根据在变形区内轧件对轧辊的相对运动规律，中性面所对应的角 γ 为中性角。在此面上轧件运动速度同轧辊线速度的水平分速度相等。而由此中性面将变形区划分为两个部分：前滑区和后滑区。在中性面和入口断面间的后滑区内，在任一断面上金属沿断面高度的平均运动速度小于轧辊圆周速度的水平分量，金属力图相对轧辊表面向后滑动；在中性面和出口断面间的前滑区内，在任一断面上金属沿断面高度的平均运动速度大于轧辊圆周速度的水平分量，变形金属相对轧辊表面向前滑动。由于在前滑、后滑区内金属力图相对轧辊表面产生滑动的方向不同，摩擦力的方向不同。在前滑、后滑区内，作用在轧件表面上的摩擦力的方向都指向中性面。

下面根据轧件受力平衡条件确定中性面的位置及中性角 γ 的大小。如图 8-32 所示，用 p_x 表示轧辊作用在轧件表面上的单位压力值，用 t_x 表示作用在轧辊表面上的单位摩擦力值。不计轧件的宽展，考虑作用在轧件单位宽度上的所有作用力在水平方向上的分力，根

据力平衡条件，取此水平分力之和为零，即

$$\sum x = -\int_0^\alpha p_x \sin\alpha_x R d\alpha_x + \int_\gamma^\alpha t_x \cos\alpha_x R d\alpha_x - \int_0^\gamma t_x' \cos\alpha R d\alpha_x + \frac{Q_1 - Q_0}{2\bar{b}} = 0 \qquad (8-58)$$

式中，p_x 为单位压力；t_x 为后滑区单位摩擦力；t_x' 为前滑区单位摩擦力；$\bar{b}$ 为轧件的平均宽度；R 为轧辊的半径；Q_0、Q_1 分别为作用在轧件上的后张力和前张力。

在经过一系列的推导和简化后可以得出中性角的计算公式，该公式称为巴蒲洛夫公式：

$$\gamma = \frac{\alpha}{2}\left(1 - \frac{\alpha}{2f}\right) \qquad (8-59)$$

利用式（8-59）可以计算出中性角 γ 的最大值，即

$$\frac{d\gamma}{d\alpha} = \frac{1}{2} - \frac{\alpha}{2f} = 0 \qquad (8-60)$$

当 $\alpha = f \approx \beta$ 时，即当咬入角 α 等于摩擦角 β 时，中性角 γ 有极大值。即

$$\gamma_{\max} = \frac{\beta}{2}\left(1 - \frac{\beta}{2\beta}\right) = \frac{\beta}{4} \qquad (8-61)$$

并可由式（8-59）作出 α 与 γ 的关系曲线（图 8-33）。由图 8-33 可见，当 $f = 0.4$ 和 0.3 时，中性角最大只有 $4° \sim 6°$。而且当 $\alpha = \beta = \gamma$ 时，$\gamma_{\max} = \dfrac{\alpha}{4}$，有极大值。当 $\alpha = 2\beta$ 时，γ 角又再变为零。

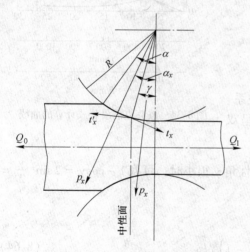

图 8-32 单位压力 p_x 及单位摩擦力 t_x 的作用方向图示

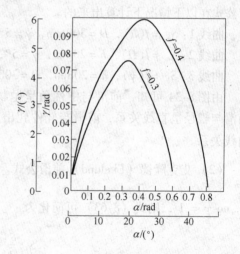

图 8-33 中性角 γ 与咬入角 α 的关系

8.4.4 前滑的计算公式

（1）芬克（Fink）前滑公式。欲确定轧制过程中前滑值的大小，必须找出轧制过程中轧制参数与前滑的关系式。此式的推导是以变形区各横断面秒流量体积不变的条件为出发点的。变形区内各横断面秒流量相等的条件，即 $F_x v_x =$ 常数，这里的水平速度是沿轧件断面高度上的平均值。按秒流量不变条件，变形区出口断面金属的秒流量应等于中性面处

金属的秒流量，由此得出：

$$v_h h = v_\gamma h_\gamma \quad 或 \quad v_h = v_\gamma \frac{h_\gamma}{h} \tag{8-62}$$

式中，v_h、v_γ 为轧件出辊和中性面处的水平速度；h、h_γ 为轧件出辊和中性面处的高度。

因为 $v_\gamma = v\cos\gamma$，$h_\gamma = h + D(1 - \cos\gamma)$，由式（8-62）可得出：

$$\frac{v_h}{v} = \frac{h_\gamma \cos\gamma}{h} = \frac{[h + D(1 - \cos\gamma)]\cos\gamma}{h}$$

由前滑的定义得到：

$$S_h = \frac{v_h - v}{v} = \frac{v_h}{v} - 1$$

将 $\dfrac{v_h}{v}$ 代入上式后得：

$$S_h = \frac{(D\cos\gamma - h)(1 - \cos\gamma)}{h} \tag{8-63}$$

此式即为芬克前滑公式。由式（8-63）可看出，影响前滑值的主要工艺参数为轧辊直径 D、轧件厚度 h 及中性角 γ。显然，在轧制过程中凡是影响 D、h 及 γ 的各种因素必将引起前滑值的变化。

图 8-34 所示为前滑值 S_h 与轧辊直径 D，轧件厚度 h 和中性角 γ 的关系曲线。这些曲线是用芬克前滑公式在以下情况下计算出来的。

曲线 1：$S_h = f(h)$，$D = 300\text{mm}$，$\gamma = 5°$；

曲线 2：$S_h = f(D)$，$h = 20\text{mm}$，$\gamma = 5°$；

曲线 3：$S_h = f(\gamma)$，$h = 20\text{mm}$，$D = 300\text{mm}$。

由图 8-34 可知，前滑与中性角呈抛物线关系，前滑与辊径呈直线关系，前滑与轧件轧出厚度呈双曲线关系。

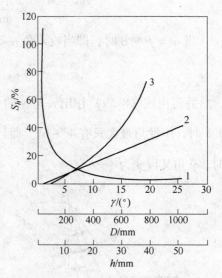

图 8-34　按芬克前滑公式计算的曲线

（2）艾克隆德（Ekelund）前滑公式。当中性角 γ 很小时，可取 $1 - \cos\gamma = 2\sin^2\dfrac{\gamma}{2} = \dfrac{\gamma^2}{2}$，$\cos\gamma = 1$，则式（8-63）可简化为

$$S_h = \frac{\gamma^2}{2}\left(\frac{D}{h} - 1\right) \tag{8-64}$$

式（8-64）即为艾克隆德（Ekelund）前滑公式。

（3）德雷斯登（Dresden）前滑公式。在轧件很薄的情况下，因为 D/h 远远大于 1，故式（8-64）中括号中的 1 可以忽略不计，则该式变为：

$$S_h = \frac{R}{h}\gamma^2 \tag{8-65}$$

上述是在不考虑宽展时求前滑的近似公式。

（4）讨论 α、β、γ 三个角的函数关系。

1）当摩擦系数 f（或摩擦角 β）为常数时，γ 与 α 的关系为抛物线方程，当 $\alpha = 0$ 或

$\alpha = 2\beta$ 时，$\gamma = 0$。实际上，当 $\alpha = 2\beta$ 时，因变形区全部为后滑区，轧件向入口方向打滑，轧制过程已不能进行下去了。

2）当 $\alpha = \beta$ 时，γ 有最大值 $\gamma_{max} = \dfrac{\alpha}{4} = \dfrac{\beta}{4}$。由此可见：

①当 $\alpha = \beta$ 时，即在极限咬入条件下，中性角有最大值，其值为 0.25α 或 0.25β；

②当 $\alpha < \beta$ 时，随 α 增加，γ 增加；当 $\alpha > \beta$ 时，随 α 增加，γ 减小；

③当 $\alpha = 2\beta$ 时，$\gamma = 0$；

④当 α 远远小于 β 时，γ 趋于极限值 $\alpha/2$，这表明剩余摩擦力很大。

3）当咬入角增加时，则剩余摩擦力减小，前滑区占变形区的比例减小，极限咬入时只占变形区的 $1/4$，如果再增加咬入角（在咬入后带钢压下），剩余摩擦力将更小。

4）当 $\alpha = 2\beta$ 时，剩余摩擦力为零，而此时 $\gamma/\alpha = 0, \gamma = 0$。前滑区为零即变形区全部为后滑区，此时轧件向入口方向打滑，轧制过程实际上已不能继续下去。

【例 8-4】　在 $D = 650$mm，材质为铸铁的轧辊上，将 $H = 100$mm 的低碳钢轧成 $h = 70$mm 的轧件，轧辊圆周速度 $v = 2$m/s，轧制温度 $t = 1100℃$，计算此时的前滑值。

解：（1）计算咬入角 α。
$$\Delta h = H - h = 100 - 70 = 30\text{mm}$$
$$\alpha = \arccos\left(\frac{D - \Delta h}{D}\right) = \arccos\left(\frac{650 - 30}{650}\right) = 17°28' = 0.3049\text{rad}$$

（2）计算摩擦角 β。由计算摩擦角的艾克隆德公式，按已知条件查得：$k_1 = 0.8$，$k_2 = 1$，$k_3 = 1$。
$$f = k_1 k_2 k_3 (1.05 - 0.0005t) = 0.8 \times (1.05 - 0.0005 \times 1100) = 0.4$$
$$\beta = \arctan 0.4 = 21°48' = 0.38\text{rad}$$

（3）计算中性角 γ。
$$\gamma = \frac{\alpha}{2}\left(1 - \frac{\alpha}{2\beta}\right) = \frac{0.305}{2} \times \left(1 - \frac{0.305}{2 \times 0.38}\right) = 0.091\text{rad}$$
$$\cos\gamma = 0.9958$$

（4）计算前滑值 S_h。
$$S_h = \frac{(D\cos\gamma - h)(1 - \cos\gamma)}{h} = \frac{(1 - 0.9958) \times (650 \times 0.9958 - 70)}{70} = 3.47\%$$

8.4.5　前滑的影响因素

很多实验研究和生产实践表明，影响前滑的因素很多。但总的来说主要有以下几个因素：压下率，轧件厚度，摩擦系数，轧辊直径，前、后张力，孔型形状等，凡是影响这些因素的参数都将影响前滑值的变化，下面分别论述。

（1）轧辊直径的影响。图 8-35 所示为轧辊直径对前滑影响的实验，结果指出前滑随轧辊直径增大而增大。此实验结果可从两方面解释：

1）轧辊直径增大，咬入角减小，在摩擦系数不变时，剩余摩擦力增大。

2）实验中当 $D > 400$mm 时，随辊径增加前滑增加的速度减慢。

因为辊径增加伴随着轧制速度增加，摩擦系数随之而减小，使剩余摩擦力有所减小；同时，辊径增大导致宽展增大，延伸系数相应减小。上述因素共同作用，使前滑增加速度放慢。

（2）摩擦系数的影响。实验证明，摩擦系数 f 越大，在其他条件相同时，前滑值越大。凡是影响摩擦系数的因素，如轧辊材质、轧件化学成分、轧制温度、轧制速度等，都能影响前滑的大小。图 8-36 所示为轧制温度对前滑的影响。可见在热轧温度范围内，在 $\varepsilon = \Delta h/H$ 不变时，随温度降低，前滑值增大，这是因为此时摩擦系数增大的缘故。

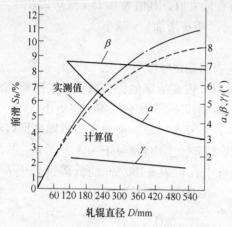

图 8-35　轧辊直径对前滑值的影响

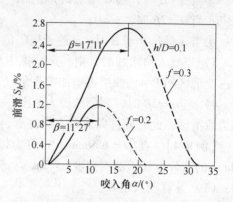

图 8-36　摩擦系数与前滑值的关系

（3）相对压下量的影响。由图 8-37 的实验结果可以看出，前滑均随相对压下量增加而增加，而且当 Δh 为常数时，前滑增加更为显著。

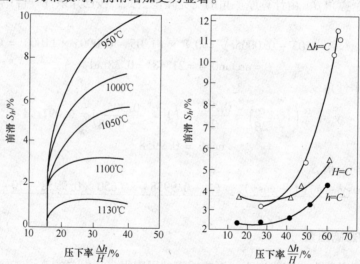

图 8-37　相对压下量与前滑的关系

形成以上现象的原因是：相对压下量增加，即高向移位体积增加。

当 Δh 为常数时，相对压下量的增加是靠减小轧件厚度 H 或 h 完成，咬入角 α 并不增大，在摩擦系数不变化时，γ/α 值不变化，即剩余摩擦力不变化，前、后滑区在变形区中所占比例不变，即前、后滑值均随 $\Delta h/H$ 值增大以相同的比例增大。而 h 为常数或 H 为常数时，相对压下量增加是由增加 Δh，即增加咬入角 α 的途径完成的，此时 γ/α 值将减小，这标志着剩余摩擦力减小，此时延伸变形增加，但主要是由后滑的增加来完成的，前滑的增加速度与 Δh 为常数的情况相比要缓慢得多。

（4）轧件厚度的影响。图 8-38 的实验结果表明，当轧后厚度 h 减小时，前滑增大。当 Δh 为常数时，前滑值增加的速度比 H 为常数时要快。因为在 H、h、Δh 三个参数中，不论是以 H 为常数或以 Δh 为常数，h 减小都意味着相对压下量增加。轧件轧后厚度对前滑的影响，实质上可归结为相对压下量对前滑的影响。

（5）轧件宽度的影响。如图 8-39 所示，前滑随轧件宽度变化的规律是，当宽度小于一定值时（在此试验条件下是小于 40mm 时），随宽度增加前滑值也增加；而宽度超过此值后，宽度再增加，则前滑不再增加。

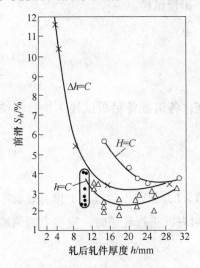

图 8-38　轧件厚度与前滑值的关系

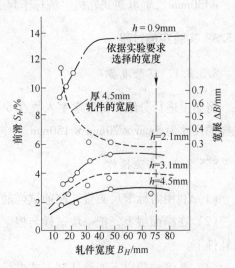

图 8-39　轧件宽度与前滑值的关系

因宽度小于一定值时，宽度增加、宽展减小，延伸变形增加，在 α、f 不变的情况下，前、后滑都应增加。而在宽度大于一定值后，宽度增加、宽展不变，延伸也为定值，在 γ/α 值不变时，前滑值也不变。

（6）张力对前滑的影响。实验证明：前张力增加时使前滑增加、后滑减小；后张力增加时，后滑增加、前滑减小。

因为前张力增加时，金属向前流动的阻力减小，前滑区增大；而后张力 Q_H 增加，中性角减小（即前滑区减小），故前滑值减小。图 8-40 还可看出张力对前滑值和后滑值的影响规律。

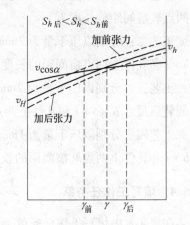

图 8-40　张力与前滑值和后滑值的关系

任务 8.5　宽展量、前滑值的测定

8.5.1　实验目的

（1）正确和规范的操作二辊可逆式轧机，能对操作过程中产生的常见故障进行排除。

（2）通过实验测定不同轧制条件下的轧后尺寸（包括宽展量）。

（3）通过实验验证轧制时前滑现象的存在，并测定其值的大小。

（4）通过不同的轧制参数，找到轧制道次、压下量与宽展量、前滑值之间的关系。

8.5.2　实验仪器设备

ϕ130mm 二辊可逆式轧机，游标卡尺，钢板尺、铅板试样。

8.5.3　实验实施过程

8.5.3.1　实验准备

将学生进行分组，每组学生人数在 5 ~ 8 人为宜，各组准备铅板试样 4 块，每块铅板试样的尺寸为 5mm × 20mm × 150mm。

8.5.3.2　实验操作

（1）利用游标卡尺测量轧制前试样的尺寸 $H \times B \times L$，保留小数点后 1 位有效数字。

（2）在净面辊上，把一块试样与辊上的刻痕点对好，进行轧制时，使辊上的刻痕能打在轧件上。

（3）各组按照以下四种轧制工艺进行操作。

工艺一：以压下量为 4mm 轧制一道次，轧制后测量其轧件的轧后尺寸 $h \times b \times l$ 和轧件上两点轧痕间距的长度 L_n。

工艺二：分别以压下量为 2mm 连续轧制两道次，每轧一道后测量其轧件的轧后尺寸 $h \times b \times l$ 和轧件上两点痕间距的长度 L_n。

工艺三：分别以压下量为 2mm、1mm、1mm 连续轧制三道次，每轧一道后测量其轧件的轧后尺寸 $h \times b \times l$ 和轧件上两点轧痕间距的长度 L_n。

工艺四：分别以压下量为 1mm 连续轧制四道次，每轧一道后测量其轧件的轧后尺寸 $h \times b \times l$ 和轧件上两点轧痕间距的长度 L_n。

8.5.4　填写工作任务单

在表 8-8 中填写工作任务单。

表 8-8　工作任务单

组别：　　　　姓名：　　　　工位号：　　　　操作时间：　　年　　月　　日

任务内容	（1）每个组员协同对二辊可逆式轧机进行拆装。 （2）采用不同的轧制速率将 5mm 的轧件轧成 $1^{+0.05}_{-0.05}$ mm，并测量各道次宽展量及前滑值。 （3）分析轧制道次、压下量与宽展量、前滑值之间的关系

工作过程评分（60%）	理论知识评分（40%）	总分

（1）二辊可逆式轧机的结构主要由哪些构成？简述换辊及导卫更换操作步骤。

（2）采用不同的轧制速率将 5mm 的轧件轧成 $1_{-0.05}^{+0.05}$ mm，要求两侧边厚度差不超过 0.02mm。请设置合理的压下规程，并测量各道次的宽展量及前滑值。

轧制道次	压下量/mm	宽展量/mm	前滑值/%
1			
2			
3			
4			
5			
6			

（3）根据上述实验数据，画出宽展量-轧制道次、前滑值-轧制道次、宽展量-压下量、前滑值-压下量关系曲线，并分析轧制道次、压下量与宽展量、前滑值之间的关系。

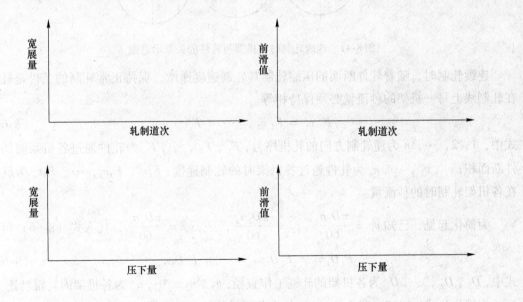

分析结果	

任务 8.6　连续轧制中的前滑及有关工艺参数的确定

连续轧制在轧钢生产中所占的比重日益增大，在大力发展连轧生产的同时，对连轧的基本理论也应加以探讨，下面围绕工艺设计方面所必要的参数进行探讨。

8.6.1　连轧关系和连轧常数

如图 8-41 所示，连轧机各机架顺序排列，轧件同时通过数架轧机进行轧制，各个机架通过轧件相互联系，从而使轧制的变形条件、运动学条件和力学条件等都具有一系列的特点。

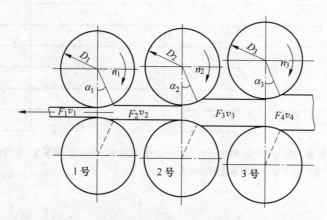

图 8-41　连续轧制时各机架与轧件的关系示意图

连续轧制时，随着轧件断面的压缩轧制其轧制速度递增，保持正常轧制的条件是轧件在轧制线上每一机架的秒流量必须保持相等。

$$F_1 v_1 = F_2 v_2 = \cdots = F_n v_n \tag{8-66}$$

式中，1，2，…，n 为逆轧制方向的轧机序号；F_1，F_2，…，F_n 为轧件通过各机架时的轧件断面积；v_1，v_2，…，v_n 为轧件通过各机架时的轧制速度；$F_1 v_1$，$F_2 v_2$，…，$F_n v_n$ 为轧件在各机架轧制时的秒流量。

为简化起见，已知 $v_1 = \dfrac{\pi D_1 n_1}{60}$，$v_2 = \dfrac{\pi D_2 n_2}{60}$，…，$v_n = \dfrac{\pi D_n n_n}{60}$，代入式（8-66）可得

$$F_1 D_1 n_1 = F_2 D_2 n_2 = \cdots = F_n D_n n_n \tag{8-67}$$

式中，D_1，D_2，…，D_n 为各机架的轧辊工作直径；n_1，n_2，…，n_n 为各机架的轧辊转速。

为简化公式，以 C_1，C_2，…，C_n 代表各机架轧件的秒流量，即

$$F_1 D_1 n_1 = C_1, F_2 D_2 n_2 = C_2, \cdots, F_n D_n n_n = C_n \tag{8-68}$$

将式（8-68）代入式（8-67）可得

$$C_1 = C_2 = \cdots = C_n \tag{8-69}$$

轧件在各机架轧制时的秒流量相等，即为一个常数，这个常数称为连轧常数。以 C 代表连轧常数，则

$$C_1 = C_2 = \cdots = C_n = C \tag{8-70}$$

8.6.2 前滑系数和前滑值

前已述及，轧辊的线速度与轧件离开轧辊的速度，由于有前滑的存在实际上是有差异的，即轧件离开轧辊的速度大于轧辊的线速度。前滑的大小以前滑系数和前滑值来表示，其计算式为

$$\bar{S}_1 = \frac{v_1'}{v_1}, \ \bar{S}_2 = \frac{v_2'}{v_2}, \ \cdots, \ \bar{S}_n = \frac{v_n'}{v_n} \tag{8-71}$$

$$S_{h1} = \frac{v_1' - v_1}{v_1} = \frac{v_1'}{v_1} - 1 = \bar{S}_1 - 1, \ S_{h2} = \bar{S}_2 - 1, \ \cdots, \ S_{hn} = \bar{S}_n - 1 \tag{8-72}$$

式中，$\bar{S}_1$，$\bar{S}_2$，$\cdots$，$\bar{S}_n$ 为轧件在各机架的前滑系数；v_1'，v_2'，$\cdots$，v_n' 为轧件实际从各机架离开轧辊的速度；v_1，v_2，$\cdots$，v_n 为各机架的轧辊线速度；S_{h1}，S_{h2}，$\cdots$，S_{hn} 为各机架的前滑值。

考虑到前滑的存在，则轧件在各机架轧制时的秒流量为

$$F_1 v_1' = F_2 v_2' = \cdots = F_n v_n' \tag{8-73}$$

及

$$F_1 v_1 \bar{S}_1 = F_2 v_2 \bar{S}_2 = \cdots = F_n v_n \bar{S}_n \tag{8-74}$$

所以式（8-67）和式（8-71）相应成为

$$F_1 D_1 n_1 \bar{S}_1 = F_2 D_2 n_2 \bar{S}_2 = \cdots = F_n D_n n_n \bar{S}_n \tag{8-75}$$

$$C_1 \bar{S}_1 = C_2 \bar{S}_2 = \cdots = C_n \bar{S}_n = C' \tag{8-76}$$

式中，C' 为考虑前滑后的连轧常数。

在孔型中轧制时，前滑值常取平均值，其计算式为

$$\bar{\gamma} = \frac{\bar{\alpha}}{2}\left(1 - \frac{\bar{\alpha}}{2\beta}\right) \tag{8-77}$$

$$\cos\bar{\alpha} = \frac{\bar{D} - (\bar{H} - \bar{h})}{\bar{D}} \tag{8-78}$$

$$\bar{S}_h = \frac{\cos\bar{\gamma}[\bar{D}(1 - \cos\bar{\gamma}) + \bar{h}]}{\bar{h}} - 1 \tag{8-79}$$

式中，$\bar{\gamma}$ 为变形区中性角的平均值；$\bar{\alpha}$ 为咬入角的平均值；β 为摩擦角，一般为 $21° \sim 27°$；$\bar{D}$ 为轧辊工作直径的平均值；$\bar{H}$ 为轧件轧前高度的平均值；$\bar{h}$ 为轧件轧后高度的平均值；$\bar{S}_h$ 为轧件在任意机架的平均前滑值。

任务 8.7　轧制压力

8.7.1 轧制压力的概念

8.7.1.1 轧制压力的概念

轧制过程中通常金属给轧辊的总压力称为轧制压力或轧制力。

8.7.1.2　研究轧制压力的意义

研究单位压力在接触弧上的分布规律，对于从理论上正确确定金属轧制时的轧制参数——轧制力、传动轧辊的转矩和功率具有重大意义。因为计算轧辊及工作机架的主要零件的强度和计算传动轧辊所需的转矩及电机功率，一定要了解金属作用在轧辊上的总压力，而金属作用在轧辊上的总压力大小及其合力作用点位置完全取决于单位压力值及其分布特征。

通过研究和计算轧制压力，能够解决轧钢设备的强度校核，主电机容量选择或校核，制定合理的轧制工艺规程，实现轧制生产过程自动化等。

8.7.1.3　轧制压力的确定方法

确定平均单位压力的方法，归结起来有如下三种。

（1）理论计算法。它是建立在理论分析基础之上，用计算公式确定单位压力。通常，都要首先确定变形区内单位压力分布形式及大小，然后再计算平均单位压力。

（2）实测法。即在轧钢机上放置专门设计的压力传感器，将压力信号转换成电信号，通过放大或直接送往测量仪表将其记录下来，获得实测的轧制压力资料。用实测的轧制总压力除以接触面积，便求出平均单位压力。

（3）经验公式和图表法。根据大量的实测统计资料，进行一定的数学处理，抓住一些主要影响因素，建立经验公式或图表。

目前，上述方法在确定平均单位压力时都得到广泛的应用，它们各有优缺点，理论方法虽然是一种较好的方法，但理论计算公式目前尚有一定局限性，还没有建立起包括各种轧制方式、条件和钢种的高精度公式，因而应用起来比较困难，并且计算烦琐。而实测方法若在相同的实验条件下应用，可能得到较为满意的结果，但它又受到实验条件的限制。总之，目前计算平均单位压力的公式很多，参数选用各异，而各公式又都具有一定的适用范围。因此计算平均单位压力时，根据不同情况上述方法都可采用。

8.7.1.4　轧制过程中受力分析

轧制时轧辊对轧件的作用力为一不均匀分布的载荷，但为了研究方便，假定在轧件上作用着的载荷均匀分布，其载荷强度为整个变形区接触的平均单位压力 P，此时可用合力 P' 来代替，合力的作用点在接触弧的中点 C 和 D。按照简单轧制条件绘出如图 8-42 所示受力示意图。由于轧件上仅作用着上下轧辊给予的作用力 P'_1 和 P'_2，因此根据力的平衡条件，P'_1 和 P'_2 为大小相等，方向相反，作用在 CD 直线上的一对平衡力。在简单轧制的情况下，CD 与两轧辊连心线 O_1O_2 平行。

根据作用力与反作用力定律，轧件作用在上下辊上的力 P_1 和 P_2 即为轧制力。

8.7.2　轧制过程中接触面积的计算

8.7.2.1　轧制压力的计算公式

金属轧制过程中，决定轧制压力的基本因素：一是平均单位压力 $\bar{p}$，二是轧件与轧辊

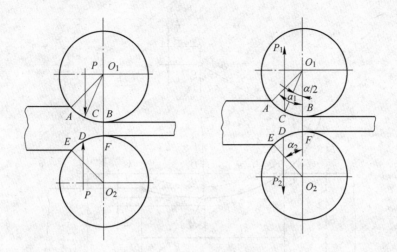

图 8-42 轧制过程中的受力示意图

的接触面积 F 。

轧制压力 P 与平均单位轧制压力 $\bar{p}$ 及接触面积之间的关系为

$$P = \bar{p}F \tag{8-80}$$

式中，$\bar{p}$ 为金属对轧辊的（垂直）平均单位压力；F 为轧件与轧辊接触面积的水平投影，简称接触面积。

8.7.2.2 接触面积的确定

A 在平辊上轧制矩形断面轧件时的接触面积

（1）简单轧制条件下接触面积的计算公式为

$$F = \bar{B} \cdot l \tag{8-81}$$

式中，$\bar{B}$ 为平均宽度，$\bar{B} = (B + b)/2$；l 为变形区长度，$l = \sqrt{R\Delta h}$ 。

下面分为两种情况讨论。

1）当上下工作辊径相同时，其接触面积可用下式确定：

$$F = \frac{B + b}{2} \sqrt{R\Delta h} \tag{8-82}$$

2）当上下工作辊径不等时，其接触面积可用下式确定

$$F = \frac{B + b}{2} \sqrt{\frac{2R_1 R_2}{R_1 + R_2} \Delta h} \tag{8-83}$$

式中，R_1、R_2 为上下轧辊工作半径。

（2）考虑轧辊弹性压扁时的接触面积计算。在冷轧板带和热轧薄板时，由于轧辊承受的高压作用，轧辊产生局部的压缩变形，此变形可能很大，尤其是在冷轧板带时更为显著。轧辊的弹性压缩变形一般称为轧辊的弹性压扁，轧辊弹性压扁的结果使接触弧长度增加，如图 8-43 所示。

若忽略轧件的弹性变形，根据两个圆柱体弹性压扁的公式推得

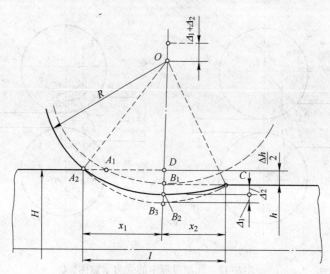

图 8-43　冷轧板带钢时的金属变形区

$$l' = x_1 + x_2 = \sqrt{R\Delta h + x_2^2} + x_2 = \sqrt{R\Delta h + (C\,\bar{p}R)^2} + C\bar{p}R \qquad (8\text{-}84)$$

式中，C 为系数，$C = \dfrac{8(1 - v^2)}{\pi E}$，对钢轧辊，弹性模数 $E = 2.156 \times 10^5 \text{N/mm}^2$，波桑系数 $v = 0.3$，则 $C = 1.075 \times 10^5 \text{mm}^2/\text{N}$；$\bar{p}$ 为平均单位压力，N/mm^2；R 为轧辊半径，mm。

　　B　在孔型中轧制时接触面积的确定

　　在孔型中轧制时，由于轧辊上刻有孔型，轧件进入变形区和轧辊接触是不同时的，压下也是不均匀的。在这种情况下可用图解法或近似公式来确定。下面介绍近似公式计算法。

　　在孔型中轧制时，其接触面积可用下式确定：

$$F = \frac{B + b}{2}\sqrt{R\Delta h} \qquad (8\text{-}85)$$

　　注意：压下量 Δh 和轧辊半径 R 应为平均值 $\Delta \bar{h}$ 和 $\bar{R}$。

　　对菱形、方形、椭圆和圆孔型进行计算时，如图 8-44 所示，可采用下列经验公式计算。

　　（1）菱形轧件进菱形孔型，如图 8-44（a）所示：

$$\Delta \bar{h} = (0.55 \sim 0.6)(H - h)$$

　　（2）方形轧件进椭圆孔型，如图 8-44（b）所示：

$$\Delta \bar{h} = H - 0.7h \qquad （适用于扁椭圆）$$

$$\Delta \bar{h} = H - 0.85h \qquad （适用于圆椭圆）$$

　　（3）椭圆轧件进方孔型，如图 8-44（c）所示：

$$\Delta \bar{h} = (0.65 \sim 0.7)H - (0.55 \sim 0.6)h$$

　　（4）椭圆轧件进圆孔型，如图 8-44（d）所示：

$$\Delta \bar{h} = 0.85H - 0.79h$$

　　（5）为了计算延伸孔型的接触面积，可用下列近似公式。

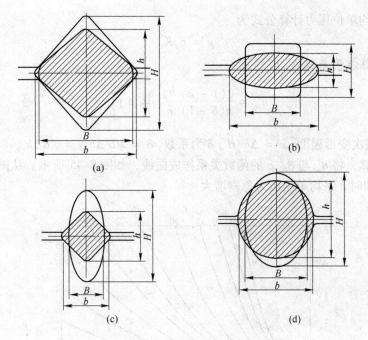

图 8-44　在孔型中轧制的压下量

由椭圆轧成方形：
$$F = 0.75B_h\sqrt{R(H - h)}$$

由方形轧成椭圆：
$$F = 0.54(B_H + B_h)\sqrt{R(H - h)}$$

由菱形轧成菱形或方形：
$$F = 0.67B_h\sqrt{R(H - h)}$$

式中，H、h 为在孔型中央位置的轧制前、后轧件断面的高度；B_H、B_h 为轧制前、后轧件断面的最大宽度；R 为孔型中央位置的轧辊半径。

8.7.3　平均单位压力的计算

8.7.3.1　采利柯夫公式

A　计算表达式

平均单位压力决定于被轧制金属的变形抗力和变形区的应力状态：
$$\bar{p} = m \cdot n_\sigma \cdot \sigma_s \qquad (8\text{-}86)$$
式中，m 为考虑中间主应力的影响系数，在 $1 \sim 1.15$ 范围内变化，若忽略宽展，认为轧件产生平面变形，则 $m = 1.15$；n_σ 为应力状态系数；σ_s 为被轧金属的屈服强度。

（1）应力状态系数的确定。应力状态系数 n_σ 决定于被轧金属在变形区内的应力状态。影响应力状态的因素有外摩擦、外端、张力等，因此应力状态系数可写成：
$$n_\sigma = n'_\sigma \cdot n''_\sigma \cdot n'''_\sigma \qquad (8\text{-}87)$$
式中，n'_σ 为考虑外摩擦影响的系数；n''_σ 为考虑外端影响的系数；n'''_σ 为考虑张力影响的系数。

（2）平面变形抗力的确定。平面变形条件下的变形抗力称平面变形抗力，用 K 表示。
$$K = 1.15\sigma_s \qquad (8\text{-}88)$$

此时的平均单位压力计算公式为

$$\bar{p} = n_\sigma K \tag{8-89}$$

B　外摩擦影响系数 n'_σ 的确定

$$n'_\sigma = \frac{2(1-\varepsilon)}{\varepsilon(\delta-1)} \frac{h_\gamma}{h}\left(\frac{h_\gamma}{h} - 1\right) \tag{8-90}$$

式中，ε 为本道次变形程度，$\varepsilon = \Delta h/H$；δ 为系数，$\delta = 2fl/\Delta h$，$l = \sqrt{R\Delta h}$。

为简化计算，将 n'_σ 与 δ、ε 的函数关系作成曲线，如图 8-45 所示。从图中可以看出，当 ε、f、D 增加时，平均单位压力急剧增大。

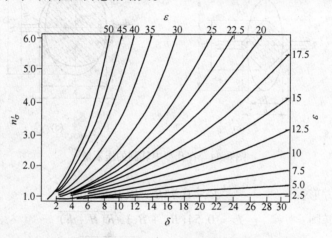

图 8-45　n'_σ 与 δ、ε 的函数关系图

C　外端影响系数 n''_σ 的确定

外端影响系数 n''_σ 的确定是比较困难的，因为外端对单位压力的影响是很复杂的。在一般轧制板带的情况下，外端影响可忽略不计。实验研究表明，当变形区 $l/\bar{h} > 1$ 时，n''_σ 接近于 1，如在 $l/\bar{h} = 1.5$ 时，n''_σ 不超过 1.04，而在 $l/\bar{h} = 5$ 时，n''_σ 不超过 1.005。因此，在轧板带时，计算平均单位压力可取 $n''_\sigma = 1$，即不考虑外端的影响。

实验研究表明，对于轧制厚件，由于外端存在使轧件的表面变形引起的附加应力而使单位压力增大，故对于厚件当 $0.5 < l/\bar{h} < 1$ 时，可用经验公式计算 n''_σ 值，即

$$n''_\sigma = \left(\frac{l}{\bar{h}}\right)^{-0.4} \tag{8-91}$$

在孔型中轧制时，外端对平均单位压力的影响性质不变，可按图 8-46 上的实验曲线查找。

D　张力影响系数 n'''_σ 的确定

当轧件前后张力较大时，如冷轧带钢，必须考虑张力对单位压力的影响。张力影响系数可用下式计算：

$$n'''_\sigma = 1 - \frac{\delta}{2K}\left(\frac{q_H}{\delta-1} + \frac{q_h}{\delta-1}\right) \tag{8-92}$$

在 $\delta = 2fl/\Delta h \geq 10$ 时，上式可近似认为：

$$n'''_\sigma \approx 1 - \frac{q_H + q_h}{2K} \tag{8-93}$$

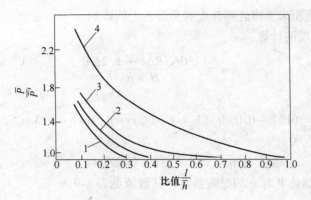

图 8-46　$l/\bar{h}$ 对 n''_σ 的影响

1—方形断面轧件；2—圆形断面；3—菱形轧件；4—矩形轧件

q_H、q_h 分别为作用在轧件上的前、后张应力，即

$$q_h = \frac{Q_h}{bh}, \quad q_H = \frac{Q_H}{BH}$$

式中，Q_h、Q_H 分别为作用在轧件上的前、后张力；B、H 为轧件轧制前的宽度和厚度；b、h 为轧后的宽度和厚度；K 为平面变形抗力。

当轧件无纵向外力作用时，$n'''_\sigma = 1$，如纵向外力为推力时，Q_h、Q_H 取负值。

采利柯夫公式可用于热轧，也可用于冷轧；可用于薄件轧制，也可用于厚件轧制。

【例 8-5】 在 $D = 500\text{mm}$、轧辊材质为铸铁的轧机上轧制低碳钢板，轧制温度为 950℃，轧件尺寸 $H \times B = 5.7\text{mm} \times 600\text{mm}$，$\Delta h = 1.7\text{mm}$，$K = 86\text{N/mm}^2$，求轧制压力。

解： $f = 0.8 \times (1.05 - 0.0005t) = 0.8 \times (1.05 - 0.0005 \times 950) = 0.46$

$$l = \sqrt{R\Delta h} = \sqrt{250 \times 1.7} = 20.6\text{mm}$$

$$\delta = \frac{2fl}{\Delta h} = \frac{2 \times 20.6 \times 0.46}{1.7} = 11$$

$$\varepsilon = \frac{\Delta h}{H} = \frac{1.7}{5.7} = 30\%$$

查图 8-45 得 $n'_\sigma = 2.9$。

因为

$$\frac{l}{\bar{h}} = \frac{20.6 \times 2}{5.7 + 4} = 4.2 > 1$$

故

$$n''_\sigma = 1$$

又因为无前后张力，所以 $n'''_\sigma = 1$。

因此

$$P = n'_\sigma KBL = 2.9 \times 86 \times 600 \times 20.6 = 3.08\text{MN}$$

8.7.3.2　艾克隆德公式

（1）计算表达式：

$$\bar{p} = (1 + m)(K + \eta \cdot \bar{\varepsilon}) \tag{8-94}$$

式中，$(1 + m)$ 为考虑外摩擦影响的系数；K 为平面变形抗力，N/mm^2；η 为金属的黏度，$\text{N} \cdot \text{s/mm}^2$；$\bar{\varepsilon}$ 为轧制时的平均变形速度，s^{-1}。

式中以 $\eta \cdot \bar{\varepsilon}$ 乘积来考虑轧制速度对变形抗力的影响。

（2）公式中各项的计算：

$$m = \frac{1.6f\sqrt{R\Delta h} - 1.2\Delta h}{H + h} \tag{8-95}$$

式中，f 为摩擦系数。

$$K = (137 - 0.098t)(1.4 + w(C) + w(Mn) + 0.3w(Cr)) \tag{8-96}$$

式中　t 为轧制温度，℃。

$$\eta = 0.01(137 - 0.098t)c' \tag{8-97}$$

式中，系数 c' 为轧制速度对 η 的影响系数，其数值见表 8-9。

$$\bar{\varepsilon} = \frac{2v\sqrt{\dfrac{\Delta h}{R}}}{H + h} \tag{8-98}$$

表 8-9　不同轧制速度对应的系数 c' 的数值

轧制速度/m·s⁻¹	< 6	6 ~ 10	10 ~ 15	15 ~ 20
系数 c'	1	0.8	0.65	0.6

（3）艾克隆德公式特点：艾克隆德公式是用于计算热轧时平均单位压力的半经验公式，计算热轧低碳钢钢坯及型钢的轧制压力有比较正确的结果。但对轧制钢板和异型钢材，则不宜使用。

【例 8-6】　在 $D = 530\text{mm}$、辊缝 $s = 20.5\text{mm}$、轧辊转速 $n = 100\text{r/min}$ 的箱形孔型中轧制 45 钢，轧件尺寸为 $H \times B = 202.5\text{mm} \times 174\text{mm}$，$h \times b = 173.5\text{mm} \times 176\text{mm}$，轧制温度 1120℃，钢轧辊，求轧制压力。

解：　　$R = \dfrac{1}{2}(D - h + s) = \dfrac{1}{2} \times (530 - 173.5 + 20.5) = 188.5\text{mm}$

$$\Delta h = H - h = 202.5 - 173.5 = 29\text{mm}$$

$$l = \sqrt{R\Delta h} = \sqrt{188.5 \times 29} = 74\text{mm}$$

$$F = \frac{B + b}{2}l = \frac{174 + 176}{2} \times 74 = 12950\text{mm}^2$$

$$v = \frac{\pi Dn}{60} = \frac{3.14 \times 2 \times 188.5 \times 100}{60} = 1.97\text{m/s}$$

$$f = 1.05 - 0.0005 \times 1120 = 0.49$$

$$m = \frac{1.6fl - 1.2\Delta h}{H + h} = \frac{1.6 \times 0.49 \times 74 - 1.2 \times 29}{202.5 + 173.5} = 0.06$$

$$K = (137 - 0.098 \times 1120) \times (1.4 + 0.45 + 0.5) = 64\text{N/mm}^2$$

$$\eta = 0.01 \times (137 - 0.098 \times 1120) = 0.27\text{N} \cdot \text{s/mm}^2$$

$$\bar{\varepsilon} = \frac{2 \times 1.97 \times \sqrt{\dfrac{29}{188.5}} \times 10^3}{202.5 + 173.5} = 4.1\text{s}^{-1}$$

$$\bar{p} = (1 + m)(K + \eta \cdot \bar{\varepsilon}) = (1 + 0.06) \times (64 + 0.27 \times 4.1) = 69\text{N/mm}^2$$

$$P = \bar{p}F = 69 \times 12950 = 894 \times 10^3 \mathrm{N}$$

8.7.4 影响轧制压力的因素

（1）轧件材质的影响。轧件材质不同，变形抗力也不同。含碳量高或合金成分高的材料，因其变形抗力大，轧制时单位变形抗力也大，轧制力也就大。

（2）轧件温度的影响。所有金属都有一个共同的特点，即其屈服点随着温度的升高而下降，因为温度升高后，金属原子的热振动加强、振幅增大，在外力作用下更容易离开原来的位置发生滑移变形，所以温度升高时，其屈服点即下降。在高温时，由于不断产生加工硬化，因此金属的屈服点和抗拉强度值是相同的，即 $\sigma_s = \sigma_b$。此外，温度高于 900℃以后，含碳量的多少，对屈服点不产生影响。

轧制温度对碳素钢轧制力的影响不是一条曲线所能表达清楚的。轧制温度高，一般来说轧制力小，但仔细来说，在整个温度区域中，200～400℃时轧制力随温度升高而下降，400～600℃时轧制力随温度升高而升高，600～1300℃时轧制力随温度升高而下降。

（3）变形速度的影响。根据一些实验曲线可以得出，低碳钢在 400℃以下冷轧时，变形速度对抗拉强度影响不大，而在热轧时却影响极大，型钢热轧时变形速度一般在 10～100s^{-1} 之间，与静载变形（变形速度为 $10^{-4}\mathrm{s}^{-1}$）相比，屈服点高出 5～7 倍。因此，热轧时，随轧制速度增加变形抗力有所增加，平均单位压力将增加，故轧制力增加。

（4）外摩擦的影响。轧辊与轧件间的摩擦力越大，轧制时金属流动阻力越大，单位压力越大，需要的轧制力也越大。在表面光滑的轧辊上轧制比在表面粗糙的轧辊上轧制所需要的轧制力小。

（5）轧辊直径的影响。轧辊直径对轧制压力的影响通过两方面起作用。一方面，轧辊直径增大，变形区长度增长，接触面积增大，导致轧制力增大；另一方面，由于变形区长度增大，金属流动摩擦阻力增大，则单位压力增大，所以轧制力也增大。

（6）轧件宽度的影响。轧件越宽对轧制力的影响也越大，接触面积增加，轧制力增大，轧件宽度对单位压力的影响一般是宽度增大，单位压力增大，但当宽度增大到一定程度以后，单位压力不再受轧件宽度的影响。

（7）压下率的影响。压下率越大，轧辊与轧件接触面积越大，轧制力越大；同时随着压下量的增加，平均单位压力也增大，轧制力增大。

（8）前后张力的影响。轧制时对轧件施加前张力或后张力，均使变形抗力降低。若同时施加前后张力，变形抗力将降低更多，前后张力的影响是通过减小轧制时纵向主应力，从而减弱三向应力状态，使变形抗力减小。

任务 8.8 轧制力矩分析及计算

8.8.1 辊系受力分析与轧制力矩

8.8.1.1 简单轧制过程

简单轧制情况下，作用于轧辊上的合力方向，如图 8-47 所示，即轧件给轧辊的合压

力 P 的方向与两轧辊连心线平行，上下辊的力 P 大小相等、方向相反。

（1）转动一个轧辊所需力矩，应为力 P 和它对轧辊轴线力臂的乘积，即

$$M_1 = P \cdot a \qquad (8\text{-}99)$$

或

$$M_1 = P \frac{D}{2} \sin\varphi \qquad (8\text{-}100)$$

式中，a 为力臂；φ 为合压力 P 作用点对应的圆心角；D 为轧辊直径。

（2）转动两个轧辊所需的力矩为

$$M_Z = 2P \cdot a \qquad (8\text{-}101)$$

式中，$a = \dfrac{D}{2}\sin\varphi$。

如果要考虑轧辊轴承中不可避免的摩擦损失时，转动轧辊所需的力矩将会增大。其值为

$$M = 2P(a + \rho) \quad \text{或} \quad M = P(D\sin\varphi + f_1 d) \qquad (8\text{-}102)$$

式中，d 为轧辊辊径直径；f_1 为轧辊轴承中的摩擦系数。

8.8.1.2　单辊驱动的轧制过程

单辊驱动（图 8-48）通常用于叠轧薄板轧机。此外，当二辊驱动轧制时，一个轧辊的传动轴损坏，或者两辊单独驱动，其中一个电机发生故障时都可能产生这种情况。

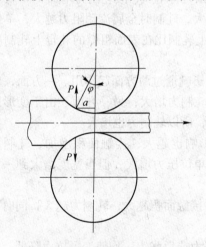

图 8-47　简单轧制条件下受力图

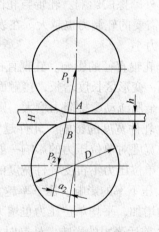

图 8-48　单辊驱动轧制示意图

由于作用在轧件上的力只来自轧辊与轧辊的匀速运动条件，显然轧件给上轧辊的合力 P_1 应与给下轧辊的合力 P_2 相互平衡。这种平衡只有当 P_1 与 P_2 的大小相等、方向相反且在同一直线上的情况下才有可能。

如果只有一个轧辊被驱动，而另一个轧辊仅靠轧件或与轧辊间的摩擦力转动时，则轧件给轧辊的两个合压力彼此相等（$P_1 = P_2 = P$），并且在一条直线上，但直线并非垂直方向。被动辊上的合力方向指向其轴心，主动辊上的合力方向则在通过被动辊中心及金属给轧辊的合压力作用点的直线上。

因此，上轧辊的力臂 $a_1 = 0$，故 $M_1 = 0$。

下轧辊，即主动辊，其转动所需的力矩等于力 P 与力臂 a_2 的乘积，即

$$M_2 = Pa_2 \quad 或 \quad M_2 = P(D + h)\sin\varphi \tag{8-103}$$

8.8.1.3　具有张力作用时的轧制过程

假定：在轧件入口及出口处作用有张力 Q_H、Q_h，如图 8-49 所示，如果前张力 Q_h 大于后张力 Q_H，此时作用于轧件上的所有力为了达到平衡，轧辊对轧件合压力的水平分量之和必须等于两个张力之差，即

$$2P\sin\theta = Q_h - Q_H \tag{8-104}$$

由此可以看出，在轧件上作用有张力轧制时，只有当 $Q_H = Q_h$ 时，轧件给轧辊的合压力 P 才是垂直的，在大多数情况下 $Q_h \neq Q_H$，因而合压力的水平分量不可能为零。当 $Q_h > Q_H$ 时，轧件给轧辊的合压力 P 朝轧制方向偏斜一个 θ 角，如图 8-49（a）所示；当 $Q_h < Q_H$ 时，则合压力 P 向轧制的反方向偏斜一个 θ 角，如图 8-49（b）所示。此时有

$$\theta = \arcsin \frac{Q_h - Q_H}{2P} \tag{8-105}$$

可以看出，此时（即当 $Q_h < Q_H$ 时）转动两个轧辊所需力矩（轧制力矩）为

$$M = 2Pa = PD\sin(\varphi - \theta) \tag{8-106}$$

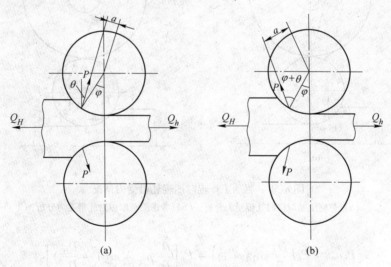

图 8-49　带张力轧制受力示意图

（a）$Q_h > Q_H$ 时轧辊受力图；（b）$Q_h < Q_H$ 时轧辊受力图

8.8.1.4　四辊轧机轧制过程

四辊式轧机辊系受力情况有两种，即由电动机驱动两个工作辊或由电动机驱动两个支承辊。下面仅研究驱动两个工作辊的受力情况。

如图 8-50 所示，工作辊要克服下列力矩才能转动。首先为轧制力矩，它与二辊式情况下完全相同，是以总压力 P 与力臂 a 之乘积确定，即 Pa；其次为使支承辊转动所需施加的力矩，因为支承辊是不驱动的，工作辊给支承辊的合压力 P_0 应与其轴承摩擦圆相切，

以便平衡与同一圆相切的轴承反作用力，如果忽略滚动摩擦，可以认为 P_0 的作用点在两轧辊的连心线上，如图 8-50（a）所示，当考虑滚动摩擦时，如图 8-50（b）所示，力 P_0 的作用点将离开两轧辊的连心线，并向轧件运动方向移动一个滚动摩擦力臂 m 的数值，使支承辊转动的力矩为 P_0a_0，而

$$a_0 = \frac{D_工}{2}\sin\lambda + m$$

式中，$D_工$ 为工作轧辊辊身直径；λ 为力 P_0 与轧辊连心线之间的夹角；m 为滚动摩擦力臂，一般 $m = 0.1 \sim 0.3\,mm$。

$$\sin\lambda = \frac{\rho_支 + m}{\frac{D_支}{2}}$$

式中，$D_支$ 为支承辊辊身直径；$\rho_支$ 为支承辊轴承摩擦圆半径。

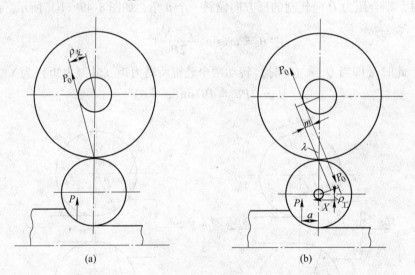

图 8-50　驱动工作辊时四辊轧机受力情况
（a）忽略滚动摩擦时轧辊受力分析；（b）考虑滚动摩擦时轧辊受力分析

所以
$$P_0a_0 = P_0\left(\frac{D_支}{2}\sin\lambda + m\right) = P_0\left[\frac{D_工}{D_支}\rho_支 + m\left(1 + \frac{D_工}{D_支}\right)\right] \tag{8-107}$$

式（8-107）中的第一项相当于支承辊轴承中的摩擦损失，第二项是工作辊沿支承辊滚动的摩擦损失。

另外，消耗在工作辊轴承中的摩擦力矩为工作辊轴承反力与工作辊摩擦圆半径 $\rho_工$ 的乘积。因为工作辊靠在支承辊上，且其轴承具有垂直的导向装置，轴承反力应是水平方向的，以 X 表示。

从工作辊的平衡条件考虑，P、P_0 和 X 三力之间的关系可用力三角形图示确定出来，即

$$P_0 = \frac{P}{\cos\lambda}$$

$$X = P\tan\lambda$$

显然，要使工作辊转动，施加的力矩必须克服上述三方面的力矩，即

$$M = Pa + P_0 a_0 + X\rho_{工} \tag{8-108}$$

8.8.2 轧制时传递到主电机上的各种力矩

8.8.2.1 轧制时的各种力矩组成

（1）轧制力矩 M_z。为克服轧件的变形抗力及轧件与辊面间的摩擦所需的力矩。

（2）附加摩擦力矩 M_f。由两部分所组成：

1）M_{f1} 为在轧制压力作用下，发生于辊颈轴承中的附加摩擦力矩。

2）M_{f2}、M_{f3}……为轧制时由于机械效率的影响，在机列中所损失的力矩。

（3）空转力矩 M_k。轧机空转时间内的摩擦损失。

（4）动力矩 M_d。克服轧辊及机架不均匀转动时的惯性力所需的力矩，对于不带飞轮或轧制时不进行调速的轧机，$M_d = 0$。此时，电动机所输出的力矩为

$$M_{电} = \frac{M_z}{i} + M_f + M_k + M_d \tag{8-109}$$

式中，i 为传动装置的减速比。

8.8.2.2 静力矩 M_j 与轧制效率 η

（1）静力矩 M_j。主电机轴上的轧制力矩、附加摩擦力矩与空转力矩三项之和称为静力矩 M_j。M_k 与 M_f 为已归并到主机轴上的力矩。M_z 则为轧辊轴线上的力矩，若换算到电机轴上，需除以减速比 i，即

$$M_j = \frac{M_z}{i} + M_f + M_k \tag{8-110}$$

（2）轧制效率 η。轧制力矩直接用于使金属产生塑性变形，可认为是有用的力矩，而附加摩擦力矩和空转力矩均为伴随轧制过程发生的不可避免的损失。轧制力矩（换算到主电机轴上的）与静力矩之比，称为轧制效率，即

$$\eta = \frac{\dfrac{M_z}{i}}{\dfrac{M_z}{i} + M_f + M_k} \tag{8-111}$$

通常约为 0.5 ~ 0.95。

8.8.3 轧制时各种力矩的计算

8.8.3.1 轧制力矩的计算

A 按金属对轧辊的作用力计算轧制力矩

简单轧制条件下，轧辊轴线上的轧制力矩应为

$$M_z = 2Pa \quad 或 \quad M_z = PD\sin\varphi \tag{8-112}$$

式中，a 为轧制力 P 与轧辊中心连线 O_1O_2 间距离，即轧制力臂；φ 为轧制压力作用点与连线 O_1O_2 所夹的圆心角。

如换算到主电机轴上，则需除以减速比 i。

上述圆心角 φ 与咬入角 α 的比值，称为轧制力作用位置系数 ψ，为简化轧制力臂的计算，通常近似认为

$$\psi = \frac{\varphi}{\alpha} \approx \frac{a}{l}$$

故　　　　　　　　　　$$a = \psi \cdot l = \psi \sqrt{R\Delta h} \qquad\qquad (8\text{-}113)$$

将式（8-113）带入式（8-112）可得

$$M_z = 2P\psi\sqrt{R\Delta h} \quad\text{或}\quad M_z = 2\psi\bar{p}\cdot\bar{b}\cdot R\Delta h \qquad (8\text{-}114)$$

其中，轧制作用位置系数 ψ 根据实际轧制情况可查表 8-10 和表 8-11。

表 8-10　热轧时轧制条件与位置系数 ψ 的关系

轧制条件	位置系数 ψ
热轧厚度较大时	0.5
热轧薄板	0.42 ~ 0.45
热轧方断面	0.5
热轧圆断面	0.6
在闭口孔型中轧制	0.7
在连续式板带轧机的第一架轧机上	0.48
在连续式板带轧机的最后一架轧机上	0.39

表 8-11　冷轧时轧制条件与位置系数 ψ 的关系

轧件材质	厚度 H/mm	轧辊表面状态	位置系数 ψ
碳钢 $w(C)=0.2\%$	2.54	磨光表面	0.40
		普通光表面	0.32
		普通光表面无润滑	0.33
碳钢 $w(C)=0.11\%$	1.88	磨光表面	0.36
碳钢 $w(C)=0.07\%$	1.65	磨光表面	0.35
高强度钢	2.54	磨光表面	0.40
	1.27	普通光表面	0.32

B　按能耗曲线确定轧制力矩

根据实测数据，按轧材在各轧制道次后得到的总延伸系数和 1t 轧件由该道次轧出后累积消耗的轧制能量所建立的曲线，称为能耗曲线。

轧制所消耗的功 $A(kW\cdot s)$ 与轧制力矩 M 之间的关系为

$$M = \frac{A}{\theta} = \frac{A}{\omega t} = \frac{AR}{vt} \qquad\qquad (8\text{-}115)$$

$$\theta = \omega t = \frac{v}{R}t \qquad\qquad (8\text{-}116)$$

式中，θ 为轧件通过轧辊期间轧辊的转角；ω 为角速度；t 为时间；R 为轧辊半径；v 为轧辊圆周速度。

利用能耗曲线确定轧制力矩，其单位能耗曲线对于型钢和钢坯等轧制时一般表示为每吨产品的能耗与累积延伸系数的关系，如图 8-51 所示。而对于板带材轧制一般表示为每吨产品的能量消耗与板带厚度的关系，如图 8-52 所示。第 $n+1$ 道次的单位能耗为（$a_{n+1} - a_n$），如轧件重量为 G，则该道次之总能耗（单位为 $kW \cdot h/t$）为

$$A = (a_{n+1} - a_n)G \tag{8-117}$$

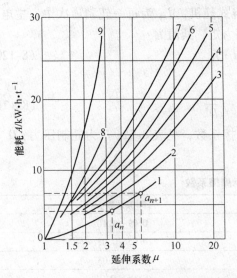

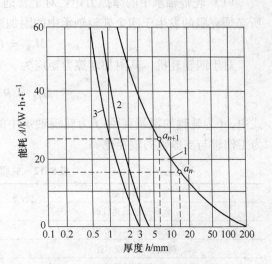

图 8-51　开坯、型钢和钢管轧机的典型能耗曲线

1—1150 板坯机；2—1150 初轧机；3—250 线材连轧机；

4—350 布棋式中轧机；5—700/500 钢坯连轧机；

6—750 轨梁轧机；7—500 大型轧机；

8—250 自动轧管机；9—250 穿孔机

图 8-52　板带钢轧机的典型能耗曲线

1—1700 连轧机；2—三机架冷连轧低碳钢；

3—五机架冷连轧铁皮

因为轧制时的能量消耗一般是按电机负荷测量的，故按上述曲线确定的能耗包括轧辊轴承及传动机构中的附加摩擦损耗。但除去了轧机的空转损耗，并且不包括与动力矩相对应的动负荷的能耗。因此，按能量消耗确定的力矩是轧制力矩 M_z 和附加摩擦力矩 M_f 的总和（单位为 $MN \cdot m$）。故

$$\frac{M_z}{i} + M_f = 1.8(a_{n+1} - a_n)(1 + S_h)G \cdot \frac{D}{L_1} \tag{8-118}$$

如果用轧件断面面积和密度来表示 G/L_1，且取钢的密度 $\gamma = 7.8 t/m^3$，在忽略前滑 S_h 的影响时，式（8-118）可改写为

$$\frac{M_z}{i} + M_f = 1.323(a_{n+1} - a_n)F_n \cdot D \tag{8-119}$$

式中，F_n 为该道次轧后的轧件断面积，m^2。

需要注意的是，能耗曲线是在一定轧机、一定温度和一定速度条件下，对一定规格的产品和钢种测得的。因此，在实际计算时，必须根据具体的轧制条件选取合适的曲线。

8.8.3.2　附加摩擦力矩的计算

当主机列仅有一架轧机时，每一道轧制过程中的各种附加摩擦力矩，按设备顺序将由以下五部分组成：发生于辊颈轴承中的附加摩擦力矩 M_{f1}；发生于主联接轴中的附加摩擦力矩 M_{f2}；发生于齿轮机座中的附加摩擦力矩 M_{f3}；发生于减速箱中的附加摩擦力矩 M_{f4}；发生于主电机联接器中的附加摩擦力矩 M_{f5}。

各种附加摩擦力矩的计算方法如下。

（1）轧辊轴承中的摩擦力矩。对于普通二辊式轧机，M_{f1} 为每一轧制道次中，主电机所必须克服的发生于四个轧辊轴承中的附加摩擦力矩。其值为

$$M_{f1} = P \cdot d \cdot f_1 \tag{8-120}$$

对于四辊轧机，其附加摩擦力矩应为

$$M_{f1} = P \cdot d \cdot f \frac{D}{D'} \tag{8-121}$$

式中，d 为轧辊的辊颈直径；f 为轧辊轴承中的摩擦系数，见表 8-12；P 为轧制压力；D/D' 为工作辊与支撑辊的辊径比。

表 8-12　轧辊轴承摩擦系数

轴承类型	摩擦系数 f
金属瓦轴承热轧时	0.07 ~ 0.10
金属瓦轴承冷轧时	0.05 ~ 0.07
树脂轴瓦（胶木瓦）	0.01 ~ 0.03
滚动轴承	0.005 ~ 0.01
液体摩擦轴承	0.003 ~ 0.005

（2）传动机构中的摩擦力矩。$M_{f2} + M_{f3} + M_{f4}$ 为传动系统中所损失的总附加摩擦力矩（忽略 M_{f5} 不计），可根据传动效率来确定。当已知传递到辊颈上的扭矩（M_z 和 M_{f1}）和各有关设备的传动效率时，主电机轴上所付出的全部扭矩与辊颈所需克服的扭矩间关系为

$$M_z + M_{f1} + M_{f2} + M_{f3} + M_{f4} = \frac{M_z + M_{f1}}{i} \times \frac{1}{\eta_2 \eta_3 \eta_4} \tag{8-122}$$

故传动系统中所损失的力矩为

$$M_{f2} + M_{f3} + M_{f4} = \frac{M_z + M_{f1}}{i}\left(\frac{1}{\eta_2 \eta_3 \eta_4} - 1\right) \tag{8-123}$$

式中，η_2、η_3、η_4 分别为联接轴、齿轮机座及减速机的传动效率，其值的确定见表 8-13。

表 8-13　各种装置的传动效率

装　　置		η_2	η_3	η_4
连接轴	梅花接轴	0.96 ~ 0.98（倾角 ≤ 3°）		
	万向接轴	0.94 ~ 0.95（倾角 ≤ 3°）		
齿轮机座	滑动齿轮（巴氏合金）连续铸轴		0.92 ~ 0.94	
减速装置	多级齿轮减速			0.92 ~ 0.94
	单级齿轮减速			0.95 ~ 0.98
	皮带减速			0.80 ~ 0.90

（3）主电机轴上的总附加摩擦力矩。电机轴上的总附加摩擦力矩为

$$M_f = \frac{M_{f1}}{i} + \frac{M_z + M_{f1}}{i}\left(\frac{1}{\eta'} - 1\right) = \frac{M_{f1}}{\eta' i} + \frac{M_z}{i}\left(\frac{1}{\eta'} - 1\right) \tag{8-124}$$

式中，η' 为传动效率。

对于有支撑辊的四辊轧机，其附加摩擦力矩为

$$M_f = \frac{M_{f1}}{i\eta'} \times \frac{D}{D'} + \frac{M_z}{i}\left(\frac{1}{\eta'} - 1\right) \tag{8-125}$$

8.8.3.3　空转力矩的计算

机列中各回转部件轴承内的摩擦损失，换算到主电机轴上的全部空转力矩为

$$M_k = \sum \frac{G_n f_n d_n}{2 i_n \eta'_n} \tag{8-126}$$

式中，G_n 为机列中某轴承所支承的重量；f_n 为该轴承中的摩擦系数；d_n 为该轴颈的直径；i_n 为与主电机间的减速比；η'_n 为电机到所计算部件间的传动效率。

这种计算是非常复杂而无助于轧制力的计算，通常采用经验数据。根据实际资料统计，空转力矩约为电机额定力矩的 3%~6%，或为轧制力矩的 6%~10%。

8.8.3.4　动力矩的计算

动力矩只发生在某些轧辊不匀速转动的轧机上，如在每个轧制道次中进行调速的可逆轧机。动力矩的大小可按下式确定（单位为 N·m）：

$$M_d = J \frac{d\omega}{dt} \tag{8-127}$$

式中，$\dfrac{d\omega}{dt}$ 为角加速度，r/s^2；J 为惯性力矩，通常用回转力矩 GD^2 表示，$J = mR^2 = GD^2/4g$。

于是，动力矩可以表示为

$$M_d = \frac{GD^2}{4g} \cdot \frac{2\pi}{60} \cdot \frac{dn}{dt} = \frac{GD^2}{374} \cdot \frac{dn}{dt} \tag{8-128}$$

式中，D 为回转体直径；G 为回转体重量；g 为重力加速度；n 为回转体转速。

应该指出，式（8-128）中的回转体力矩 GD^2，应为所有回转体零件的力矩之和。

8.8.4　主电机容量校核

8.8.4.1　轧制图表与静力矩图

为了校核或选择主电机的容量，必须绘制出表示主电机负荷随时间变化的静力矩图，而绘制静力矩图时，往往要借助于表示轧机工作状态的轧制图表。

图 8-53 所示的上半部分为一列两架轧机经第一架轧 3 道、第二架轧 2 道、并且无交叉过钢的轧制图表。图示中的 $t_1 \sim t_5$ 为道次的轧制时间，可通过计算确定，为轧件轧后的长度 l 与平均轧制速度 v 的比值；$t'_1 \sim t'_5$ 为各道次轧后的间隙时间，其中 t'_3 为轧件横移时间，t'_5 为前后两轧件的间隔时间。对各种间隙时间，可以进行实测或近似计算。

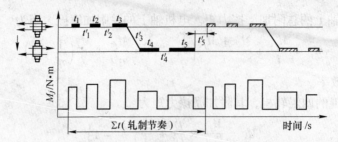

图 8-53　单根过钢时的轧制图表与静力矩图（横列式轧机）

图 8-53 的下半部分为轧制过程主电机负荷随时间变化的静力矩图。根据轧机的布置、传动方式和轧制方法的不同，其轧制图表的形式是有差异的，但绘制静力矩图的叠加原则不变。

8.8.4.2　主电机容量的核算

当主电机的传动负荷确定后，就能对电动机的功率进行计算和核算，核算的目的在于：（1）由负荷图计算出等效力矩不能超过电动机的额定力矩；（2）负荷图中的最大力矩不能超过电动机的允许过载负荷和持续时间；（3）对新设计的轧机，要根据等效力矩和所要求的电动机转速来选择电动机。

（1）等效力矩计算及电动机校核。轧机工作时电动机的负荷是间断式的不均匀负荷，而电动机的额定力矩是指电动机在此负荷下长期工作，其温升在允许的范围内的力矩。为此必须计算出负荷图中的等效力矩，其值按下式计算：

$$M_K = \sqrt{\frac{\sum M_i^2 t_i + \sum M_i'^2 t_i'}{\sum t_i + \sum t_i'}} \qquad (8\text{-}129)$$

式中，M_K 为等效力矩；$\sum t_i$ 为轧制时间内各段纯轧时间的总和；$\sum t_i'$ 为轧制周期内各段间歇时间的总和；M_i 为各段轧制时间所对应的力矩；M_i' 为各段间歇时间对应的力矩。

1）发热校核。为了保证电机在正常的运转条件下不发热，要满足

$$M_K \leq M_H \qquad (8\text{-}130)$$

2）过载校核。这种校核通常是以轧制时，电机轴上所承受的最大传动负荷 $M_{\max}$ 与电机的额定力矩 M_H 的比值关系来反映的，不同的轧制条件与主电机，其比值是不同的。这种比值，一般称为电机的过载系数，用 K 表示，对于直流电动机 $K = 2.0 \sim 2.5$；交流同步电动机 $K = 2.5 \sim 3.0$；电动机达到允许最大力矩时，其允许持续时间在 15s 以内，否则电动机温升将超过允许范围。

（2）电动机功率计算。对于新设计的轧机，需要根据等效力矩计算电动机的功率，即

$$N = \frac{1.03 M_K n}{\eta} \qquad (8\text{-}131)$$

式中，n 为电动机转速；η 为由电动机到轧机的传动效率。

超过电动机基本转速时，应对超过基本转速部分对应的力矩加以修正，即乘以修正系数。

如果此时力矩图形为梯形，则等效力矩为

$$M_K = \sqrt{\frac{M_1^2 + M_1 M + M^2}{3}} \qquad (8\text{-}132)$$

其中
$$M = M_1 \frac{n}{n_H} \qquad (8\text{-}133)$$

式中，M_1 为转速未超过基本转速时的力矩；M 为转速超过基本转速时乘以修正系数后的力矩；n 为超过基本转速时的转速；n_H 为电动机的基本转速。

校核电动机的过载条件为

$$\frac{n}{n_H} M_{max} \leqslant K M_H \qquad (8\text{-}134)$$

任务 8.9　轧制时的弹塑性曲线分析

8.9.1　轧制时的弹性曲线

轧机在轧制过程中，由于轧制力的作用轧机整个机座产生弹性变形，轧件产生塑性变形。这两种变形是轧制过程中相互影响的一对矛盾，它们的相互关系，可以用轧制时的弹塑性曲线来表示。研究弹塑性曲线在轧机自动控制、轧机结构设计等方面都有实际意义。

在轧制过程中，轧辊对轧件施加的压力使轧件产生了塑性变形，使轧件从入口厚度 H 压缩至出口厚度 h。同时，轧件也给轧辊大小相同、方向相反的反作用力，这个反作用力传到工作机座中的轧辊、轧辊轴承、轴承座、压下装置、机架等各个零件上，使各零件产生了一定的弹性变形。这些零件的弹性变形积累后都反映在轧辊的辊缝上，使轧辊的辊缝值增大，轧机在轧制过程中的情况如图 8-54 所示。这种现象称为弹跳或辊跳，其大小称为轧机的弹跳值。

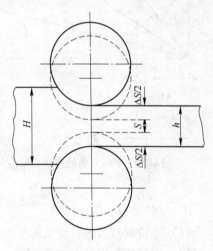

8.9.1.1　轧件实际出口厚度

实际出口厚度 h 的计算公式为
$$h = S_0 + \Delta S \qquad (8\text{-}135)$$

图 8-54　轧制时轧机产生的弹性变形

式中，ΔS 为机座弹性变形值，它符合胡克定律，故

$$\Delta S = \frac{P}{K} \qquad (8\text{-}136)$$

式中，P 为轧制压力；K 为轧机刚性系数。

轧机的刚度表示轧机工作机座抵抗弹性变形的能力，通常用刚度系数 K 来表示。刚度系数 K 是指机座产生单位弹性变形值时的压力（$K = P/\Delta S$）。不同的 K 值，产生 ΔS 值的大小是不相同的。K 值越大，说明轧机的刚性越好，反映到辊缝中的弹跳值就越小。

8.9.1.2　弹性曲线的绘制

A　绘制方法

如图 8-55 所示为在相同的 P_1 条件下，所产生的 $\Delta S_1 < \Delta S_2 < \Delta S_3$，它说明了 $K_1 >$

$K_2 > K_3$。图 8-55 中的 K 值曲线是理想状态下得出的，在实际轧制条件下的曲线是有偏差的。这个偏差主要表现在弹性曲线的开始阶段，它不是理想的直线，而是一小段曲线，如图 8-56 所示。实际弹性曲线的开始阶段不是直线段的原因，是由于机座各部件之间在加工及装配过程中产生了一定的间隙。因此，在机座受力的开始阶段，将是各部件因公差所产生的间隙随压力的增加而消失的过程；也有可能是因为换辊，使辊径发生变化；部分零部件的公差等，也都会引起实际曲线的开始段不是直线。

在轧制时，如把原始辊缝考虑进去，那么曲线将不是由零开始，如图 8-56 中的虚线所示。为此可以知道在一定辊缝和一定负荷下所轧出的轧件厚度，即

$$h = S_实 + \Delta S_实 \tag{8-137}$$

或

$$h = S_理 + \Delta S_理 \tag{8-138}$$

由此可以看出，在 A 点（P_1 轧制力）轧制时，不论是理论弹性曲线，还是实际弹性曲线，轧件轧出的厚度 h 是相同的。但组成厚度 h 的辊缝 S 值和弹跳值 ΔS 是不相同的。实际辊缝值 $S_实$ 比理论辊缝值 $S_理$ 小。

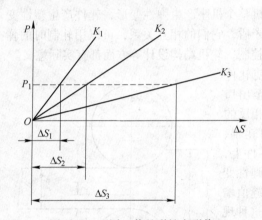

图 8-55　不同 K 值的弹性变形值

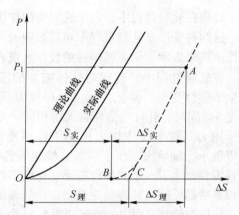

图 8-56　机座的弹性曲线及轧件
尺寸在弹性曲线上的表示

B　零位调整

（1）零位调整目的：在实际生产中，为了消除非线性段的影响。

（2）零位调整方法：在轧制前，先将轧辊预压靠到一定压力（或按压下电机电流作标准），然后将此时的轧辊辊缝仪读数设定为零（即清零）。

注意：预压靠时轧辊间没有轧件，使轧辊一面空转一面使压下螺丝压下使工作辊压靠。当压靠后使压下螺丝继续压下，轧机便产生弹性变形。由轧辊压靠开始点到轧制力为 P_0 时的压下螺丝行程，即为此压力 P_0 作用下的轧机弹性变形，根据所测数据可绘出图 8-57 中的弹性曲线。

在图 8-57 中，$ok'l'$ 为预压靠曲线，在 o 处轧辊开始接触受力变形，当压靠力为 P_0 时，辊缝 of' 是一个负值。今以 f' 点作为人工零位，当压靠力由 P_0 减为零时，实际辊缝为零，而辊缝仪读数为 $f'o = S$。然后继续抬辊，当抬到 g 点位置时，辊缝仪读数为 $f'g = S_0' = S + S_0$。由于曲线 gkl 和 $ok'l'$ 完全对称，因此 $of' = gF = S$，所以 oF 段就是轧制力为 P_0 时人工零位法的轧辊辊缝仪读数 S_0'。当轧制压力为 P 时，轧出的轧件厚度为

$$h = S_0' + \frac{P - P_0}{K} \qquad\qquad (8\text{-}139)$$

式中，S_0' 为人工零位辊缝仪显示的辊缝值；P_0 为清零时轧辊预压靠的压力。

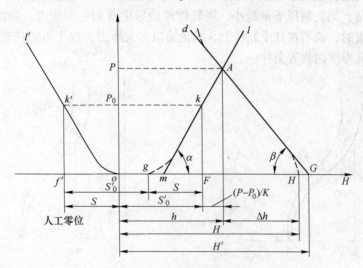

图 8-57　人工零位法的弹性曲线

由于轧机零部件间存在的间隙和接触不均匀是一个不稳定因素，弹性曲线的非线性部分是经常变化的，每次换辊后都有不同，因此辊缝的实际零位很难确定，式（8-137）、式（8-138）在实际生产中很难应用。但用人工零位法可以消除非线性段的不稳定性，式（8-139）即为人工零位法的弹跳方程，使弹跳方程便于实际应用。

8.9.2　轧件的塑性曲线

8.9.2.1　轧件塑性曲线的概念

在金属轧制过程中，用来表示轧制力与轧件厚度关系变化的图示称为塑性曲线。影响轧制压力的因素十分复杂，用公式很难表示，但如果用图形来表示，则可以表现得清晰一些，如图 8-58 所示。

图 8-57 中，纵坐标表示轧制压力，横坐标表示轧件厚度。

图 8-58　轧件的塑性曲线

8.9.2.2　影响塑性曲线的因素

（1）金属变形抗力的影响。如图 8-59 所示，当轧制的金属变形抗力较大时，则塑性曲线较陡（由 1 变为 2）。在同样轧制压力下，所轧成的轧件厚度要厚一些（$h_2 > h_1$）。

（2）摩擦系数的影响。如图 8-60 所示，摩擦系数越大（由 $f_1 \rightarrow f_2$），轧制时变形区的三向压应力状态越强烈，轧制压力越大，曲线越陡，在同样轧制压力下，轧出的厚度越厚（$h_2 > h_1$）。

（3）张力的影响。如图 8-61 所示，张力越大（$q_2 \rightarrow q_1$），变形区三向压应力状态越弱,甚至使一向压应力改变符号变成拉应力,从而减小轧制压力,曲线斜率变小,使轧出厚度减薄($h_1 < h_2$)。

(4)轧件原始厚度的影响。如图 8-62 所示,同样负荷下,轧件越厚,则轧制压下量越大;轧件越薄,则轧制压下量越小。当轧件原始厚度薄到一定程度,曲线将变得很陡,当曲线变为垂直时,说明在这个轧机上,无论施以多大压力,也不可能使轧件变薄,也就是达到最小可轧厚度的临界条件。

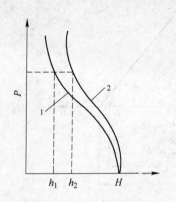

图 8-59　变形抗力的影响

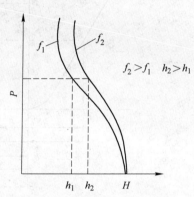

图 8-60　摩擦系数的影响

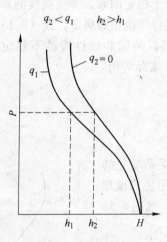

图 8-61　张力的影响

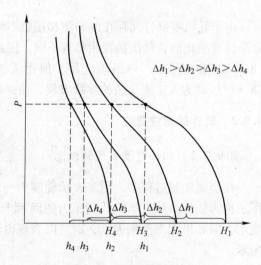

图 8-62　轧件厚度的影响

8.9.3　轧制时的弹塑性曲线

8.9.3.1　弹塑性曲线的概念

把塑性曲线与弹性曲线画在同一个图上,这样的曲线图称为轧制时的弹塑性曲线,如图 8-63 所示。

8.9.3.2　弹塑性曲线在生产中的应用

图 8-64 所示为已知轧机轧制带材时的弹塑性曲线,实线所示在一定负荷 P 下将厚度

为 H 的轧件轧制成 h 的厚度，如果由于某种原因，摩擦系数增加，原来的塑性曲线将变为虚线所示。如果辊缝未变，由于压力的改变将出现新的工作点，此时负荷增高为 P'，而轧出的厚度由 h 变为 h'，因而摩擦的增加使压力增加而压下量减小，如果仍希望得到规定的厚度 h，就应当调整压下，使弹性曲线平行左移至虚线处，与塑性曲线交于新的工作点，此时厚度为 h，但压力将增至 P''。

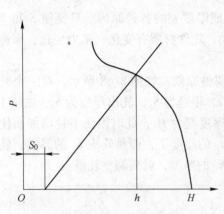

图 8-63　轧制时的弹塑变形曲线

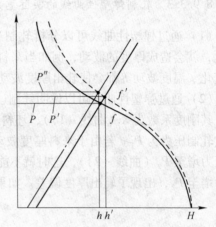

图 8-64　摩擦系数的影响

图 8-65 所示为冷轧时的弹塑性曲线，实线所示为在一定张应力 q_1 的情况下轧制工作情况，此时轧制压力为 P，轧出厚度 h，假如张力突然增加，达到 q_2，塑性曲线将变为虚线所示，在新的工作点轧制压力降低至 P'，而出口厚度减薄至 h'，此时辊缝并未改变，说明了张力的影响，如欲使轧出厚度仍保持 h，就需要调整压下使辊缝稍许增加，即弹性曲线右移至虚线，达到新的工作点以维持 h 不变，但由于张力的作用，轧制压力降低至 P''。

图 8-66 所示为轧件材料性质的变化在弹塑性曲线上的反映。正常情况下，在已知辊缝 S 的条件下轧出厚度为 h，工作点为 A。若由于退火不均，一段带材的加工硬化未完全消除，此时变形抗力增加，这种情况下轧制压力将由 P 增至 P'，轧出厚度由 h 增至 h'，工作点由 A 变为 B。欲保持轧出厚度 h 不变，就需进一步压下，使辊缝减小，但轧制压力将进一步增大至 P''，此时，工作点由 B 变为 C。

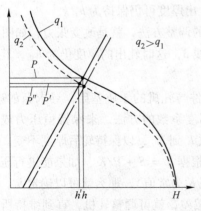

图 8-65　张力的影响

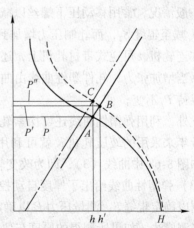

图 8-66　材料性质的影响

所轧坯料厚度变化时，在弹塑性曲线上的反映如图 8-67 所示。如果来料厚度增加，此时由于压下量增加而使压力 P 增加，结果轧机弹性变形增加，因而不能达到原来的轧出厚度 h，而为 h'，这时应调整压下，使辊缝减小至虚线，才能保持轧出厚度 h 不变，但压力将增大至 P''。

8.9.3.3　轧制弹塑性曲线的实际意义

（1）通过弹塑性曲线可以分析轧制过程中造成厚度差的各种原因。只要使 S 和 P/K 变化，就会造成厚度的波动，例如当来料厚度波动、轧件材质有变化、张力变化、摩擦条件变化、温度波动等都会使轧出厚度波动。

（2）通过弹塑性曲线可以说明轧制过程中的调整原则。如图 8-68 所示，在一个轧机上，其刚度系数为 K（曲线（1）），坯料厚度为 H_1，辊缝为 S_1，轧出厚度为 h_1（曲线 1），此时轧制压力为 P_1。若由于来料厚度波动，轧前厚度变为 H_2，此时因压下量增加而使轧制压力增至 P_2（曲线（2）），这时就不能再轧到 h_1 的厚度了，而是轧成 h_2 的厚度，轧制压力增至 P_2，出现了轧出厚度偏差。如果想轧成 h_1 的厚度，就需调整轧机。

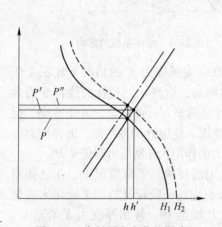

图 8-67　来料厚度变化的影响

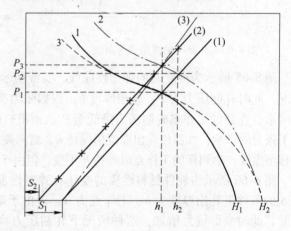

图 8-68　轧机调整原则示意图

一般情况，常用移动压下螺丝以减小辊缝的办法来消除厚度差，即如曲线（2）所示，辊缝 S_1 减至辊缝 S_2，而轧制压力增加到 P_3，此时轧出厚度可仍保持为 h_1。

在连轧机及可逆式带材轧机上，还有一种常用的调整方法，就是改变张力，如图 8-68 所示，当增加张力，轧件塑性曲线由曲线 2 变成曲线 3，这时轧出的厚度仍为 h_1，轧制压力也保持 P_1 不变。

此外，利用弹塑性曲线还可探索轧制过程中轧件与轧机的矛盾基础，寻求新的途径，例如近年来采用的液压轧机，就可利用改变轧机刚度系数的方法，来保持恒压力或恒辊缝。如图 8-68 中曲线（3），即为改变轧机刚度系数 K 到 K'，以保持轧后厚度不变。

（3）弹塑性曲线给出了厚度自动控制的基础。根据 $h = S + P/K$，如果能进行压下位置检测以确定辊缝 S，测量压力 P 以确定 P/K（可视 K 为常值），那么就可以确定 h。这就是间接测厚法，如果所测得的厚度与要求给定值有偏差，就可调整轧机，直到维持所要求的厚度值为止。

 **复习思考题**

8-1 判断题

(1) 咬入角是轧制时轧件与轧辊表面接触弧线所对应的圆心角。（　　）

(2) 轧制时轧件与轧辊接触的弧线长度称为变形区长度。（　　）

(3) 其他条件不变，轧件宽度增大，宽展减小。（　　）

(4) 压下率即为压下量除以轧前高度的百分数。（　　）

(5) 轧制时轧件高度减少，被压下的金属除在长度方向上延伸外，还有一部分金属沿横向流动，使轧件的宽度发生变化，这种横向变形称为宽展。（　　）

(6) 在其他条件不变的情况下，随着轧辊直径的增加，宽展量相应加大。（　　）

(7) 轧件出口速度大于轧辊在该处的线速度称为后滑。（　　）

(8) 控制轧制能省去热处理工序，从而能降低成本。（　　）

(9) 冷轧带钢采用张力轧制增加了单位压力和轧制的稳定性。（　　）

(10) 要使轧件能顺利地被轧辊咬入，其摩擦角必须小于咬入角。（　　）

(11) 热轧的终轧温度过高会造成钢的实际晶粒增大，从而降低钢的力学性能。（　　）

(12) 活套量的形成是由于钢在两相邻机架的轧制中金属秒流量差的积累的结果。（　　）

(13) 板带轧制时出现了边浪，此时操作工增加轧辊中间凸度，边浪消除了。（　　）

(14) 对同一钢种而言，冷轧时的变形抗力比热轧时要大。（　　）

(15) 辊跳值的大小与轧机性能、轧制温度及轧制的钢种有关。（　　）

(16) 在其他条件不变的条件下，轧辊辊径越小，越容易使钢咬入。（　　）

(17) 冷轧时，带钢的前后张力将使单位压力降低，而后张力的影响更加明显。（　　）

(18) 金属抵抗弹性变形的能力称为刚性。（　　）

(19) 板形是板带平直度的简称。（　　）

(20) 连轧生产中，机架间的金属秒流量绝对相等。（　　）

(21) 在连轧过程中，当前道次的金属秒流量大时，容易造成堆钢。（　　）

(22) 成材率是反映轧钢生产过程中金属收得情况的重要指标。（　　）

(23) 随着轧制温度的降低，允许的机架间张力也减小。（　　）

(24) 对钢板冲击性能影响最大的元素是碳。（　　）

(25) 其他条件不变，轧件宽度增大，宽展减小。（　　）

(26) 轧制时，轧件沿宽度方向的变形，即横向尺寸的变化称为宽展率。（　　）

(27) 压下量大，则轧件变形程度就大。（　　）

(28) 轧辊转速越快越容易咬入轧件。（　　）

(29) 从数据和实验中都获得共识：轧机的弹跳值越大，轧机抵抗弹性变形的能力越强。（　　）

(30) 在轧制生产过程中，轧辊与轧件单位接触面积上的作用力，称为轧制力。（　　）

(31) 轧制压力只能通过直接测量的方法获得。（　　）

(32) 轧制压力是轧钢机械设备和电气设备设计的原始依据。（　　）

(33) 轧机的弹塑性曲线是轧机的弹性曲线与轧件的塑性变形曲线的总称。（　　）

(34) 轧制压力就是在变形时，轧件作用于轧辊上的力。（　　）

(35) 轧件宽度对轧制力的影响是轧件宽度越宽，轧制力越大。（　　）

(36) 低速咬入，小压下量轧制，可避免在轧制过程中轧件打滑。（　　）

(37) 单位面积上的这种内力称为平均轧制力。(　　)

(38) 在轧制过程中,单位压力在变形区的分布是不均匀的。(　　)

(39) 摩擦系数 f 越大,在压下率相同的条件下,其前滑越小。(　　)

(40) 实践表明在带张力轧制时,其他条件不变,张力越大,轧制压力越小。(　　)

8-2　选择题

(1) 带钢轧制出现边浪的根本原因是 (　　)。

　　A. 压下率小　　　　　B. 中部压下率大　　　C. 边部压下量大　　　D. 边部压下量小

(2) 冷拔钢材之所以具有高强度,是因为 (　　) 的原因。

　　A. 加工硬化　　　　　B. 退火　　　　　　　C. 正火

(3) 为了降低热轧时的轧制压力,应采用 (　　) 的方法。

　　A. 轧制时增大前、后张力　　　　　　　　B. 增大轧辊直径

　　C. 增大压下量　　　　　　　　　　　　　D. 增大轧制速度

(4) 随着轧辊直径的增大,咬入角 (　　)。

　　A. 增大　　　　　　　B. 减小　　　　　　　C. 不变

(5) 在前滑区任意截面上,金属质点水平速度 (　　) 轧辊水平速度。

　　A. 大于　　　　　　　B. 小于　　　　　　　C. 等于

(6) 在辊径一定时,降低 (　　),增加摩擦系数,便于顺利咬入。

　　A. 轧制压力　　　　　B. 轧制速度　　　　　C. 轧制温度

(7) 热轧时,终轧温度过高,会造成 (　　),从而降低了钢的力学性能。

　　A. 使用大量的冷却水　B. 晶粒长大　　　　　C. 晶粒变小

(8) 轧制中厚板时,最初几道 (　　) 是限制压下量的主要因素。

　　A. 咬入　　　　　　　B. 主电机最大许用力矩　　　　　　C. 轧辊强度

(9) 其他条件不变,随产品厚度增加,单位压力 (　　)。

　　A. 增大　　　　　　　B. 不变　　　　　　　C. 变小

(10) 轧制时的变形速度就是 (　　)。

　　A. 轧制速度　　　　　　　　　　　　　　　B. 工作辊径的线速度

　　C. 单位时间内的单位移位体积

(11) 轧件进入轧机前后的宽度分别为 B 及 b,则 $(b-B)$ 表示 (　　)。

　　A. 压下量　　　　　　　B. 宽展量　　　　　　C. 延伸量

(12) 如果用 H、h 分别表示轧制前、后轧件的厚度,那么 $H-h$ 则表示是 (　　)。

　　A. 绝对压下量　　　　　B. 相对压下量　　　　C. 压下率

(13) 钢进行压力加工时,加热的主要目的是 (　　)。

　　A. 提高塑性,降低硬度　　　　　　　　　　B. 提高塑性,降低变形抗力

　　C. 消除铸锭中的铸造缺陷

8-3　填空题

(1) 轧件的宽展分为自由宽展、限制宽展和_____。

(2) 轧制过程是靠旋转的轧辊与轧件之间形成的_____将轧件拖进辊缝。

(3) 连轧生产过程中,通过各机架金属量的基本原则为_____。

(4) 轧制过程中,轧制速度越高,咬入越_____。

(5) 轧制生产过程中,开始轧制第一根钢到开始轧制第二根钢的这段时间称_____。

(6) 在轧制过程中,由于轧机的各部件受轧制力作用而产生弹性变形,导致辊缝增大的现象

称_____。

(7) 维持连轧的条件是在单位时间内通过每架轧机的_____等于一个常数。

(8) 在轧制过程中，降低了轧制速度，可提高_____咬入能力。

(9) 轧制时，轧辊咬入钢件的条件是咬入角_____摩擦角。

(10) 带钢内的残余应力会产生板形上的缺陷，如果在带钢中间存在着压应力则在板形上反映出是_____。

(11) 冷轧板带钢生产过程中，中间一道工序是退火，其目的是消除_____。

(12) 通常所讲轧制速度是指轧辊的圆周速度，它是由_____和轧辊的平均工作直径决定的。

(13) _____是轧机整个机组每轧制一根钢所需的时间。

(14) 计算轧制压力可归结为计算平均单位压力和_____这两个基本问题。

(15) 轧件的宽展量与变形区的宽度成_____。

(16) 在轧制过程中，轧件打滑的实质是轧件的出口速度小于轧辊的水平分速度，这时整个变形区无_____区。

(17) 在变形区内，在_____处，轧件与轧辊的水平速度相等。

(18) 当 Δh 为常数时，前滑随压下率的增加而显著_____。

(19) 在生产中，当轧辊直径一定时，减小压下量则咬入角_____，咬入就容易。

(29) 连轧生产中要求钢的秒流量相等，其理论根据是_____定律。

(21) 钢在轧制过程中的变形一般分为纵向延伸、横向宽展和_____三部分。

(22) 轧制过程是靠旋转的轧辊与轧件之间形成的_____将轧件拖进轧辊的辊缝的。

(23) 保证连轧正常进行的条件是每架轧机上的金属_____。

8-4 简答题

(1) 为什么宽轧件比窄轧件的宽展小？

(2) 轧辊与轧件的摩擦系数大小对咬入有何影响？用什么方法可改变摩擦系数从而改善咬入？

(3) 怎样改善轧制时的咬入条件？

(4) 影响咬入的因素有哪些？

(5) 试简要比较咬入阶段与稳定轧制阶段咬入条件的差异。

(6) 在实际轧制生产中，对轧制咬入困难的钢材，往往采用"撞车"冲撞轧件尾部的办法来使之咬入，试分析其原因。

(7) 摩擦系数和变形区几何参数对宽展的组成有何影响？

(8) 简述变形区长宽尺寸对宽展的影响规律。

(9) 简述轧辊形状对宽展的影响规律。

(10) 简述影响前滑的主要因素及其影响规律。

(11) 在轧制过程中，轧辊直径和轧制温度如何影响轧件的咬入、前滑、宽展及轧制压力。

(12) 什么是秒流量？轧制矩形断面轧件时秒流量的表达方法是什么？

(13) 平均单位压力的确定方法有哪些？各有何优缺点？

(14) 什么叫应力状态影响系数？它的影响因素有哪些？

8-5 计算题

(1) 已知轧辊的圆周线速度为 3m/s，前滑值为 8%，试求轧制速度。

(2) 已知轧辊的圆周线速度为 3m/s，轧件出口速度为 3.24m/s，试求其前滑值及前滑系数。

(3) 在 650mm 开坯轧机上，一箱形孔轧制出的轧件尺寸为 150mm×200mm（高度×宽度），轧辊的辊缝为 10mm，计算该道轧辊平均工作直径。

(4) 已知轧辊的圆周线速度为 5m/s，前滑值为 6%，试求轧制速度。

(5) 轧辊圆周速度为 3m/s，轧件入辊速度为 2m/s，延伸系数为 1.5，计算前滑值。

(6) 轧辊辊径为 230mm，使用球墨铸铁轧辊，其转速 $n = 140$r/min，轧制温度 1100℃，咬入角 17°30′，试判断轧件能否实现咬入。

(7) 已知工作辊直径为 650mm，压下量为 20mm，轧辊与带钢的摩擦系数为 0.23，在没有外力作用下，请计算带钢能否被有效咬入。

(8) 已知轧辊辊径为 ϕ700mm，轧件的出口厚度 $h = 8$mm，中性角 $\gamma = 2°$，轧辊的转速为 380r/min，求轧件在该轧机实际的出口速度。

8-6　分析题

(1) 试分析某连轧机组轧制时，由于轧件表面某处除鳞不净有氧化铁皮时，轧机张力的变化过程。

(2) 参照图 8-69，说明图中各参数表示的含义，指出变形区、前滑区和后滑区，并说明前滑区与后滑区的受力差别。

(3) 试用 P-H 图（图 8-70）分析当中间坯厚度产生波动时，如保持轧件出口厚度不变，轧机应如何调整？

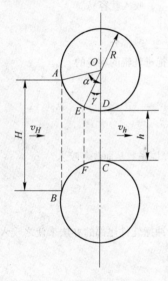

图 8-69　题 8-6（2）图

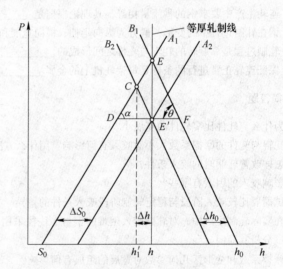

图 8-70　题 8-6（3）图

参 考 文 献

[1] 王延溥, 齐克敏. 金属塑性加工学——轧制理论与工艺 [M]. 3 版. 北京: 冶金工业出版社, 2012.
[2] 刘天佑. 金属学与热处理 [M]. 北京: 冶金工业出版社, 2009.
[3] 王学武. 金属表面处理技术 [M]. 北京: 机械工业出版社, 2012.
[4] 孟延军. 轧钢基础知识 [M]. 北京: 冶金工业出版社, 2005.
[5] 任汉恩. 金属塑性变形与轧制原理 [M]. 北京: 冶金工业出版社, 2015.
[6] 柳谋渊. 金属压力加工工艺学 [M]. 北京: 冶金工业出版社, 2008.
[7] 王占学. 控制轧制与控制冷却 [M]. 北京: 冶金工业出版社, 1998.
[8] 王国栋. 中国中厚板轧制技术与装备 [M]. 北京: 冶金工业出版社, 2009.

冶金工业出版社部分图书推荐

书　名	作者	定价(元)
现代企业管理(第2版)(高职高专教材)	李　鹰	42.00
Pro/Engineer Wildfire 4.0(中文版)　钣金设计与焊接设计教程(高职高专教材)	王新江	40.00
Pro/Engineer Wildfire 4.0(中文版)　钣金设计与焊接设计教程实训指导(高职高专教材)	王新江	25.00
应用心理学基础(高职高专教材)	许丽遐	40.00
建筑力学(高职高专教材)	王　铁	38.00
建筑CAD(高职高专教材)	田春德	28.00
冶金生产计算机控制(高职高专教材)	郭爱民	30.00
冶金过程检测与控制(第3版)(高职高专国规教材)	郭爱民	48.00
天车工培训教程(高职高专教材)	时彦林	33.00
工程图样识读与绘制(高职高专教材)	梁国高	42.00
工程图样识读与绘制习题集(高职高专教材)	梁国高	35.00
电机拖动与继电器控制技术(高职高专教材)	程龙泉	45.00
金属矿地下开采(第2版)(高职高专教材)	陈国山	48.00
磁电选矿技术(培训教材)	陈　斌	30.00
自动检测及过程控制实验实训指导(高职高专教材)	张国勤	28.00
轧钢机械设备维护(高职高专教材)	袁建路	45.00
矿山地质(第2版)(高职高专教材)	包丽娜	39.00
地下采矿设计项目化教程(高职高专教材)	陈国山	45.00
矿井通风与防尘(第2版)(高职高专教材)	陈国山	36.00
单片机应用技术(高职高专教材)	程龙泉	45.00
焊接技能实训(高职高专教材)	任晓光	39.00
冶炼基础知识(高职高专教材)	王火清	40.00
高等数学简明教程(高职高专教材)	张永涛	36.00
管理学原理与实务(高职高专教材)	段学红	39.00
PLC编程与应用技术(高职高专教材)	程龙泉	48.00
变频器安装、调试与维护(高职高专教材)	满海波	36.00
连铸生产操作与控制(高职高专教材)	于万松	42.00
小棒材连轧生产实训(高职高专教材)	陈　涛	38.00
自动检测与仪表(本科教材)	刘玉长	38.00
电工与电子技术(第2版)(本科教材)	荣西林	49.00
计算机应用技术项目教程(本科教材)	时　魏	43.00
FORGE塑性成型有限元模拟教程(本科教材)	黄东男	32.00
自动检测和过程控制(第4版)(本科国规教材)	刘玉长	50.00